U0342254

高强塑非均质结构
奥氏体不锈钢

武会宾　牛　刚　著

北　京

冶　金　工　业　出　版　社

2024

内 容 提 要

本书全面系统地介绍了如何通过新型组织调控技术获得具有非均质结构高强塑奥氏体不锈钢，并通过一系列的微观结构分析揭示了该类组织的形成机理和变形机制。全书共8章，第1章介绍了奥氏体不锈钢的种类、基本属性以及非均质结构材料的特征。第2~7章对系列奥氏体不锈钢的非均质组织调控技术原理和方法以及优异的综合力学性能进行了详细的阐述，以期为工业生产低成本超高强塑奥氏体不锈钢提供工艺思路，为其在国家重大工程中的应用提供理论依据和技术支撑。第8章介绍了非均质组织的组织熵和其生物相容性，以进一步拓展非均质结构奥氏体不锈钢的应用领域。

本书可供钢铁材料领域科技人员、工程技术人员学习、参考，也可作为高等院校材料工程专业高年级学生教学参考书。

图书在版编目(CIP)数据

高强塑非均质结构奥氏体不锈钢/武会宾，牛刚著 . —北京：冶金工业出版社，2024.3

ISBN 978-7-5024-9744-6

Ⅰ.①高…　Ⅱ.①武…　②牛…　Ⅲ.①奥氏体钢—不锈钢—研究　Ⅳ.①TG142.25

中国国家版本馆 CIP 数据核字(2024)第 020933 号

高强塑非均质结构奥氏体不锈钢

出版发行	冶金工业出版社	电　　话	(010)64027926
地　　址	北京市东城区嵩祝院北巷 39 号	邮　　编	100009
网　　址	www.mip1953.com	电子信箱	service@ mip1953.com

责任编辑　于昕蕾　美术编辑　吕欣童　版式设计　郑小利
责任校对　王永欣　李　娜　责任印制　禹　蕊
北京博海升彩色印刷有限公司印刷
2024 年 3 月第 1 版，2024 年 3 月第 1 次印刷
710mm×1000mm　1/16；18.5 印张；359 千字；284 页
定价 118.00 元

投稿电话　(010)64027932　投稿信箱　tougao@cnmip.com.cn
营销中心电话　(010)64044283
冶金工业出版社天猫旗舰店　yjgycbs.tmall.com
(本书如有印装质量问题，本社营销中心负责退换)

前　言

超高强韧钢兼具超高强度和优良塑韧性，在先进交通运输、高端装备制造和航空航天等国民经济和国家安全领域有着广泛的应用。在"中国制造"向"中国质造"转型升级和产品高端化需求日益强烈的形势下，高品质结构件的原材料研发与制备技术升级显得格外重要。以城市轨道交通车辆中厢体使用的奥氏体不锈钢为例，目前使用的高强度级别是 SUS301L-DLT~HT，其屈服强度为 345~685 MPa、延伸率为 30%~40%。然而，随着城市轨道交通不断提升的服役安全及车体轻量化需求，城轨车体的结构设计和关键材料研发都面临较大的技术难题，亟需一种更高屈服强度兼具优异塑性的奥氏体不锈钢来突破这一技术瓶颈。

钢铁材料的微观结构是决定其宏观力学性能的重要因素之一。马氏体时效钢通过淬火+时效热处理工艺在马氏体基体中调控出高密度纳米颗粒相，能够实现 2 GPa 的抗拉强度和 8% 左右的延伸率[1]。英国剑桥大学的科研人员通过控制合金成分和相变温度在贝氏体钢中获得了纳米结构贝氏体板条和板条间残余奥氏体薄膜，实现了约 2 GPa 超高强度与约 10% 良好塑性的优异组合[2-3]。英国谢菲尔德大学和北京科技大学的科研人员通过铜微合金化以及共格无序纳米级富铜相的再结晶过程调控，成功地在 TWIP 钢中大规模制备出超细晶结构，实现了约 710 MPa 的屈服强度和 45% 的优异延伸率[4]。东北大学和德国马普所的科研人员在中锰钢中构筑了一种全新的拓扑学双重有序排列的马氏体和多尺度亚稳奥氏体的纳米级多层次组织结构，获得了抗拉强度（2.2 GPa）和延伸率（18%）协同优势的进一步提升[5]。国内外这些突破性的研究成果使得以体心立方结构（bcc）相为主要组织的钢铁材料获得了强度和塑性的优异匹配。然而，对于延伸率要求超过 30% 级别的超高强韧钢来说，以 bcc 相为主要组织来设计是难以实现的。

奥氏体不锈钢以面心立方结构（fcc）的奥氏体相为主要组织，具备出色的塑性性能（延伸率30%～70%），可有效缓解变形过程中的应力集中、阻碍微孔的形核、增强加工硬化并推迟颈缩的发生。但是，奥氏体不锈钢的屈服强度普遍偏低，抗扭转变形能力严重不足，导致以屈服强度为准则的城轨车体结构设计中很难实现减重节能的目标，也严重限制了其作为高强韧结构材料的应用。常规的晶粒细化、位错强化和析出强化等强化机制可以有效提高奥氏体钢的屈服强度。但是，极大限度地发挥这些强化机制的作用来获得超高屈服强度又会造成塑性的严重损失。而且，相对于以bcc相为主要组织的超高强韧性钢铁材料的研究来说，世界各国对以面心立方结构相（fcc）为主要组织的超高强韧钢的研发获得的突破性成果则稍显逊色。

近年来，非均质结构理论的提出为我们克服奥氏体不锈钢中强塑性平衡的问题指明了方向[6]。非均质结构材料是一类新型材料，由力学或物理性能截然不同的异质区域组成。研究者们通过改变金属材料内部微观结构的组成、大小和分布的方法在高强度低加工硬化能力的硬相中加入低强度高加工硬化能力的软相形成非均质结构，是旨在提高应变硬化能力和拉伸塑性的微结构设计策略，迄今应用于各种金属结构材料并获得了强度与塑性/韧性等力学性能的优异匹配。非均质策略的出发点是其特征的力学响应，即塑性变形时在非均质基元界面形成的应变梯度，非均质结构的特征应力-应变响应是力学迟滞环。相比均质结构中主导的林位错塑性和硬化，非均质结构为了协调界面应变梯度而产生几何必需位错，新增了基于几何必需位错的异质塑性变形并引起额外的应变硬化与额外的强化。

奥氏体不锈钢一直是工业和日常部件中最容易获得和最具成本效益的合金之一，由于其出色的力学性能和耐腐蚀性能，因而获得了广泛的应用。根据国际不锈钢论坛的数据，2022年全球奥氏体不锈钢的年产量超过了3000万吨，并且自1984年以来一直保持增长趋势。综上所述，奥氏体不锈钢在社会和技术发展中占有重要地位，而且世界各国正在进行深入研究，以改善奥氏体不锈钢的当前性能并扩大其应用。如果将奥氏体不锈钢的常规组织制备成非均质结构，不仅能够获得出色的综合力学性能，而且能够实现可观的经济效益。但我国对奥氏体不锈钢非均质组织的制备过程还没有深入研究，同时也缺乏对于非均质结构奥氏体组织形成机制的探讨以及该类组织变形机理的研究。因此，本书系统性地研究了如何通过特殊显微组织调控技术获得具有非均质纳米晶/超细晶结构的奥氏体不锈钢，并通过一系列的微观结构分析揭示了该类组织的形成机理和变形机制。

本书第 1 章对非均质结构材料的特征和优异的综合力学性能进行了概述，并简要梳理了奥氏体不锈钢的种类和应用。第 2~4 章介绍了 316L 奥氏体不锈钢非均质组织调控技术与塑性变形机理，硕士武凤娟和杨梦娇参与了该部分研究工作。由于 304 奥氏体不锈钢比 316L 更具有价格优势，因此第 5 章介绍了 304 奥氏体不锈钢非均质组织调控技术与塑性变形机理，张鹏程老师、硕士王迪和龚娜参与了该部分研究工作。第 6 章和第 7 章在 316L 和 304 这种 Cr-Ni 系奥氏体不锈钢的基础上开展了 Cr-Mn 系奥氏体不锈钢的非均质组织调控技术与塑性变形机理的研究，于新攀老师和硕士张达参与了该部分研究工作。最后，第 8 章在第 6 章和第 7 章的基础上开展了组织熵和生物相容性等前沿领域的探索。硕士贾晓航、张国梁和王兰兰参与了初稿的起草工作。作者期望通过上述一系列的科学研究为高强韧奥氏体不锈钢的研发提供理论指导和技术支撑，为拓宽高强韧奥氏体不锈钢的应用领域提供选材依据。

由于作者水平所限，书中难免有不足之处，敬请读者批评指正。

武会宾　牛　刚

2023 年 11 月

目　　录

1 绪 论

1.1 奥氏体不锈钢的种类及特性

1.1.1 奥氏体不锈钢的种类

奥氏体不锈钢的基体组织是以面心立方晶格结构的奥氏体相（γ相）为主，且无磁性。一般在 1000 ℃以上进行固溶处理，它没有相变点，借助于急速冷却就可以得到完全的奥氏体组织，富有延展性、优越的加工性和耐腐蚀性。奥氏体不锈钢是不锈钢中最重要的钢类，其产量和用量约占不锈钢总量的 80%，钢号也最多，奥氏体不锈钢牌号列入国家标准 GB/T 20878—2007 中的就有 66 个，占不锈钢总数的近一半。

奥氏体不锈钢无磁性而且具有高韧性和塑性，但强度较低，不可能通过相变使其强化，但可以通过冷加工进行强化。此外，加入 S、Se、Te 等元素，会使其具有良好的易切削性。由于奥氏体不锈钢具有全面的综合性能，因此在各行各业中得到了广泛的应用。奥氏体不锈钢不会发生任何淬火硬化，很少出现冷裂纹，但由于热胀冷缩特别大，因此可能会出现热裂纹。其焊接变形大，焊接时应严格遵守工艺操作规程，防止应力腐蚀破坏、σ 相析出脆化以及晶间腐蚀等缺陷的产生。奥氏体不锈钢还具有很好的高温性能和低温性能，并在这两个领域内也得到了广泛的应用。按照稳定奥氏体基体采取的合金化方式的不同，奥氏体不锈钢可分为 Cr-Ni 系奥氏体不锈钢和 Cr-Mn 系奥氏体不锈钢两大系列，前者以 Ni 为主要奥氏体化元素，是奥氏体不锈钢的主体；后者的奥氏体化元素除 Mn 之外还有 N，并常常含有少量的 Ni，因此这一系列多被称为 Cr-Mn 系奥氏体不锈钢。Cr-Ni 系奥氏体不锈钢中含 Cr 18%左右、Ni 8%~10%、C 一般低于 0.1%，具有稳定的奥氏体组织。

与铁素体、马氏体不锈钢及铁素体-奥氏体双相不锈钢相比，Cr-Ni 系奥氏体不锈钢在多种腐蚀介质中具有良好的耐蚀性、出色的综合力学性能和优异的可焊性，因此在多种化工加工及轻工加工等领域获得了最广泛的应用，典型代表如 316L 和 304 奥氏体不锈钢。但是，Cr-Ni 系奥氏体不锈钢强度和硬度普遍偏低，不宜用于承受较重负荷及对硬度和耐磨性要求较高的设备或部件。然而，Cr-Mn 系奥氏体不锈钢由于氮的固溶强化可以适当提高不锈钢的屈服强度，且由于大幅度降低昂贵金属元素 Ni 的使用量而显著地降低了材料成本。其适合承受较重负荷，以及用于制造对耐蚀性要求不高的结构件，典型代表如 201 和 202 奥氏体不锈钢。

无论 Cr-Ni 系还是 Cr-Mn 系奥氏体不锈钢，在与其他先进高强钢（中锰钢、QP 钢和纳米贝氏体钢等）相比时，这些钢种的屈服强度和硬度仍然偏低（250～400 MPa），抗扭转变形能力严重不足，限制了其作为先进高强韧结构材料的应用。日益突出的高能耗、高污染、低效益、资源匮乏和环境负荷重等严峻问题正威胁着钢铁工业产业链的安全，只有大力开发综合性能优异的低成本高性能钢铁材料，努力实现结构轻量化、节能减排和"双碳"战略目标，才能保障我国钢铁工业的可持续发展。

1.1.2　奥氏体不锈钢中合金元素的作用

1.1.2.1　铬元素对奥氏体不锈钢的作用

铬是奥氏体不锈钢中最主要的合金元素，奥氏体不锈钢的不锈性和耐蚀性的获得主要是在酸性介质的作用下，铬促进了钢的钝化并使钢保持稳定钝态的结果。图 1-1 为钢中铬含量对耐酸腐蚀性的影响，可以看出在室温下，当钢中铬含量大于 6% 后，钢的耐蚀性能就获得了很大的提高。此外，温度的升高会恶化钢的耐腐蚀性能。当在沸水环境中，铬含量大于 12% 时才能获得良好的耐腐蚀性。

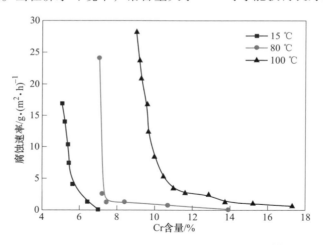

图 1-1　铬含量对钢耐稀硝酸腐蚀性能的影响[7]

（1）铬对奥氏体不锈钢组织的影响。在奥氏体不锈钢中，铬是强烈形成并稳定铁素体组织的元素，同时能够缩小相图中的奥氏体相区。因此，在高铬奥氏体不锈钢中需要加入大量的奥氏体形成元素以稳定奥氏体组织。随着钢中铬含量增加，奥氏体不锈钢中可能会出现铁素体（δ）组织。研究表明，在 Cr-Ni 系奥氏体不锈钢中，当 C 含量为 0.1%、Cr 含量为 18% 时，为获得稳定的单一奥氏体组织，所需 Ni 含量最低约为 8%。就这一点而言，常用的 18Cr-8Ni 型奥氏体不锈钢是 Cr、Ni 含量配比最为适宜的一种。奥氏体不锈钢中，随着铬含量的增加，一些金属间相（比如 δ 相）的形成倾向增大；当钢中含有钼时，铬含量的增加还会形成 χ 相。χ 相的析出不仅显著降低钢的塑性和韧性，而且在一些条件下还降低钢的耐蚀性。奥氏体不锈钢中铬含量的提高可使马氏体转变温度（M_s）下降，从而提高奥氏体基体的稳定性，因此高铬（超过 20%）奥氏体不锈钢即使经过冷加工和低温处理也很难获得马氏体组织。此外，铬是强碳化物形成元素，在奥氏体不锈钢中也不例外，奥氏体不锈钢中常见的含铬碳化物有 $Cr_{23}C_6$。

（2）铬对奥氏体不锈钢性能的影响。一般来说，只要奥氏体不锈钢保持完全奥氏体组织而没有 δ 铁素体等的形成，仅提高钢中铬含量不会对力学性能有显著影响。铬对不锈钢性能影响最大的是耐蚀性（见图 1-1），主要表现为：铬提高钢的耐氧化性介质和酸性氯化物介质的性能；在镍以及钼和铜复合作用下，铬提高钢耐还原性介质（有机酸和尿素）和耐碱性介质的性能。铬还可以提高钢耐局部腐蚀的能力，比如晶间腐蚀、点腐蚀和缝隙腐蚀。在奥氏体不锈钢中，铬能增大碳的溶解度而降低铬的贫化度，因而提高奥氏体不锈钢耐晶间腐蚀的能力；当钢中同时有钼或钼及氮共同存在时，铬的这种有效性将进一步加强。

1.1.2.2 镍元素对奥氏体不锈钢的作用

镍是奥氏体不锈钢的主要合金元素，其作用是稳定奥氏体基体，使钢获得完全奥氏体组织，从而具有良好的强度和塑性及韧性的配合，并具有优良的冷、热加工性、冷成型性以及焊接和无磁等性能，同时提高奥氏体不锈钢的热力学稳定性，使之不仅比相同铬、钼含量的铁素体不锈钢及马氏体不锈钢具有更好的不锈性和耐氧化性介质的性能，而且有利于表面膜稳定性的提高，从而使钢还具有更加优异的耐一些还原性介质的性能。

镍是强烈稳定奥氏体且扩大奥氏体相区的元素，为了获得单一的奥氏体组织，当钢中含有 0.1%C 和 18%Cr 时所需的最低镍含量约为 8%，这便是最著名 18Cr-8Ni 型奥氏体不锈钢的基本成分。奥氏体不锈钢中，随着镍含量的增加，残余的铁素体可完全消除，并显著降低 σ 相形成的倾向；同时马氏体转变温度降低，甚至可不出现 λ→M 相变。但是，镍含量的增加会降低碳在奥氏体不锈钢中的溶解度，从而使碳化物析出倾向增强。

镍对奥氏体不锈钢特别是对铬镍奥氏体不锈钢力学性能的影响主要由镍对奥氏体稳定性的影响来决定，在钢中可能发生马氏体转变的镍含量范围内，随着镍含量的增加，钢的强度降低，塑性提高，具有稳定奥氏体组织的铬镍奥氏体不锈钢韧性（包括极低温韧性）非常优良，因而可作为低温钢使用，这是众所周知的。对于具有稳定奥氏体组织的铬锰奥氏体不锈钢，镍的加入可进一步改善其韧性。镍还可显著降低奥氏体不锈钢的冷加工硬化倾向，这主要是由于奥氏体稳定性增大，减少甚至消除了冷加工过程中的马氏体转变，同时对奥氏体本身的冷加工硬化作用不太明显，决定了镍含量的提高有利于奥氏体不锈钢的冷加工成型性能。提高镍含量还可减少甚至消除铬镍奥氏体不锈钢中的 δ 铁素体，提高其热加工性能，从而显著提高钢的成材率。

在奥氏体不锈钢中，镍的加入以及随着镍含量的提高，导致钢的热力学稳定性增加，因此奥氏体不锈钢具有更好的不锈性和耐氧化性介质的性能，且随着镍含量增加，耐还原性介质的性能进一步得到改善。值得指出，镍还是提高奥氏体不锈钢耐应力腐蚀的唯一重要元素。对于奥氏体不锈钢耐点腐蚀及缝隙腐蚀的性能，镍的作用并不显著。

1.1.2.3 钼元素对奥氏体不锈钢的作用

钼是奥氏体不锈钢中常见的耐蚀合金元素之一，也是提高不锈钢抗点腐蚀和耐缝隙腐蚀最主要的元素，钼的耐点蚀和耐缝隙腐蚀能力相当于铬的 3 倍；钼还能提高奥氏体不锈钢的钝化能力，扩大其钝化介质范围，提高钢在还原性介质（如 H_2SO_4、H_3PO_4）以及一些有机酸和尿素环境的耐蚀性。钼含量（质量分数）一般不超过 6%，典型代表如 20-25Mo 型钢主要用于硫酸、磷酸和醋酸等有机酸以及海水介质环境。除经典的 20-25Mo 型外，还有 18-8Mo 型，一般 Mo 含量（质量分数）为 4% ~ 5%，最高达 7%。

1.1.2.4 锰和氮元素对奥氏体不锈钢的作用

锰和氮均为奥氏体形成元素，锰稳定奥氏体的作用约为镍的 1/2；但是，锰在提高钢的耐腐蚀性能方面的作用不大，钢中的锰含量从 0 ~ 10.4% 变化也不会明显改变钢在空气与酸中的耐腐蚀性能[8]。所以，锰的主要作用不在于形成奥氏体，而在于降低钢的临界淬火速度，在冷却时增加奥氏体的稳定性，抑制奥氏体的分解，使高温下形成的奥氏体得以保持到常温；而且在高氮奥氏体不锈钢中加入大量锰元素的主要目的是与铬一起提高氮在钢中的溶解度。近年来，因为锰和镍一样可以增加奥氏体在低温下的稳定性，且锰具有资源丰富、价格低廉且无毒等特点，被广泛地应用于代镍/节镍不锈钢的生产。1930 年，德国首先发展了含 14% Cr、8% ~ 12% Mn 的奥氏体不锈钢，其目的在于利用锰元素代替镍来获得单一的奥氏体组织，以替代 18-8 型 Cr-Ni 奥氏体不锈钢的生产[9]。不过早期开发的 Cr-Mn 奥氏体不锈钢的铬含量较低，如 Mn17Cr7Ti、Mn17Cr10V。Cr-Mn 奥氏体不锈钢要得到纯奥氏体组织，必须增加钢中的碳含量，或者降低铬含量，与保证不锈钢的耐腐蚀性能相矛盾；而且 Cr-Mn 奥氏体钢在 500 ~ 800 ℃ 温度区间加热后，对晶间腐蚀很敏感，即使向钢中添加钛或铌也不能完全消除这种敏感性。因此，后来有研究者向钢中加 Mn、Al 等元素发展了 Fe-Mn-Al 系及 Fe-Mn-Cr 系等奥氏体钢。

　　氮是钢中强烈的形成、稳定并扩大奥氏体相区元素，形成奥氏体的能力与碳相当，为镍的 30 倍；同时，它具有很强的抗点蚀能力，约为铬的 30 倍，与钼元素在一起相互作用，可显著提高不锈钢的耐点蚀性能。因此，氮常被作为有益元素加入钢中，广泛应用于各类不锈钢、耐热钢的生产过程以取代并节省昂贵的合金元素镍。

　　氮元素是通过固溶强化来增强钢的强度的。Andreev 和 Rashev[11]的研究结果表明，当氮含量提高到 2.1% 时，其他性能保持优异的同时强度提高了 4 倍。氮的加入不仅提高了强度，还提高了材料的加工硬化能力、疲劳性能、耐磨性能以及蠕变性能。当氮含量从 0.42% 提高到 0.46% 时，其疲劳强度从 450 MPa 提高到 550 MPa，远远高于 316L 奥氏体不锈钢的 400 MPa。图 1-2 是通过汇集现有文献中不同氮含量钢的强度数据并进行拟合得到的氮含量与材料强度的关系。可以看出，根据氮含量与材料强度存在平方根关系预测的数值与实测数据的趋势是一致的。

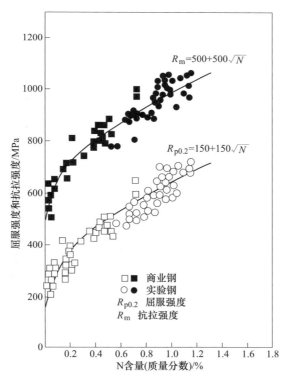

图 1-2　295 K 时氮含量与材料强度的关系[10]

1.1.2.5　合金元素对奥氏体不锈钢组织稳定性的影响

奥氏体不锈钢在室温下是亚稳态的，冷变形过程中会发生应变诱导马氏体转变。应变诱导马氏体的体积分数和微观组织特征对后续退火过程中组织的演变至关重要，而应变诱导马氏体转变过程的难易程度最重要的影响就是组成奥氏体不锈钢的各种合金元素。合金元素对奥氏体不锈钢组织稳定性的影响（即发生应变诱导马氏体转变的难易程度）可以通过 $M_{d30/50}$ 温度来判断。通常在变形条件下，当变形量达到 30% 时，α'-马氏体的体积分数达到 50% 的温度称为 $M_{d30/50}$ 温度。Angel[12] 给出了 $M_{d30/50}$ 的经验计算公式如下：

$$M_{d30/50} = 551 - 29(w(\mathrm{Ni}) + w(\mathrm{Cu})) - 13.7w(\mathrm{Cr}) - 8.1w(\mathrm{Mn}) - 9.2w(\mathrm{Si}) -$$
$$18.5w(\mathrm{Mo}) - 462(w(\mathrm{C}) + w(\mathrm{N})) - 68w(\mathrm{Nb}) - 1.42(G_s - 8) \quad (1-1)$$

式中，合金元素的含量以质量分数表示；G_s 为 ASTM 晶粒尺寸。

较高的 $M_{d30/50}$ 温度意味着较低的奥氏体稳定性，因此，增加大部分合金元素的含量会增强奥氏体相的稳定性。对 Cr-Ni 系（301、304 和 316L）和 Cr-Mn 系（201 和 202）奥氏体不锈钢的 $M_{d30/50}$ 温度进行统计，结果如图 1-3 所示。可以发现，几种奥氏体不锈钢的 $M_{d30/50}$ 温度由低到高依次是：316L < 304 < 301 < 202。说明这几种奥氏体不锈钢的稳定性依次减弱，也就是说，冷变形过程中奥氏体应变诱导为马氏体的能力依次是增强的（202 > 301 > 304 > 316L）。此外，Cr-Ni 系奥氏体不锈钢的 M_d 温度通常低于室温，而 Cr-Mn 系奥氏体不锈钢的 M_d 温度通常接近或高于室温。因此，本书根据奥氏体不锈钢组织稳定性的特点，并基于冷变形过程中冷轧变形量与应变诱导马氏体的体积分数和微观组织特征的关系，依次展开了对 316L（第 2~4 章）、304（第 5 章）、202（第 6 章和第 7 章）奥氏体不锈钢非均质组织调控的研究。

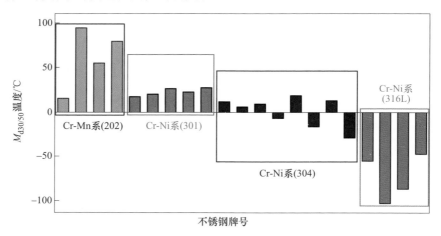

图 1-3　各类奥氏体不锈钢的 $M_{d30/50}$ 温度

合金元素 Cr、Ni 和 Mn 等对奥氏体不锈钢的层错能具有重要影响，而层错能对奥氏体不锈钢变形过程中组织亚结构的发展具有重大影响，可直接影响应变诱导马氏体的转变趋势。Karjalainen[13]提出的奥氏体钢层错能的经验计算公式见式（1-2）。从计算结果可以发现（见表 1-1），本书设计的 Cr-Mn 系奥氏体不锈钢的层错能明显低于 Cr-Ni 系奥氏体不锈钢。所以，$M_{d30/50}$ 温度和层错能（SFE）都证明，在室温变形条件下，与 Cr-Ni 系不锈钢相比，Cr-Mn 系奥氏体不锈钢具有更大的应变诱导马氏体的转变趋势。

$$SFE(\mathrm{mJ/m^2}) = 16.7 + 2.1w(\mathrm{Ni}) - 0.9w(\mathrm{Cr}) + 26w(\mathrm{C}) \tag{1-2}$$

式中，合金元素的含量以质量分数表示。

表 1-1　Cr-Mn 系和 Cr-Ni 系奥氏体不锈钢的主要合金元素与层错能（SFE）

牌号	C	Si	Mn	Ni	Cr	N	$SFE/\mathrm{mJ \cdot m^{-2}}$
Cr-Mn 系	0.095	0.35	10.10	1.25	13.8	0.14	9.4
Cr-Ni 系（316LN）	0.030	0.20	1.74	12.1	17.5	0.14	27.1
Cr-Ni 系（304）	0.041	0.33	1.71	8.1	18.2	0.054	22.5

1.1.3　奥氏体不锈钢的变形特性

奥氏体不锈钢的基体组织在常温下通常都是亚稳态的，因此，在变形过程中存在多种形变机制，其主要影响因素有成分、显微组织结构和塑性变形条件等。此外，其变形机制决定了应变硬化能力和塑性变形行为。因此，为了获得优异力学性能的奥氏体不锈钢，对其变形机制的研究是至关重要的，奥氏体不锈钢最为重要的变形机制主要有三类：位错滑移机制、孪生诱导塑性机制和相变诱导塑性机制[14]。

（1）位错滑移机制。位错滑移是晶体主要的变形机制，当晶体中滑移面的分切应力大于临界滑移应力时，晶体的一部分沿一定的滑移面和滑移方向与另一部分发生相对的移动，使晶体产生一定的塑性变形。位错在滑移过程中会不断增殖，随着应力不断增加，大量的位错会发生移动，直至遇到有障碍的地方如其他位错、第二相粒子或晶界等，滑移会被终止，直到施加的应力高于障碍阻力，位错重新开动，从而使材料得到强化。另外，材料的屈服强度也与位错的运动息息相关，材料的屈服强度主要取决于已滑移晶粒的晶界附近位错塞积群所产生的应力集中能否激发相邻晶粒滑移系中位错源也开动起来，从而进行协调的多滑移。应力集中随着塞积的位错数目增多而变大，当外加应力和其他条件相同时，位错数目与晶界到位错源的距离成正比，晶粒越大，这个距离越大，从而塞积的位错数目越多，应力集中也就越大，从而更易激发相邻晶粒发生塑性变形。对于细小晶粒，已滑移晶粒的晶界附近的位错塞积数目较小，因而造成的应力集中较小，为了使相邻晶粒发生塑性变形，需要加载更大的外加应力，这就是晶粒细化提高屈服强度的原因。

（2）孪生诱导塑性机制。孪生诱导塑性（twinning induced plasticity，TWIP）是塑性变形另一种重要方式。当晶体发生孪生变形时，晶粒的一部分在切应力的作用下沿一定晶面（孪生面）和一定晶向（孪生方向）相对于另一部分晶体做均匀的切变，这种切变不会改变晶体的点阵结构，但改变了变形部分位向关系，并与未变形部分的基体以孪晶界为界面构成了镜面对称位向关系，如图 1-4 所示。通常把对称的两部分晶粒称为孪晶，而形成孪晶的过程称为孪生。晶体结构不同，其孪生面和孪生方向也不同。对于奥氏体不锈钢面心立方金属，其孪生面为 {111}，孪生方向为<112>，各层原子（BI、CJ、DK 等）的位移量与它距孪生面的距离呈正比关系。与滑移类似，只有当外力在孪生方向的分切应力达到临界分切应力值时，孪生变形才能发生。

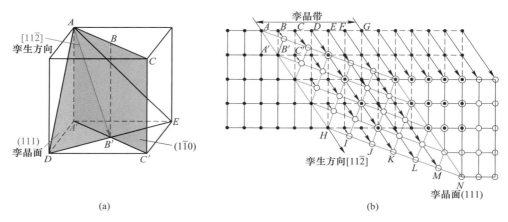

(a) (b)

图 1-4 面心立方晶体的孪生变形示意图

（a）孪生面与孪生方向；（b）孪生变形时晶面移动

孪晶诱导塑性机制即 TWIP 机制能明显改善材料的强塑性，第二代先进高强钢的典型代表孪生诱导塑性钢（TWIP）就是利用 TWIP 机制开发的高强钢。近年来，关于 TWIP 机制在奥氏体不锈钢中作用的研究一直得到相关材料工作者的重视并取得了一定的研究成果。武等人[15]在研究 316L 奥氏体微米/纳米复合组织时发现，在拉伸变形过程中微米晶的位错先发生滑移并在晶界处塞积，随后产生形变孪晶，而后孪晶消失、晶界扭转；纳米晶粒内部位错塞积速度较快，堆垛层错能（SFE）迅速升高，没有发生孪生过程，仅有利于组织强度的提升。Wittig 等人[16]研究温度对 Fe-16.5Cr-8Mn-3Ni 奥氏体不锈钢形变机制的影响时发现：在−75 ℃下拉伸至断裂，主要形变组织为 α'-马氏体，约占 90%，因而其形变机制为相变诱导塑性；在室温下，形变机制由 TRIP 效应、TWIP 效应和位错滑移共同组成；当拉伸温度升高到 200 ℃时，位错滑移成为主要形变机制。Misra 等人[17-18]研究发现：当晶粒尺寸由粗晶细化到超细晶或纳米晶时，不锈钢的形变机制由 TRIP 机制向 TWIP 机制转变，这是超细晶或纳米晶奥氏体不锈钢在提高强度同时仍能保持良好塑性的原因。

Mahajan 等人[19]研究滑移和孪生的相互作用后提出：孪晶界并不一定能有效阻碍滑移，却可以强化基体。当基体中滑移和孪生相交时，滑移位错可以直接穿过点阵相关的孪晶界或与孪晶位错反应而通过孪晶。研究表明，具有柏氏矢量平行于基体和孪晶交线的基体交线能够交滑移到孪晶的基面上去，基体位错也可以通过位错反应，消耗两个孪晶位错后进入孪晶区。当位错反应难以进行的时候，位错就会在孪晶界塞积。由于孪生后变形部分的晶体位向发生改变，可使原来处于不利取向的滑移系转变为新的有利取向，可以进一步激发滑移。孪生与滑移交替进行，使材料的塑性非常优异。

当孪晶和孪晶相交时，孪晶切变可以以一定的方式穿过相交的孪晶。R. W. Cahn[20]研究表明，若两相交孪晶满足一定的条件，则变形孪晶（A）就可以穿过变形孪晶（B），并在相交区形成二次孪晶（C）：A 孪晶和 C 孪晶及 B 孪晶的 K1 面的交线具有同一方向；A 孪晶和 C 孪晶的切变方向、切变大小必须相同。

当孪晶和孪晶互相碰撞时，为了缓解应力集中，可以有以下几种方式[21]：在孪晶碰撞区形成位错滑移，诱发二次孪晶，产生微裂纹。在高锰钢中，材料的韧性与塑性特别好，一般不会出现第三种可能。而 P. Mullner 和 A. E. Romanov[22]对奥氏体钢中的二次孪晶研究发现：当二次孪晶从主孪晶中衍生出来时，是一种集体位错运动过程，它会减少总的有效剪切量，而减少程度同二次孪晶分数成正比。这可以解释为，二次孪晶的生成是孪生交互作用的过程中缓和应力集中的途径之一。

（3）相变诱导塑性机制。相变诱导塑性（transformation induced plasticity，TRIP）是近年来汽车行业生产高强度、高韧性钢板的强韧化机理。其原理是：奥氏体在受力变形时，在应变集中的地方奥氏体将转变为马氏体，由于马氏体的硬度高，使局部硬度得到提高，继续变形变得困难，变形向周围组织转移，颈缩的产生被延迟，随着应变的不断发展，材料获得了较高的塑性[23]。奥氏体不锈钢中奥氏体相向 α'-马氏体相形核方式一般认为有两种：一种是奥氏体相（γ）→ε-马氏体→α'-马氏体，另一种是 γ 相→α' 相。α'-马氏体形核一般认为在剪切带交界处，通过重复形核和合并方式而长大。剪切带的结构取决于重叠过程，如果 γ 母相中层错在每个 {111} 面上有规律地重叠，则形成具有密排六方晶体结构（hcp）的 ε-马氏体相[23]。事实上，两种不同形核方式可以独立进行也可以同时进行。Huang 等人[24]研究 Fe-18Cr-12Ni 奥氏体不锈钢塑性变形过程中马氏体相形核机制发现：塑性变形过程中，γ→ε、γ→ε→α' 和 γ→α' 三种方式均能发生，应力协助和应变诱导两种马氏体形成方式均被发现。Chen 等人[25]研究温度对拉伸过程中 SUS304 奥氏体不锈钢中马氏体转变的影响发现了类似规律，结果表明：在室温下形成马氏体很少且随着拉伸应变增加，形成马氏体量增加并不明显；而在 -60 ℃ 下拉伸，即使在很小的应变下就有马氏体形成，而且随着应变增加，形成马氏体量明显增加；不同温度下马氏体的形核点同样存在差异，在室温下，马氏体主要在晶界三重节点附近或者孪晶内部形成，在 -60 ℃ 下，马氏体主要在奥氏体晶界附近形成。

位错滑移、TWIP 机制和 TRIP 机制作为奥氏体不锈钢最常见的形变机制，在提高奥氏体不锈钢强塑性上有重要的作用，很多外部因素都能对其造成影响。因此，为了获得高强度高塑性奥氏体不锈钢，研究这些影响因素及其内在联系和规律显得尤为重要。

1.2 非均质结构材料的组织特征和性能

不断提升金属材料的强韧性是材料科学家和工程师们长期以来的挑战和努力方向，尤其是在当前能源危机和全球变暖的形势下，需要高强韧材料来制造节能交通工具，如电动汽车、货运卡车、轨道列车和飞机等，目前常用的材料强化策略包括晶粒细化、固溶强化、位错强化、析出强化等。德国科学家 Gleiter 提出在不改变材料化学成分的前提下，材料结构纳米化可使强度和硬度达到同等成分粗晶材料的数倍甚至数十倍，是发展高强度材料的一种有效途径。粗晶或纳米晶材料的屈服强度与平均晶粒尺寸之间存在 Hall-Petch 关系，其经典公式为：$\sigma_y = \sigma_0 + Kd^{-1/2}$，即屈服强度与平均晶粒尺寸的平方根成反比。固溶强化来自合金元素和位错之间的相互作用，合金元素通常具有带位错的错配应变场，在置换固溶体的情况下，由于溶质和溶剂原子之间的尺寸差异，将产生静水应力场。这种溶质原子的静水应力场与位错的静水应力场相互作用，使位错更难移动，从而产生溶质硬化。位错强化来自于位错在相交滑移面上滑移的相互作用，当位错相互作用并纠缠时，会使它们更难移动，从而产生强化。金属的流动应力可以通过泰勒硬化方程来描述，位错硬化也常被称为加工硬化，是因为这种现象经常发生在冷加工金属中。析出强化来自于第二相粒子与运动位错的相互作用，这种相互作用程度通常取决于粒子间的间距，因为位错绕过或切过两个粒子需要外加剪切应力，从而产生强化。析出物可以由过饱和固溶体形成，也可以通过机械合金化添加到基体中。上述几种经典强化策略已得到广泛的研究和应用，但是在利用上述强化策略获得超高的强度时往往是以牺牲塑性为代价的。针对这一问题，近年来非均质结构材料被提出并迅速得到了世界材料学者广泛的研究。

非均质结构材料是一类新型材料，由力学性能或物理性能截然不同的异质区域组成。研究者们通过改变金属材料内部微观结构的组成、大小和分布的方法，在高强度低加工硬化能力的硬相中加入低强度高加工硬化能力的软相形成非均质结构，是旨在提高应变硬化能力和拉伸塑性的微结构设计策略，迄今应用于各种金属结构材料并获得了强度与塑韧性等力学性能的优异匹配。非均质策略的出发点是其特征的力学响应，即塑性变形时在非均质基元界面形成应变梯度，非均质结构的特征应力-应变响应是力学迟滞环。相比均质结构中主导的林位错塑性和硬化，非均质结构为了协调界面应变梯度而产生几何必需位错，新增了基于几何必需位错的异质塑性变形并引起额外的应变硬化与额外的强化。目前，非均质结构的主要构筑方式有：

（1）在纳米晶基体中引入一定体积分数的亚微米级或微米级的超细晶结构，形成非均质纳米晶/超细晶结构材料[26-30]，这类纳米晶/超细晶材料充分发挥了细晶和粗晶的各自优势，使其具有良好的综合力学性能；

（2）在纳米晶基体中引入微结构尺寸的梯度分布即梯度纳米结构材料，使材料的微结构尺寸（如晶粒尺寸或片层厚度）从材料表面的纳米量级逐渐增加到材料内部的微米量级，可以实现金属材料综合力学性能的提高以及抗疲劳性能的优化[31-38]；

（3）在纳米晶基体内部形成高密度纳米尺度的孪晶片层即纳米孪晶结构，使得它们拥有高强度、较好塑性和良好电导率等优异的物理力学性能[39-40]。

非均质结构在两个方面不同于传统的均质微结构，一是晶界的塑性协调变形[31,41-45]，二是基于几何必需位错的异质塑性变形[41,46-47]。例如，跨尺度异构中，相邻晶粒塑性变形不兼容并在三维空间相互约束，在晶界附近引起了应变梯度[48-49]，并形成了协调应变梯度的几何必需位错[46,50]，因而，应变梯度是异构晶界标志性的塑性响应，几何必需位错则是协调应变梯度的必然结果[50]。研究表明，在拉伸加卸载过程中出现的力学迟滞环[51-52]，是几何必需位错较大程度地参与塑性变形并形成背应力的标志性应力-应变响应[47]。一般地，位错塑性变形机制应该能够同时解释拉伸加载与卸载过程的力学行为[47]，而单一的林位错塑性则无法解释迟滞环的形成及卸载塑性行为。换言之，力学迟滞环是异构区别于传统均质结构的关键力学塑性响应，表明异构同时具有林位错塑性以及几何必需位错的塑性行为。特别地，GNDs引起了异质变形诱导的应力，包括背应力和前应力[53-57]，引起了额外的强化[58]，特别是额外的应变硬化[48]，后者往往与林硬化相当，甚至占比更大[59-60]，这是异构应变硬化的关键特点，也是异构提升拉伸塑性和韧性的根本原因。

1.2.1 非均质纳米晶/超细晶结构材料

根据纳米晶与超细晶（亚微米级或微米级）在三维空间上的分布特征进行分类主要有：双峰尺度纳米晶/超细晶结构[26,61]、纳米晶/超细晶核壳结构[30,62]

和纳米晶/超细晶片层结构[63-64]。在高强度低加工硬化能力的纳米晶基体相中加入低强度高加工硬化能力的超细晶形成纳米晶/超细晶结构组织时，纳米晶的存在能够提高材料的强度，而超细晶的存在能够提高材料的塑性，超细晶和纳米晶在变形过程中的相互协调作用能够使材料的强度和塑性达到最优匹配。目前已应用不同的制备方法在纯铜[26]、纯钛[63]、纯镍[27,65]、铝合金[66]、钛合金[67]和钢[17-18,68]等金属材料中得到了纳米晶/超细晶结构，也通过理论模拟和实验证实具有纳米晶/超细晶结构的组织对提高纳米晶材料的塑性非常有效[69]。下面介绍现有的纳米晶/超细晶结构材料的制备方法。

1.2.1.1 粉末冶金

将细晶粒和粗晶粒粉末原料按一定比例混合，然后通过后续的烧结、热等静压和挤压等方法制备出非均质结构材料的工艺称为粉末冶金工艺。Vajpai 等人[62]通过机械混合和后续电火花等离子体烧结在纯钛、钛合金和不锈钢等材料中获得了非均质核壳结构，显微组织如图 1-5 所示。其中，细晶区形成围绕粗晶区域的互连三维网络，这些网络呈周期性地分布。此外，还可以注意到，核壳结构由壳到芯区域的晶粒尺寸呈现梯度分布，即晶粒尺寸从超细晶壳区域向粗晶芯

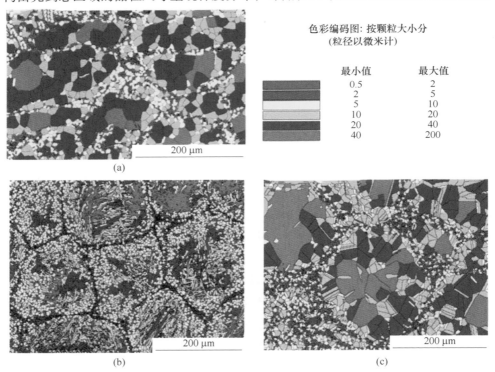

色彩编码图: 按颗粒大小分
（粒径以微米计）

最小值	最大值
0.5	2
2	5
5	10
10	20
20	40
40	200

(a)

(b)   (c)

图 1-5　核壳结构组织
（a）纯钛；（b）钛合金（Ti-6Al-4V）；（c）不锈钢（SUS304L）

区域连续增加。研究结果显示，具有非均质核壳结构的材料表现出更高的强度和韧性。独特的核壳结构设计通过避免塑性变形过程中的应变局部化来提高变形的协调性。Park 等人[70]使用类似的制备方法也在不锈钢中获得了非均质核壳结构，研究结果显示，由于核壳结构中具有晶粒尺寸梯度的晶界引起了变形的高度不相容性，因此在核壳结构交界面附近检测到了应变峰值。这种变形不相容性由几何必要位错来协调，从而产生背应力。即非均质核壳结构材料比均质材料具有更高的背应力和应变硬化率，从而提高了材料的延展性。

Zhao 等人[27]通过低温球磨和后续的准平衡锻压技术在 Ni 中制备了非均质组织，如图 1-6 所示。将商业 Ni 粉在液氮下低温球磨，得到晶粒尺寸约为 10 nm 的粉体，再锻造成致密的非均质多峰结构的块体 Ni（Multi-Ni）。Multi-Ni 试样由等轴晶组成，晶粒尺寸范围为 100 nm~8 μm。此外，将球磨过的粉末与没有球磨的

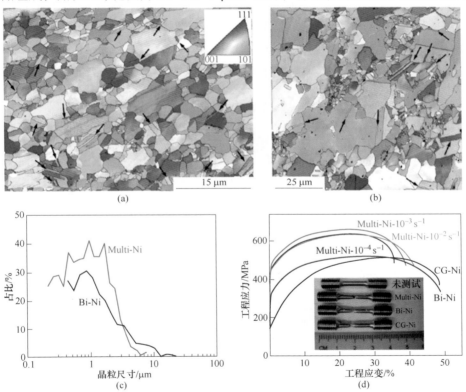

图 1-6　Ni 材料的非均匀显微组织、晶粒尺寸与应力-应变曲线
（Multi-Ni 试样分别在 10^{-2} s^{-1}、10^{-3} s^{-1} 和 10^{-4} s^{-1} 三个不同的应变速率下测试，
Bi-Ni 和 CG-Ni 试样在 10^{-3} s^{-1} 应变速率下测试）
（a）Multi-Ni 试样的 EBSD 显微组织；（b）Bi-Ni 试样的 EBSD 显微组织；（c）晶粒尺寸分布；
（d）Multi-Ni、Bi-Ni 和 CG-Ni 试样的拉伸应力-应变曲线

粉末按照 1∶1 的比例混合，在同样条件下制备了非均质双峰结构的块体 Ni(Bi-Ni)，Bi-Ni 试样晶粒尺寸范围为 200 nm~30 μm。Multi-Ni 和 Bi-Ni 试样的平均晶粒尺寸分别为 1.1 μm 和 2.1 μm。将非均质多峰结构的块体 Ni 在 1000 ℃退火 10 h 后得到了平均晶粒尺寸约为 15 μm 的粗晶块体 Ni(CG-Ni)。Multi-Ni、Bi-Ni 与 CG-Ni 试样的拉伸应力-应变曲线如图 1-6（d）所示。在应变速率为 10^{-2} s^{-1} 的情况下，Multi-Ni 试样的屈服强度为 457 MPa、延伸率为 42%。Bi-Ni 试样的屈服强度有所降低至 312 MPa，但延伸率上升至 49%。相比之下，CG-Ni 试样屈服强度仅为 154 MPa、延伸率为 48%，Bi-Ni 试样相比于 CG-Ni 试样在具有同等延伸率的情况下大幅度提高了屈服强度。

Zhang 等人[62,71]通过机械混合和后续电火花等离子体烧结制备的非均质超细晶/纳米 304L 不锈钢，其晶粒尺寸呈超细晶/纳米双峰分布，具有以粗晶区域为核、粗晶区域周围的细晶区域为壳的特征，如图 1-7 所示。组织中的粗晶比决定着材料的拉伸强度和延伸率，当细晶（壳）体积分数为 41%时，极限抗拉强度最高能够达到 744 MPa、延伸率可达 65%以上。

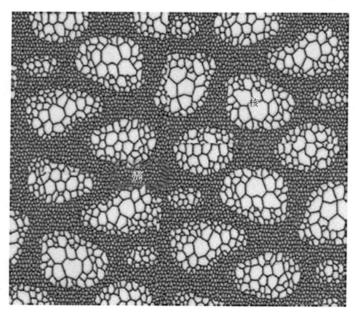

图 1-7　304L 不锈钢微纳结构双峰分布与核壳结构示意图

Zhang 等人[72-73]在氩气保护下通过电弧熔炼制备了具有非均质微米/亚微米双峰分布结构的 Ti63.5Fe30.5Sn6 合金，在氩气保护下利用感应熔化法制备了具有微米/亚微米双峰分布结构的 Mg72Cu5Zn23 合金。图 1-8 是两种双峰分布结构合金的 SEM 背散射电子像照片。图 1-8（a）显示的是 Ti63.5Fe30.5Sn6 合金的双峰共晶结构，由亮区域和灰色区域组成，体积分数分别占 45.8% 和 54.2%。图 1-8（b）是图 1-8（a）的放大图，亮区域由层片状结构组成，片层间距为 200～300 nm，而整个灰色区域包含不规则典型层状结构，片层间距为 1～1.5 μm。图 1-8（c）是 Mg72Cu5Zn23 合金的双峰共晶结构，图 1-8（d）是图 1-8（c）的放大图，亮区域的片层间距为 300～400 nm，而灰色区域中不规则典型层状结构的片层间距为 1.5～3 μm。图 1-9 是两种双峰分布结构合金的应力-应变曲线。双峰分布结构的 Ti63.5Fe30.5Sn6 合金的屈服强度和延伸率分别为 1799 MPa 和 8.4%；双峰分布结构的 Mg72Cu5Zn23 合金的屈服强度为 455 MPa，延伸率为 5%。

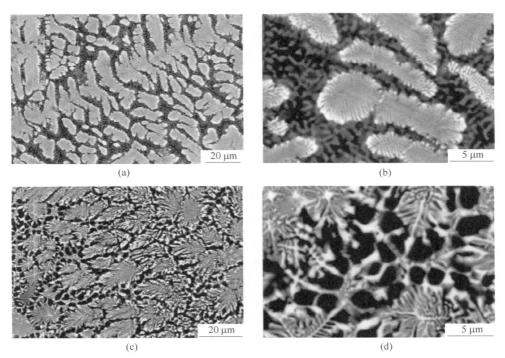

图 1-8　SEM 背散射电子像照片

（a）（b）Ti63.5Fe30.5Sn6 合金（图（b）为图（a）的高倍组织）；

（c）（d）Mg72Cu5Zn23 合金（图（d）为图（c）的高倍组织）

1.2.1.2　大塑性变形

等通道角挤压（equal-channel angular pressing，ECAP）是制备亚微米超细晶粒金属材料较常见的一种加工工艺。其制备工艺为[74]：采用挤压的方式，使材料经过具有恒定截面积的弯曲通道，从而造成材料在等通道的弯角处承受纯剪切变形加工；通过多次重复操作获得强应变加工，最终制取超细晶粒组织。等通道

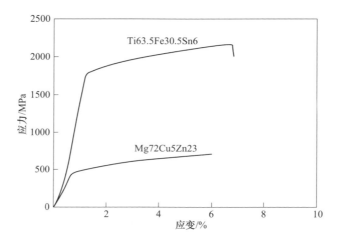

图 1-9　Ti63.5Fe30.5Sn6 合金和 Mg72Cu5Zn23 合金的应力-应变曲线

角挤压工艺原理如图 1-10 所示。目前，ECAP 研究主要集中在铝、铜等有色金属；对于变形抗力较大的钢铁材料，ECAP 研究还仅限于工业纯铁和低碳钢[75]。

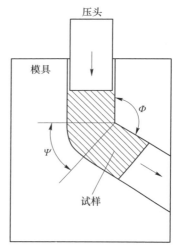

图 1-10　ECAP 工艺原理示意图[74]

Shin 等人[76]利用 ECAP 法，对制备超细晶粒 0.15C-1.1Mn 低碳钢进行了深入的研究。试验结果表明，如果每道次的有效应变为 1，且各道次间将试样沿轴线旋转 180°，则经 350 ℃、4 道次挤压后，铁素体晶粒尺寸可以达到 0.2 ~ 0.3 μm。此外，Park 等人[77]也利用 ECAP 工艺对超低碳钢进行了加工，获得了尺寸在 0.2 ~ 0.5 μm 的超细铁素体晶粒。

与等通道角挤压工艺类似，多向变形加工（multiple forging，MF）是一种进行强应变加工的好方法，但很难进行连续工业化生产大型钢铁材料。其原理是：多向变形加工能够使被加工的金属材料得到分布均匀的塑性应变，并且在一定程度上能够实现应变的积累，这十分有利于晶粒细化。近年来，美国 DSI 公司已开发出用于研究多向变形加工工艺的 MAXStrain，这种动态模拟装置系统，可实现应变接近 10 的工作条件，而传统热压加工工艺的应变值很难超过 4，该装置可以系统地模拟形变加工温度、形变量、形变速率、冷却速度等工艺条件，对晶粒细化的研究具有一定的参考性。

在实际生产中，根据不同情况还可以对生产工艺进行适当调整。Yin 等人[78]

使用如图 1-11（a）所示的孔型轧制装置，在 650 ℃对尺寸为 30 mm×30 mm 的矩形低碳钢条进行 7 道次变形加工，制得 12 mm×12 mm 的型材。组织分析显示获得了平均直径为 1 μm 的超细铁素体晶粒。同样，利用孔型轧制装置（见图 1-11（b）），Hodgson 等人[79-80]制备出晶粒直径小于 5 μm 的棒状或条状超细晶粒钢，并给出了相应理论分析模型。日本 NIMS 国家实验室利用孔型轧制技术，已能制备出晶粒直径约 0.5 μm、外形尺寸为 18 mm×80 mm×2000 mm 的钢板[81]。

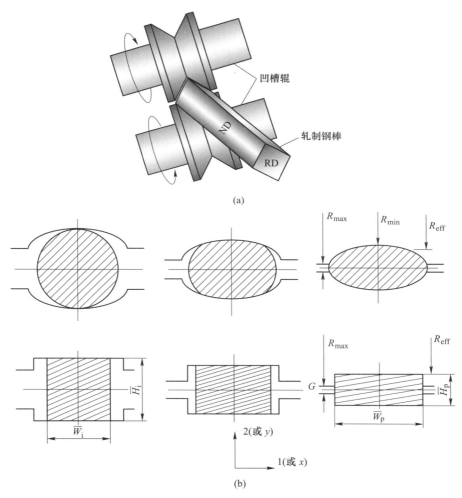

图 1-11 孔型轧制工艺原理示意图[78-80]

（a）孔型轧制装置；（b）理论分析模型

不同于等通道角挤压和多向变形加工工艺，累积叠轧（accumulative roll-bonding，ARB）工艺是一种有可能应用于工业化生产较大超细晶粒结构材料的方法。ARB 工艺原理如图 1-12 所示[82]，首先将多个平板金属材料（同种金属或异种金属）叠合在一起，进行大于临界压下量的轧制；而后将板沿长度方向一分为二，并再次叠合在一起进行轧制：如此多次循环反复，最终可获得晶粒超细化的大型材金属材料。其中，大变形轧制不仅使组织得到了细化，还可以使平板金属材料之间实现良好的结合。

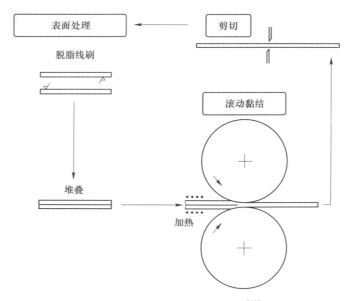

图 1-12　ARB 工艺原理示意图[82]

利用累积叠轧可以实现铝、钢铁等多种金属材料的晶粒超细化。例如，原始晶粒尺寸为 27 μm 的含 Ti 冷轧 IF 钢，在 500 ℃ 进行 50% 变形量（等效应变为 0.8）的 ARB 处理 7 道次后，晶粒可被超细化成 0.42 μm 左右[82]。运用 EBSD 分析证实，这种在板材厚截面上都能够分布均匀的超细晶粒组织，大多数具有随机取向和大角度晶界；同时具有良好的热稳定性。牧正志等人[83]对低碳钢的 ARB 处理得到了同样的结论：晶粒能够被超细化到 0.3 μm。此外，小泉雄一郎等人[84]还对奥氏体不锈钢在 500 ℃、每道次应变量 ε 为 0.8 条件下，进行晶粒超细化的 ARB 加工。研究发现，当应变大于 4 时，得到的超细化晶粒为等轴晶，晶粒平均尺寸小于 0.4 μm；7 道次时晶粒尺寸甚至可以达到 87 nm，并且得到的超细晶粒组织热稳定性良好，即使经过 600 ℃/30 min 退火处理，晶粒尺寸仍能保持在亚微米级。对于钢铁材料而言，由于钢板表面的缺陷很难完全清除，再加上板形的平整精度难以控制，因此累积叠轧合晶粒超细化处理技术仍需进一步完善。

Shin 等人[85]将低碳钢（化学成分为 0.15% C，0.25% Si 和 1.1% Mn，其余

成分为 Fe，质量分数）试样经等径角变形 4 次后，再在 540 ℃退火 1 h 后形成超细晶/纳米晶复合结构的低碳钢。由图 1-13 可以看出，低碳钢试样经等径角变形后，在 540 ℃退火 1 h 后发生再结晶现象，再结晶晶粒尺寸大约为 3 μm，未发生再结晶的晶粒尺寸为 0.3 μm。等径角变形后未经退火的试样，其抗拉强度为 930 MPa，退火后抗拉强度降为 690 MPa，但延伸率几乎提高了一倍。

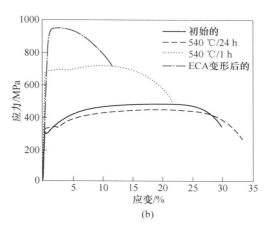

图 1-13　等径角变形+退火后的低碳钢试样微观组织（a）与应力-应变曲线（b）

Edalati 等人[86-87]利用高压扭转+退火的技术制备了具有非均质组织特征的钛合金。通过将 Al-50%（摩尔分数）Ti 混合的微米晶粉末用高压扭转+退火的方法制备了直径为 10 mm、厚度为 0.8 mm 的圆片状 TiAl 金属间化合物，如图 1-14 所示。Al 粉和 Ti 粉的原始尺寸分别约为 75 μm 和 150 μm，混合粉末经高压扭转的压力为 6 GPa，以 1 r/min 的速度旋转 50 r，然后在 600 ℃下退火 24 h，使 Al 粉和 Ti 粉反应完全，组织中出现了 TiAl 非均质双峰结构和纳米孪晶。非均质双峰结构的金属间化合物 TiAl 的屈服强度高达 2.9 GPa，且断裂延伸率能够达到 14%。

Orlov 等人[72]通过高压扭转法最终得到具有双峰晶粒分布的纯铝，如图 1-15 所示。直径为 10 mm、厚度为 1 mm 的冷轧态纯铝试样，在 500 ℃退火 1 h 后随炉冷却，晶粒重结晶完成，此时平均晶粒尺寸约为 280 μm。在室温下进行高压扭转，扭转速度约为 0.22 r/min，压力为 5 GPa，单向旋转 96°；之后向相反方向旋转 96°，旋转后相对应的扭转幅度分别为 12° 和 24°。图 1-15 是不同高压扭转幅度下的纯铝 EBSD 组织，与扭转幅度为 24°时的组织相比较，扭转幅度为 48°时晶粒破碎减小程度很大；与扭转幅度为 48°时的组织相比较，扭转幅度为 96°时晶粒尺寸稍微有所减小。扭转幅度为 48° 和 96°时，形成双峰晶粒分布的纯铝。

在奥氏体-铁素体双相不锈钢中，可通过等通道挤压法细化晶粒[88]。铁素体

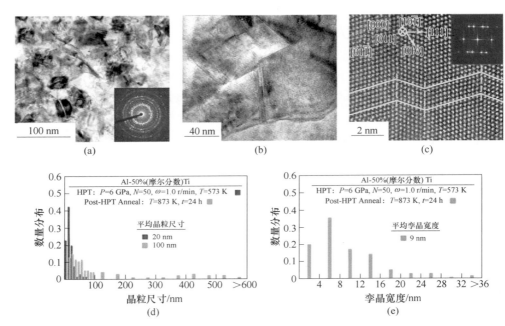

图 1-14　TiAl 金属间化合物的显微组织与晶粒尺寸分布

（a）TEM 明场像照片和选区电子衍射（箭头所指）；（b）包含多个孪晶的单个
微米晶 TEM 明场像照片；（c）纳米孪晶的 STEM 晶格像照片和对应的衍射图；
（d）高压扭转前后的晶粒尺寸分布；（e）退火后的孪晶宽度分布

图 1-15　高压扭转后的纯铝 EBSD 组织

（黑色线为大角度晶界，白色线为小角度晶界）

（a）扭转幅度 24°；（b）扭转幅度 96°；（c）扭转幅度 48°

晶粒在等通道挤压的早期，通过位错墙的连续细分而细化。随着变形进一步增大，部分大角度晶粒边界增加，在铁素体内形成纳米结构。奥氏体晶粒在变形过程中会产生变形孪晶，它们之间的相互作用导致微米级晶粒快速细分成亚微米级晶粒，微米级孪晶内部的位错也可以将微米级奥氏体晶粒细分成亚微米级晶粒，所以，微米级奥氏体晶粒的细化包括孪晶与孪晶的相互作用和孪晶与位错相互作用，而且两者同时进行。Chen 等人[88]利用等通道挤压法，首先将 S32304 双相不锈钢在 1100 ℃退火 2 h，然后在 10^{-4} Pa 的真空下油淬，等径角挤压 4 次，再 700 ℃退火 20 min 后得到了纳米晶/超细晶组织（见图 1-16），奥氏体和铁素体平均晶粒尺寸分别约为 108 nm 和 235 nm，双峰晶粒尺寸分布的 S32304 双相不锈钢抗拉强度高达 1433 MPa、延伸率高达 17.5%（见图 1-17）。

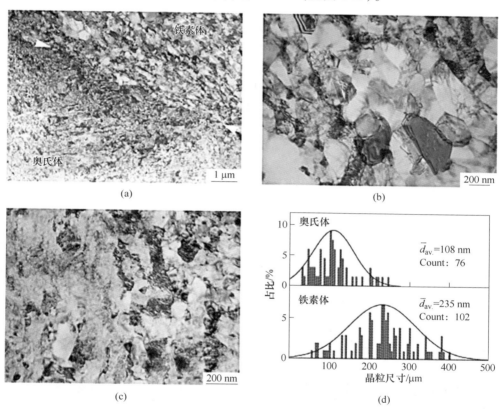

图 1-16　S32304 双相不锈钢挤压退火后的组织与晶粒尺寸分布
（a）TEM 明场像照片；（b）（c）铁素体和奥氏体的高倍 TEM 组织；（d）奥氏体和铁素体晶粒尺寸分布

Hosseini 等人[89]将热轧态的碳钢板材（化学成分（质量分数）为 0.13%C，0.13%Si，0.49%Mn，0.013%P 和 0.015%S，其余成分为 Fe）首先在 950 ℃退火 30 min，使其组织奥氏体化；然后在甲醇氯化钠溶液中淬火，获得完全的马氏体组织，在室温下用平面应变加压技术处理，变形量为 85%，紧接着在 600 ℃退火 120 s 获得了微米/亚微米双峰结构的碳钢材料。铁素体晶粒由大晶粒和小晶粒组成，渗碳体颗粒分散在铁素体基体上，其抗拉强度和延伸率分别达到了

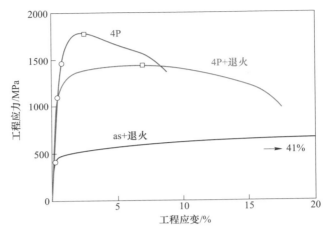

图 1-17　S32304 不锈钢经不同条件处理后的应力-应变曲线

810 MPa 和 16.8%的较高水平。

　　Jiang 等人[90]针对 IF 钢，将冷轧态（CR）和退火态（AR）的 IF 钢板叠层后采用热压结合锻压的方式（ARB）制备了超细晶层状材料，随后通过退火制备了非均匀层状结构的 IF 钢，其组织形貌如图 1-18 所示；其中 CR 层的累积应变量为 97%，AR 层的累积应变量为 85%，CR 层的平均晶粒尺寸（216 nm）低于

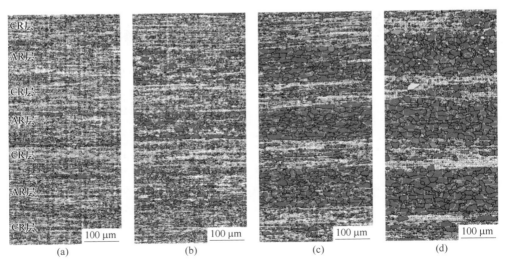

图 1-18　IF 钢在 600 ℃退火后的叠轧组织形貌

（随着退火时间延长，AR 层比 CR 层重结晶快得多。不同的颜色对应于沿 ND 的不同晶体取向，

白线和黑线分别表示小角度晶界（LAB）和大角度晶界（HAB））

（a）0.5 h；（b）1 h；（c）2 h；（d）4 h

AR 层的平均晶粒尺寸（323 nm）。非均匀层状 IF 钢在 600 ℃ 退火 1 h 时强度为 604 MPa、延伸率为 14%，组织呈现粗晶/细晶/粗晶交替分布的非均匀层状结构，这种具有硬质层和软质层的退火 IF 钢试样比均匀结构的 IF 钢试样具有更好的强塑性匹配。非均匀层状 IF 钢在 600 ℃ 退火不同时间时，CR 层和 AR 层具有不同的微观结构演变规律。退火时间较短时，CR 层中晶粒回复程度高于 AR 层；退火时间较长时，AR 层中的再结晶速度高于 CR 层的再结晶速度。这主要是因为受初始应变量的影响，CR 层和 AR 层具有不同的储存能，导致回复和再结晶过程的动力学不同。在退火 1.5 h 时，AR 层中的再结晶晶粒体积分数为 72%，然而在 CR 层中，即使退火 4 h 时，再结晶晶粒的体积分数才达到 50%。退火前，CR 层中的晶粒以 <100> 取向为主，而 AR 层中的晶粒以 <111> 取向为主。退火后，两层的晶粒发生再结晶，两层中再结晶晶粒优先在 <111> 区域形核，并且再结晶有很强的取向依赖性。因此，退火前后 CR 层和 AR 层的织构类型没有发生明显改变。

随后针对纯铝，分别采用商业纯铝（2N Al）和高纯铝（4N Al）为初始材料以及高应变量与低应变量的 2N Al 为初始材料，利用累积叠轧（ARB）工艺及随后的退火工艺分别制备了非均匀层状结构的 2N/4N Al 和 ARB6/2/6 2N Al，并与均匀层状结构 2N Al 及 4N Al 进行对比[91]。利用 6 道次 ARB 工艺分别制备了 ARB6-2N/4N Al、ARB6-2N Al 和 ARB6-4N Al 材料并对其组织及性能进行了对比，ARB6-2N/4N 试样的 EBSD 形貌如图 1-19 所示。在退火过程中，ARB6-2N/4N Al 中 2N-Al 层的晶粒长大规律与 ARB6-2N Al 的晶粒生长规律相吻合；而 ARB6-2N/4N Al 中 4N-Al 层和 ARB6-4N Al 的晶粒长大规律只在退火温度低于 225 ℃ 时相同，当退火温度高于 225 ℃ 时则不同。例如，在 250 ℃ 时，ARB6-2N/4N Al 中 4N-Al 层晶粒尺寸约为层厚的 55%，而 ARB6-4N Al 中的晶粒可穿过层界面发生长大。拉伸结果表明，在 225 ℃ 退火时，ARB6-2N/4N Al 的均匀延伸率（7.5%）与 ARB6-4N Al 的均匀延伸率（8.5%）相差不大，但是它的强度（109 MPa）是 ARB6-4N Al 强度（68 MPa）的 1.5 倍，ARB6-2N/4N Al 的强塑性匹配更优于 ARB6-2N Al，ARB6-2N Al 和 ARB6-4N Al 在拉伸下的应变分布不同。宏观拉伸 DIC 结果表明，在相同的宏观拉伸应变下，ARB6-2N/4N Al 的区域应变分布比 ARB6-4N Al 试样的区域应变分布更加均匀，非均匀层状结构延迟了 ARB6-2N/4N Al 中区域应变的集中。微观拉伸 DIC 结果表明，具有较高塑性应变的区域剪切变形带优先在较软的 4N-Al 层中产生，同时在变形过程中 4N-Al 层分配了较多的剪切应变。变形区域剪切带累积于较硬的 2N-Al 层界面处。局部变形剪切带的累积抑制了因区域应变集中引起的宏观颈缩，从而使得试样具有高的延伸率和强度。

以上简单阐述了现代钢铁材料晶粒超细化的某些制备方法及其制备原理，但

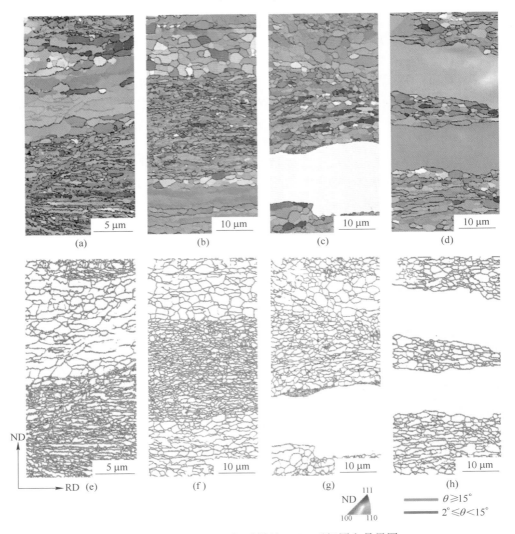

图 1-19 ARB6-2N/4N 铝试样的 EBSD 反极图和晶界图
（θ≥15°的大角度晶界显示为绿色线，2°≤θ<15°的小角度晶界显示为红色线）
（a）反极图，6 道次 ARB 处理；（b）反极图，200 ℃退火；（c）反极图，225 ℃退火，
在 6 道次 ARB 后保温 30 min；（d）反极图，250 ℃退火，在 6 道次 ARB 后保温 30 min；
（e）晶界图，6 道次 ARB 处理；（f）晶界图，200 ℃退火；（g）晶界图，225 ℃退火，
在 6 道次 ARB 后保温 30 min；（h）晶界图，250 ℃退火，在 6 道次 ARB 后保温 30 min

并不表明在制备过程中，只运用其中的一种方法，各制备工艺之间还可以进行组合使用；并且随着科学技术的不断发展，以及研究者的不断探索，一些更加有效、更为实用、更加精确的钢铁材料晶粒超细化的制备方法和技术将会出现在实际生产中。

1.2.1.3　热机械处理

与大塑性变形法相比，热机械处理法能够更好地实现用温度的改变来控制相变和冷却，更容易实现工业化生产。热机械处理法包括轧制和随后的热处理，一般通过轧制细化晶粒，随后的退火工艺利用组织间的差异性使各部分晶粒以不同的速度进行再结晶及晶粒长大，从而形成纳米晶/超细晶结构。Wang 等[26,92] 采用低温轧制+瞬时退火制备了具有双峰晶粒尺寸分布的纳米晶/超细晶纯铜。粗晶铜在液氮温度下冷轧，变形量为 93%，并在 200 ℃ 退火 3 min 形成纳米晶/超细晶复合结构，晶粒尺寸主要集中在 ≤300 nm 和 ≥1.5 μm 两个范围内，其中纳米晶粒的体积分数约为 75%，微米晶粒的体积分数约为 25%，纳米晶/超细晶复合结构晶粒尺寸 TEM 微观组织如图 1-20（a）所示。高晶体缺陷密度和液氮下冷轧储存的能量，使在低温下回复再结晶的过程中大量形核，因此基体保持纳米晶结构，从而保留了较高的强度。同时，再结晶过程产生的异常长大的微米级超细晶，有利于塑性的提高。完全纳米晶铜的抗拉强度为 480 MPa，纳米晶/超细晶铜的抗拉强度为 430 MPa（见图 1-20（b）），其抗拉强度下降不多，但塑性大大提高，延伸率达到 65%，与退火态粗晶铜的塑性基本一致。

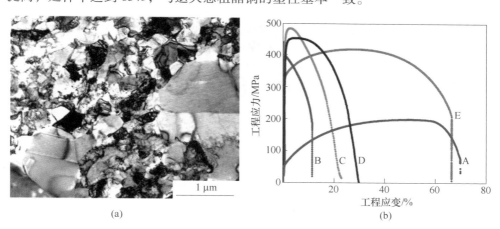

(a)　　　　　　　　　　　　　(b)

图 1-20　纳米晶/超细晶 Cu 的 TEM 微观组织（a）和拉伸过程中的应力-应变曲线（b）
（图（b）中，A：退火粗晶 Cu；B：室温轧制变形，变形量为 95%；
C：液氮温度下轧制，变形量为 93%；D 和 E：液氮温度下轧制后
分别在 180 ℃ 退火 3 min 和 200 ℃ 退火 3 min）

Wu 等人[63] 采用异步轧制和退火的方法获得了纳米晶/超细晶片层结构 Ti。原始粗晶 Ti 先在室温下进行变形量为 87.5% 的异步轧制，上下辊的转速分别是 1 m/s 和 1.3 m/s。然后在 475 ℃ 退火 5 min，使冷轧后的组织发生部分再结晶，不同阶段的组织形貌如图 1-21 所示，从图 1-21（d）中可以看出，粗晶区和细晶区呈现明显的非均匀层状分布。这种特殊的非均匀纳米晶/超细晶层状组织与原

始粗晶组织相比，不仅具备非常高的屈服强度，而且具有足够高的延伸率，特别是在均匀延伸率方面，纳米晶/超细晶 Ti 的均匀延伸率超过了原始粗晶 Ti，如图 1-22 所示。同时，该文献揭示了这种组织具备的高屈服强度是由细晶强化和背应力强化共同导致的，背应力的产生主要得益于这种特殊的纳米晶/超细晶层状结构（即大晶粒层被小晶粒层束缚）在变形过程中所产生的变形不相容性。另外，这种层状相间组织在拉伸过程中表现出的应变配分现象使之具有持续高的加工硬化率。

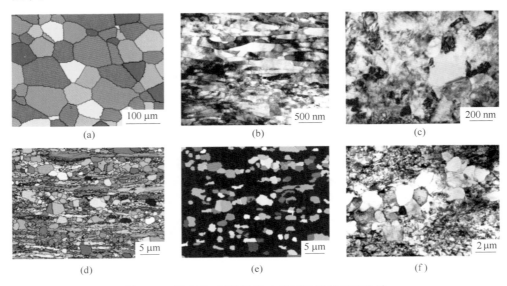

图 1-21　纳米晶/超细晶 Ti 在不同阶段的组织形貌
（a）原始粗晶 Ti 显微组织；（b）冷轧后不均匀的细长薄片；（c）纳米晶粒；
（d）部分再结晶退火后的纳米晶/超细晶层状组织；（e）完全再结晶的微米晶组织；
（f）微米晶粒被两侧纳米晶粒包围

Challa 和 Misra 等人[93-94]通过对 301LN 奥氏体不锈钢进行剧烈冷变形使亚稳态奥氏体大部分或几乎全部转变为应变诱导马氏体，随后经过快速退火使得应变诱导马氏体快速发生逆转变来获得细小的纳米晶（100~200 nm），而变形奥氏体则发生再结晶形成亚微米超细晶（200~500 nm），最终得到纳米晶/超细晶组织，如图 1-23 所示。奥氏体不锈钢组织的演化机理是：变形诱导产生的马氏体，其体积分数随应变增大而增加，在剧烈变形过程中晶粒发生了破碎，导致马氏体内部晶格缺陷集中，在退火时马氏体转变成奥氏体的过程中晶粒发生了细化。马氏体体积分数越大，变形过程中破碎的越多，产生的晶格缺陷就越多，从而为马氏体在向奥氏体转变的过程中提供更多的形核点。而未发生马氏体转变的变形奥氏体，由于形变储存能和潜在形核点要小于破碎的应变诱导马氏体，因此在随后的

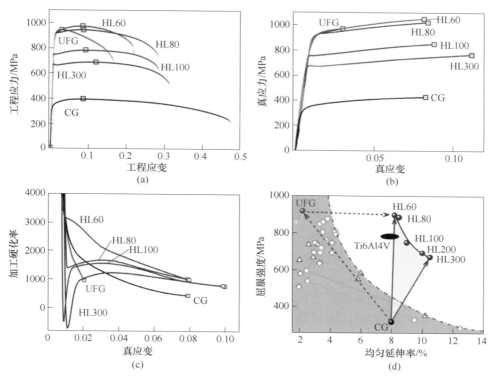

图 1-22　非均质 Ti 和其他 Ti 合金的加工硬化曲线

（a）工程应力-应变曲线；（b）真应力-应变曲线；（c）加工硬化率曲线；

（d）屈服强度-均匀延伸率曲线

图 1-23　301LN 奥氏体不锈钢的原始粗晶组织（a）和纳米晶/超细晶组织（b）

退火过程中会发生再结晶成为亚微米级超细晶。研究结果显示[94]，在纳米晶/超细晶奥氏体钢中，变形孪生有助于产生出色的延展性和高应变硬化率。而在对应的粗晶奥氏体钢中，延展性和应变硬化能力也很好，这归因于应变诱发的马氏体相变，变形机制随晶粒尺寸的变化主要归因于奥氏体稳定性与应变能的对应关系。随后，Xu 等人[95]对 316LN 奥氏体不锈钢采用相似的工艺得到了纳米晶/超细晶组织。实验结果显示，晶粒细化导致纳米晶/超细晶 316LN 不锈钢具有很高的屈服强度和较好的延展性，同时也发现纳米晶/超细晶 316LN 不锈钢的高强韧性归因于机械孪晶的存在。

Lee 等人[96]用高频真空感应炉熔炼制备的奥氏体不锈钢（化学成分为 0.023% C，10.9% Cr，9.0% Ni 和 7.0% Mn，其余成分为 Fe，质量分数），在保护气氛下 1100 ℃退火 12 h，使其组织均一化，热轧至 40 mm 的厚度，然后进行冷轧应变诱导马氏体，轧制变形量为 50%。为了使冷轧变形后的马氏体逆转变成奥氏体，在奥氏体转变完成温度 20 ℃以上退火 10 min。不同次数轧制后（后面每次的轧制变形量是上一次的 50%），变形破碎的马氏体经退火再结晶，使马氏体转变成细晶粒奥氏体；而没有发生马氏体转变的变形奥氏体，经退火后形成粗大奥氏体晶粒。图 1-24 是不同次数轧制后的奥氏体 TEM 组织和晶粒尺寸。图 1-24（a）是经过一次轧制后的奥氏体 TEM 组织，晶粒比较粗大；图 1-24（b）是第五次轧制循环后的奥氏体 TEM 组织，晶粒尺寸明显减小；图 1-24（c）是不同应变诱导马氏体轧制循环后的晶粒尺寸。第一次轧制后，奥氏体晶粒尺寸由原来的 40 μm 变成了 410 nm；三次轧制后，奥氏体晶粒尺寸减小至 300 nm；第二次轧制后，粗晶晶粒尺寸基本不变，而细晶晶粒尺寸随着轧制次数增多而减小；第五次轧制后，形成了亚微米/纳米双峰晶粒尺寸分布的组织。图 1-25 是不同次数轧制+退火循环后的超细晶奥氏体钢应力-应变曲线。结果表明，经过多次的热轧退火后，相对于热轧态的组织，钢的屈服强度和抗拉强度显著提高。

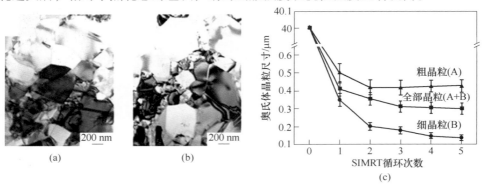

图 1-24 多次轧制应变诱导马氏体转变后的超细晶奥氏体晶粒

（a）经过一次轧制；（b）经过五次循环轧制；（c）经过不同次数循环轧制后奥氏体粗晶和细晶的晶粒尺寸

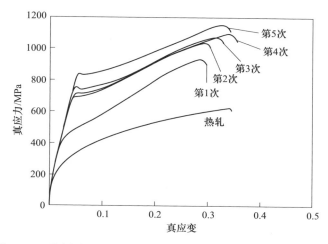

图 1-25 不同次数轧制+退火循环后奥氏体不锈钢的应力-应变曲线

Shakhova 等人[97]、武等人[15]和 Sun 等人[98]对 300 系奥氏体不锈钢在冷变形时的应变诱导马氏体相变规律进行了较为详细的研究。图 1-26（a）为经不同冷变形后试样的 X 射线衍射谱图（XRD），从中可以清晰地看到，原始试样的微观组织均为奥氏体。随着冷变形的增加，奥氏体峰的强度逐渐降低，最终由于更大的冷变形，使得试样的微观结构大部分转变为 α'-马氏体。如前面 Challa 等人的研究所述，要想获得超细的奥氏体不锈钢晶粒组织必须满足两个条件：获得尽可能多的 α'-马氏体组织和 α'-马氏体饱和后的充分变形。图 1-26（b）表明，20%的冷变形就会使微观组织中产生应变诱导马氏体，但不能使片层结构得到充分破坏。随着变形量的增大，马氏体含量也随之增加，在变形量大于 60%时，马氏体含量急剧上升。经 90%的冷变形后，大部分的奥氏体转变成 α'-马氏体相。在加大冷变形量后，转变的 α'-马氏体进一步发生变形。可以发现，应变能主要用于 α'-马氏体的产生，可消耗 50%的冷变形量，再进行更大的冷变形时才会出现 α'-马氏体的变形[97]。

马氏体相变是位移式的，因此对弹性应力和塑性应变是敏感的[99-100]。当一个给定合金冷却到低于 M_s 温度时，将转变为马氏体。但是在重新加热到更高温度时，马氏体又可能转变回奥氏体，如果使奥氏体经受剧烈的塑性形变，则在冷却时，转变温度 M_s 会上升到较高的温度 M_d，即通过冷加工能提高产生马氏体相的最高温度。这就意味着对于在 M_s 点会开始自发形核进行转变的奥氏体，通过塑性形变可以使形核在更高的温度下发生；反之，如果奥氏体在 M_d 以上进行塑性形变，则马氏体不会形核，因为在这个相对较高的温度下驱动力太小。但是，如果经过塑性形变的奥氏体冷却到低温时，则会转变为马氏体。研究表明[101]，当冷却到液氮温度时，随着奥氏体塑性形变的增加，马氏体量也增加。也就是说

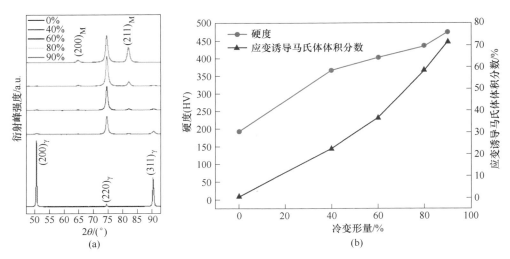

图 1-26 奥氏体不锈钢冷变形前后的 XRD 谱图（a）和应变诱导马氏体含量与硬度的变化（b）

塑性形变在奥氏体上产生了新的形核位置，因此塑性形变量增加时，奥氏体发生的转变也就更多。然而，当塑性形变量再加大时，冷却到液氮温度后形成的马氏体量反而减少，这是由于剧烈的塑性形变使奥氏体的组织发生畸变，从而干扰了马氏体的长大过程。这种冷轧退火工艺过程简单，适合大规模工业化生产。但是，剧烈的塑性变形也对冷轧设备提出了较高的要求。

1.2.2 梯度纳米晶结构材料

在相同化学成分和相组成的情况下，梯度纳米结构有 4 种基本类型，如图 1-27 所示[102]。

（1）梯度纳米晶粒结构。结构单元为等轴状（或近似等轴状）晶粒，晶粒尺寸由纳米至宏观尺度呈梯度变化，如图 1-27（a）所示。

（2）梯度纳米孪晶结构。晶粒中存在亚结构孪晶，晶粒尺寸均匀分布，而其中的孪晶层片厚度由纳米至宏观尺度呈梯度变化，如图 1-27（b）所示。

（3）梯度纳米层片结构。结构单元为二维层片状晶粒，层片厚度由纳米至宏观尺度呈梯度变化，如图 1-27（c）所示。

（4）梯度纳米柱状结构。结构单元为一维柱状晶粒，柱状晶粒直径由纳米至宏观尺度呈梯度变化，如图 1-27（d）所示。

上述 4 种结构类型中可以有不同的界面结构，如大角度晶界、小角度晶界和孪晶界等。这些基本结构中的两种或多种结构相可形成复合梯度纳米结构，如梯度纳米晶粒结构与梯度纳米孪晶结构的复合结构，既存在晶粒尺寸梯度，也有孪晶密度梯度，即晶界密度和孪晶界密度同时呈梯度变化。当化学成分和相组成发

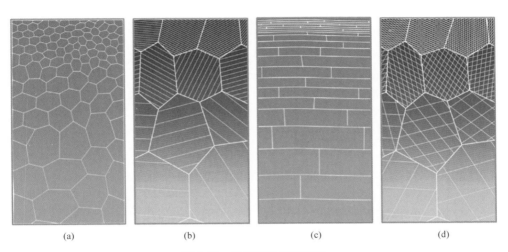

图 1-27 梯度纳米晶的结构

（a）梯度纳米晶粒结构；（b）梯度纳米孪晶结构；（c）梯度纳米层片结构；（d）梯度纳米柱状结构

生变化时，形成的复合梯度纳米结构更为复杂，如在 316 不锈钢中形成的由马氏体相和奥氏体相组成的呈梯度分布的纳米晶粒结构便是其中的一个实例[103]。梯度纳米结构材料主要是通过高应变梯度塑性变形设计制备，高应变梯度塑性变形使材料中产生大量缺陷（如位错、晶界、孪晶界等）[31]，材料在塑性变形过程中启动相应的变形方式来协调变形，而变形方式不同引入的晶粒细化机制也不同[104-105]。在钢变形过程中，当塑性变形到一定程度后，位错的产生与结构回复导致位错湮灭动态平衡，晶粒尺寸趋于稳定。在高密度纳米孪晶区通过局部剪切，在剪切带内发生退孪晶并形成纳米尺寸的位错晶胞，这些位错晶胞随取向差增加而形成随机取向的纳米晶粒[106]，从表面到芯部形成梯度结构，最终得到梯度纳米结构材料。实现材料的高应变梯度塑性变形主要有 3 种机械方式：表面机械研磨（SMAT）[107-108]、表面机械碾压（SMGT）[106,109]和表面机械滚压（SMRT）[110]，变形方式示意图如图 1-28~图 1-30 所示。

  Fang 等人[111]使用 SMGT 方法得到了纳米梯度面心立方结构金属 Cu，如图 1-31 所示。纳米梯度 Cu 组织由粗晶核心和表面梯度纳米晶层组成，如图 1-31（d）所示。梯度结构的最外层至距离最外层 60 μm 处的深度范围内，由平均晶粒尺寸约为 20 nm 的纳米晶组成；距离最外层 60~150 μm 处的深度范围内晶粒尺寸逐渐增加至 300 nm 左右；在距离最外层 150 μm 的深度以下，晶粒尺寸继续增加到微米级的粗晶粒尺寸。纳米梯度 Cu 表面层晶粒尺寸为十几纳米，硬度高达 1.65 GPa，而芯部的粗晶粒结构硬度仅为 0.75 GPa，在 500 mm 厚的表层内硬度呈梯度变化。室温拉伸实验表明，具有梯度纳米晶粒结构的纯 Cu 棒状试样拉伸屈服强度比粗晶 Cu 试样提高约一倍，而拉伸塑性与粗晶 Cu 相同。分析认为，表

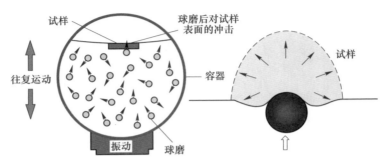

图 1-28 表面机械研磨工艺示意图

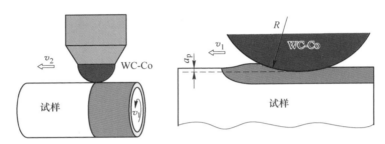

图 1-29 表面机械碾压工艺示意图

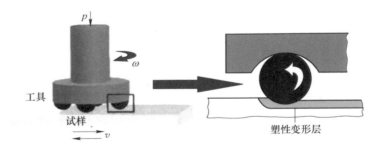

图 1-30 表面机械滚压工艺示意图

面梯度纳米结构层是强度提高的主因，尽管梯度纳米晶粒层在试样断面中所占的面积比例很小（约 9%），但由于纳米晶粒结构具有很高的屈服强度，因此对提高强度的贡献很大。定量分析表明，梯度纳米晶粒层对试样整体强度的贡献高达1/3 左右，并且当受到芯部粗晶基体约束时，可以承受超过 100% 的拉伸真应变而不会开裂。

  Wu 等人[112]利用 SMAT 方法制备了梯度纳米结构 IF 钢，如图 1-32（a）~（c）所示。研究发现，在梯度纳米结构 IF 钢单向拉伸过程中，晶粒梯度尺寸会导致应变梯度的产生，从而改变了梯度纳米晶粒结构层中的应力状态。这种应力状态

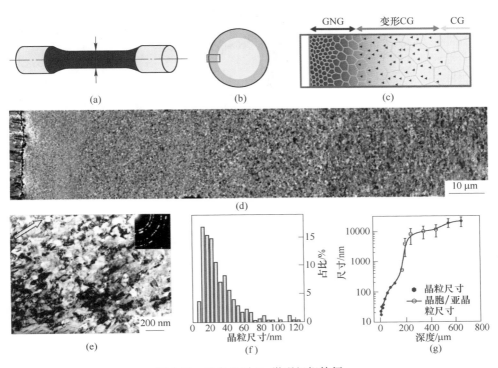

图 1-31　梯度金属 Cu 微观组织特征

（a）拉伸 Cu 棒表面研磨示意图；（b）Cu 棒的横截面微观结构示意图；（c）图（b）中红框区域放大图；
（d）Cu 横截面梯度纳米结构的 SEM 形貌图；（e）经处理表面下 3 μm 处微结构的横截面亮场 TEM 图像；
（f）在顶部 5 μm 深的层中通过 TEM 测量得到的横向晶粒大小分布图；
（g）平均横向晶粒（亚晶粒或晶胞）尺寸沿表面深度的变化

的变化促进了位错的储存和相互作用，因此产生了额外的加工硬化（见图 1-32
（d）和（e）），使拉伸时的加工硬化率出现上升现象，提高了材料的拉伸塑性。
分析认为，这种额外的加工硬化行为是梯度晶粒结构的本征性能，在均匀结构材
料中并不存在。Wu 等人[36]用同样的方法得到了纳米梯度 304 奥氏体不锈钢，在
塑性变形过程中，梯度结构导致应变分配的产生，并且一直持续到大变形量下。
随着施加的应变和流动应力的增加，连续触发 $\gamma \rightarrow \alpha'$-马氏体相变。更重要的是，梯
度结构将 TRIP 效应延长到更大的塑性应变。因此，304 不锈钢的梯度结构通过应
变分配和 TRIP 效应的耦合，为高强度和高延展性的良好组合提供了新的途径。

　　Huang 等人[103]使用 SMGT 方法得到了在 316 不锈钢中形成的由马氏体相和
奥氏体相组成的呈梯度分布的梯度纳米晶结构。最表层组织的平均晶粒尺寸约为
30 nm，并随深度增加晶粒尺寸逐渐增加。在应力控制模式下的疲劳研究显示，
与粗晶试样相比，梯度纳米晶结构试样的疲劳强度在低循环和高循环疲劳实验中
均得到显著增强。同时，随着梯度纳米晶试样抗拉强度的增加，疲劳比明显提

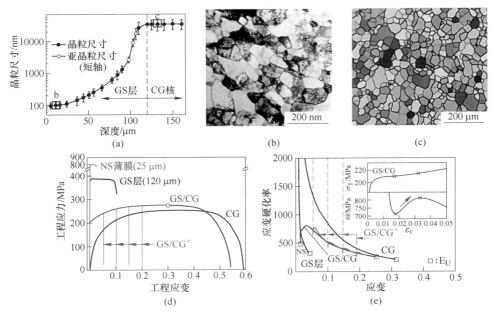

图 1-32 IF 钢的晶粒尺寸、组织形貌、工程应力与应变硬化率

（a）平均晶粒尺寸沿深度的变化；（b）在 10 μm 深度处纳米晶的 TEM 形貌；
（c）平均晶粒尺寸为 35 μm 的粗晶组织形貌；（d）应变速率为 $5×10^{-4}$ s^{-1} 的准静态拉伸工程应力-应变曲线（CG：独立的均匀粗晶试样，GS：厚度为 120 μm 的梯度纳米层，GS/CG：厚度为 1 mm 的梯度纳米层和粗晶层组成的三明治结构试样，NS：从梯度纳米结构试样顶层剥离的 25 μm 厚的准均质纳米结构薄膜，GS/CG$^+$：在工程应变为 0.05、0.1、0.15 和 0.2 时 4 个单独应变下的卸载-再加载拉伸测试）；（e）应变硬化率曲线

高。梯度纳米晶组织表面层通过减少应变局部化，抑制了裂纹的产生并在疲劳期间适应了显著的塑性应变振幅，从而增强了疲劳性能。Sun 等人[113]对 SMAT 处理后 304 不锈钢的腐蚀磨损性能进行了研究。在 NaCl 溶液中分别进行了变电位和恒定电位、不同接触压力的腐蚀磨损测试，实验结果表明（见图 1-33）：SMAT 处理后的试样在所有电化学腐蚀与滑动摩擦中，比未处理试样的磨损量要小；在没有滑动摩擦的参与下，SMAT 未能提高试样的耐腐蚀性能；SMAT 在不同电位和载荷下能减小 304 不锈钢试样的摩擦系数。

Wei 等人[32]通过对孪生诱发塑性钢（TWIP）圆柱试样施加扭转在奥氏体晶粒中引入具有平行孪晶的梯度孪晶结构（见图 1-34），可以在不牺牲延展性的情况下大幅提高 TWIP 钢的强度。在随后的拉伸变形过程中，二次孪晶和多次孪晶在初级孪晶处相遇形成了分层孪生变形机制，该机制导致了 TWIP 钢强度的增强，同时不影响其延展性和应变硬化。预应力和随后的拉伸张力激活了不同的孪生系统，从而同时实现高强度、高延展性和高应变硬化。此外，Ma 等人[114]还探讨了在低温情况

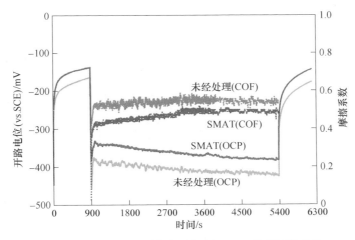

图 1-33 304 不锈钢试样处理前后在 10 N 载荷下滑动前、滑动中和滑动后的开路电位（OCP）和摩擦系数（COF）

下梯度纳米结构奥氏体不锈钢的强韧特性，发现在液氮温度下梯度不锈钢的强度达到 1.75 GPa，延伸率超过 25%；并且实验研究了梯度纳米结构的疲劳性能，发现强度的梯度分布大幅度提高了奥氏体不锈钢的疲劳寿命[115]。

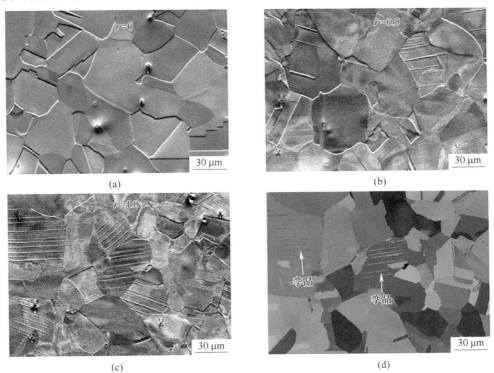

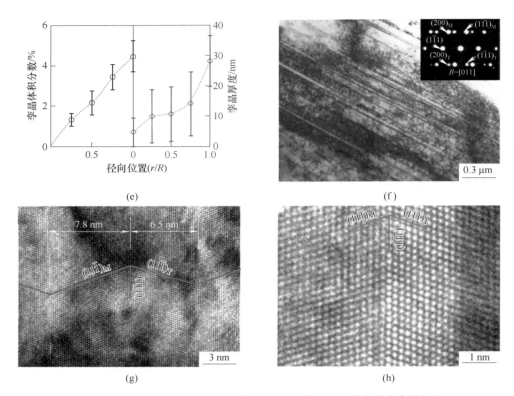

(e)　　　　　　　　　　　　　　(f)

(g)　　　　　　　　　　　　　　(h)

图 1-34　180°预扭转的 TWIP 钢中呈现出沿着径向的梯度纳米孪晶组织

（a）～（c）预扭转的 TWIP 钢圆柱试样在不同半径下的显微组织；

（d）与图（c）对应的 EBSD 形貌；（e）从边部到心部孪晶的体积分数和宽度的变化；

（f）孪晶的 TEM 形貌；（g）（h）孪晶的高分辨形貌

　　材料中梯度纳米结构有不同的存在形式。大多数情况下，纳米结构部分处于材料表面，粗晶结构处于材料内部，这种梯度纳米结构表层可以充分发挥纳米结构的许多优异性能，大幅度提高块体材料表面性能以及许多表面结构敏感性能；也可以将纳米结构部分置于材料内部，粗晶结构在材料表面，这种构型也可能表现出一些独特的性能，但目前研究工作不多。

1.2.3　纳米孪晶结构材料

　　在多晶材料的内部构建纳米尺度孪晶片层，是一种获得高强高韧金属材料的有效途径[116]。在金属材料中形成孪晶结构并不复杂，可以通过塑性变形、相变、退火以及其他物理化学过程在金属和合金中形成[39,117]。目前国内外学者对纳米孪晶金属材料的力学性能做了大量的实验研究。例如，中科院沈阳金属所卢柯院士课题组首次制备了含有纳米尺度孪晶片层的多晶金属材料，包括铜、铜锌合金、不锈钢等，并发现该纳米孪晶金属表现出高屈服强度、高塑性和高加工硬化等力学特性，如图 1-35 所示[40,116,118-119]。他们采用脉冲电解沉积法制备的具有高密度孪晶片层结构的纯铜薄膜，随着孪晶片层厚度减小，材料的屈服强度和延展性同时得到提高；当其孪晶片层平均厚度为 15 nm 时，试样的拉伸屈服强度可达到 900 MPa，断裂强度高达 1068 MPa（为普通纯铜的 10 倍以上），当孪晶片层厚度进一步减小至 6 nm 时，材料强度出现软化行为[116]。在实验中除初级孪晶以外，经常可以观察到多次孪晶（如二次、三次和四次孪晶），晶体结构中形成多次孪晶也是一种实现金属材料高强高韧的有效方法[38,104,120]。

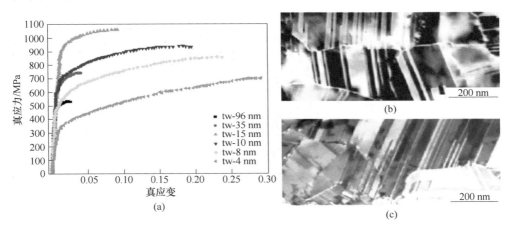

图 1-35　多晶纳米孪晶铜的应力-应变曲线（a）和纳米孪晶的微结构照片（b）（c）

Müllner 等人[121-122]在马氏体相变过程中观察到孪晶结构的分级情况，在这些结构中，初级孪晶内出现二次孪晶，二次孪晶中再产生三次孪晶。通过表面机械研磨处理、等径角挤压等实验方式，在纳米晶/超细晶金属铜[123]和 Cu-Al 合金[124]中观察到初级和二次纳米孪晶片层的生成，如图 1-36 所示。面心立方多晶金属中合成这些多级孪晶有利于提高强度和塑性。人们发现 TWIP 钢试样在表面机械研磨处理和拉伸试验过程中观察到二次和三次孪晶，这些多级孪晶是 TWIP 钢拥有高强度和良好塑性的主要因素[104]。

综上可知，在充分理解与运用多级孪晶和力学性能之间的关系后，通过设计面心立方金属的多级纳米孪晶结构可实现金属材料的高强高韧性能。

近年来，人们不仅研究纳米孪晶金属的强韧特性，还开始探讨纳米孪晶金属在循环加载作用下的疲劳性能[125]，如中科院沈阳金属所卢蕾研究员通过实验观察发现，在应力远小于拉伸强度的条件下，纳米孪晶铜块表现出与历史无关、稳定的循环响应行为[126]。

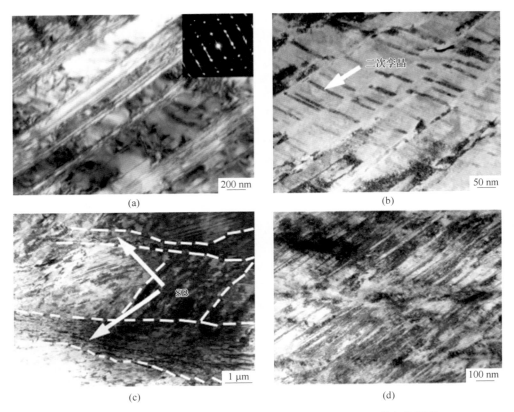

图 1-36 粗晶 Cu-Al 合金经过等径角挤压处理后的 TEM 显微组织形貌
(a)（b）挤压一道次；（c）（d）挤压两道次

1.3 非均质结构材料的变形机理

1.3.1 非均质纳米晶/超细晶结构材料的变形机理

纳米晶/超细晶结构材料的高强度主要来自于屈服强度更好的纳米结构基体相[26,127-128]，在高强度低加工硬化能力的纳米晶基体相中嵌入低强度高加工硬化能力的微米晶或亚微米晶形成复合组织，利用纳米晶结构保持材料的强度，微米晶保持较高塑性，在不显著降低材料强度的前提下，提高材料的均匀拉伸塑性，从而获得综合力学性能较为优异的组合。在纳米晶/超细晶材料中，超细晶区一方面用来抑制局部变形带的快速扩展，另一方面可激发出更多的变形带，从而在整体上达到改善材料塑性的目的[129]。此外，一定体积分数的粗晶相可以有效阻止基体相产生的空洞和微裂纹的扩展，从而显著提高材料的塑性变形能力[26,119,130]。纳米晶/超细晶结构复合组织，可以看成是在塑性较差的基体中加入较小尺寸的第二相增塑颗粒[131]，从而在整体上使材料塑性得以大大提高，使得材料达到强度与塑性的良好匹配。

Zhu 等人[41,128]对纳米晶/超细晶结构材料（见图 1-37（a））具备的优异力学性能做了一系列的理论研究。在拉伸变形过程中，随着施加应变的增加，变形过程可以分为三个阶段（见图 1-37（b））。在阶段 I 中，软区（粗晶粒）和硬区（细晶粒）都发生弹性变形，这类似于常规的均质材料。在阶段 II，软区域将首先开始位错滑移，以产生塑性应变，而硬区域将继续保持弹性，从而产生变形不相容性。整体组织中软区域需要与相邻的硬区域一起变形（见图 1-37（c）），而不能自由塑性变形。粗/细晶区界面处的应变必须是连续的，尽管较软的区域通常会承受更多的应变。因此，在粗/细晶区界面附近的软区域中将存在塑性应变梯度（见图 1-37（d）），该应变梯度需要通过几何必要位错来适应。随着拉伸的缓慢进行，几何必要位错将在软区域中的边界（粗/细晶区界面）处堆积（见图 1-37（c）），但无法跨区域边界传播，从而形成高背应力。塑性应变是由位错滑动产生的，位错源（图 1-37（c）中 X 位置）向周围发散位错，每次位错在其尾部都留下一个 Burgers 向量的位移。因此，在图 1-37（c）中，应变在畴界面（堆积头）处为零，并且应变在位错源处增加到 7 个 Burges 矢量。图 1-37（d）

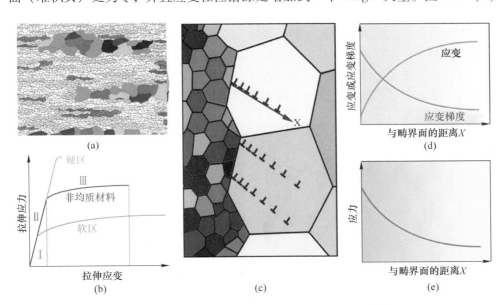

图 1-37 纳米晶/超细晶的显微组织与应力-应变曲线

（a）纳米晶/超细晶组织；（b）纳米晶/超细晶材料的应力-应变曲线；

（c）几何必要位错堆积示意图；（d）塑性应变和应变梯度随畴界面距离的变化趋势；

（e）有效应力（施加应力-背应力）随畴界面距离的变化趋势

中的黑色曲线显示了平滑的应变曲线，该曲线是与畴界面距离的函数，另一条曲线是相应的应变梯度曲线。应变梯度的产生，将会存在几何必要位错的堆积和相应背应力的产生。这将使得较软的相变得更强[52,119]，从而导致协同强化以增加材料的整体实测屈服强度[58,128]。他们指出背应力与包辛格效应具有相同的物理起源[132]，包辛格效应越大，背应力越高。通过设计适当的纳米晶/超细晶结构，则可以使用背应力来提高金属的强度和延展性，拉伸试验过程中的背应力及其演变可以通过实验测量[52]。

1.3.2　梯度纳米晶结构材料的变形机理

梯度纳米晶结构金属材料的高强高韧特性来自于微结构尺寸的梯度分布，即晶粒尺寸或孪晶片层厚度等沿着深度方向从纳米尺度连续变化至微米/亚微米尺度。当纳米结构区域达到一定体积分数时，这些纳米晶或纳米孪晶层的力学性能主导了梯度纳米结构金属的高强特性；同时，微结构尺寸的梯度变化使得应力/应变状态沿着深度方向梯度分布，并产生附加的应变硬化和背应力，从而提高了梯度纳米结构金属材料的塑性变形能力[52,112,133-134]。如中科院力学所魏宇杰课题组通过预扭转形成梯度纳米孪晶金属材料，实验和理论研究表明梯度孪晶结构增强了材料的屈服强度，而孪晶结构在变形过程中形成多级纳米孪晶有效提高了材料的塑性变形能力（见图 1-38），从而增加了材料的延展性[135]；此外，通过有限元方法模拟梯度纳米晶金属材料塑性变形发现，硬晶粒承受更多的荷载而软晶粒承受更多的变形[136]；同时，发现梯度纳米结构 304 不锈钢表面层的高体积分数马氏体相延缓了表面破坏，并且沿着直径方向的持续相变提供了足够的应变硬化能力，从而使得梯度纳米结构 304 不锈钢拥有高强高韧特性[114]。

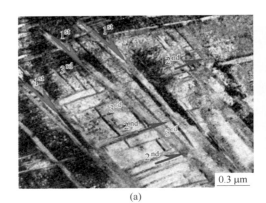

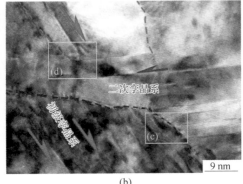

(a)　　　　　　　　　　　　　　　　(b)

图 1-38　拉伸断裂后预扭转试样最外部区域的 TEM 显微组织

（a）初级孪晶从左上角延伸到右下角（红色箭头处），二次孪晶在初级孪晶之间平行排列，三次孪晶在二次孪晶之间平行排列且平行于初级孪晶；（b）二次孪晶与初级孪晶交叉的形貌

中科院力学所武晓雷课题组通过实验和理论研究发现，在单轴拉伸过程中晶粒尺寸梯度分布使得应变和应力在径向呈梯度分布，从而将单轴应力状态转变为多轴应力状态，由此诱导更多位错运动和位错堆积，产生额外的应变硬化和强化行为[52, 58 119]；同时，通过对梯度结构铜进行拉伸-压缩实验发现，梯度结构使得金属铜表现出明显的包辛格效应[137-138]。此外，中科院沈阳金属研究所卢柯院士课题组通过实验研究发现，梯度纳米晶铜的高屈服强度来自于表面纳米结构层，而良好延展性来自于纳米晶铜在变形过程中晶粒长大行为，表层晶粒的扭转和晶界的迁移能有效抑制局部应力集中而阻止微裂纹的产生[111]。

1.3.3 纳米孪晶结构材料的变形机理

实验中观察到纳米孪晶材料的高强度、高塑性以及高加工硬化能力均来自于位错与高密度孪晶界面有效的交互作用[39]。塑性变形过程中，位错与孪晶界反应在孪晶界上形成可动不全位错，或不可动位错或位错锁，或者在邻近孪晶内发射位错或形成层错等，造成位错在孪晶界上滑移、塞积、增殖，使孪晶逐渐失去共格性，从而协调变形，有效提高材料的综合力学能力[139]。透射电镜观察发现，拉伸变形后孪晶界上往往聚集大量残余位错，而孪晶片层内部位错密度较低[140]，如图1-39所示。孪晶界缺陷的积累降低孪晶界共格性，使孪晶界发展为位错发射源，但同时也提高后续位错运动的阻力，贡献加工硬化。

分子动力学（MD）模拟显示，当位错穿过孪晶界时，根据入射位错的性质和类型，孪晶界上可能产生可动Shockley位错、不可动Frank位错或位错锁以及相邻孪晶片层内的层错等。螺位错可交滑移到孪晶片层的滑移面上而不在孪晶界上留下残余位错，而非螺位错与孪晶界相遇时可分解为进入孪晶片层的位错和留在孪晶界的可动Shockley不全位错[141]。此过程中，孪晶界不断吸纳位错而承担较大的塑性变形。纳米孪晶金属的极值强度现象源自于主导塑性变形机制由位错穿越孪晶界向Shockley不全位错沿孪晶界滑移的转变。例如，对于4 nm片层厚度的试样，孪晶界上高密度沉积位错（约10^{14} m^{-2}）的运动即可贡献高达0.2%的塑性应变，这可能直接导致试样宏观屈服[142]。Li等人[143]通过大规模MD模拟和位错形核动力学理论进一步揭示，当孪晶片层厚度小于某一临界尺寸，Shockley不全位错也可能直接从孪晶界与晶界交接处形核，并倾向于沿孪晶面向晶粒内部运动。在这种情况下，位错晶界形核过程主导材料的强度和塑性变形[143]。

等轴纳米孪晶的力学行为研究表明[144]，在超细晶粒内部引入随机纳米孪晶可以同时获得高强度和良好塑性。然而，单纯引入高密度孪晶并不能保证良好的强塑性匹配。当拉伸方向平行于孪晶界时，主导塑性变形的位错机制转变为贯穿位错在纳米孪晶片层内平行于孪晶界的受限滑移。这种特殊的位错运动过程，不

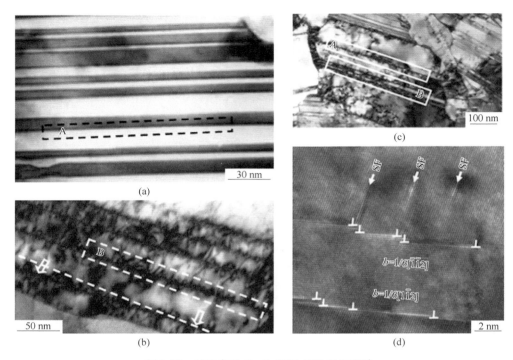

图 1-39 纳米孪晶 Cu 的 TEM 显微组织形貌

（a）变形前的孪晶界是笔直的，没有观察到位错；（b）拉伸变形后细晶粒 Cu 中显示
孪晶界出现弯曲并堆积大量的位错；（c）拉伸变形后粗晶粒 Cu 中同样显示大量的
位错堆积在孪晶界；（d）变形后细晶粒 Cu 的高分辨形貌

仅减少了不可动位错在孪晶界的积累而降低加工硬化率，同时由于位错倾向于在晶界附近聚集，也导致晶界区域发生更大的塑性变形和动态回复[145]。

2 316L 奥氏体不锈钢的非均质组织调控技术

316L 奥氏体不锈钢是经典的 18Cr-8Ni 不锈钢成分改型合金，是为改善耐腐蚀性能而发展的一种 Cr-Ni-Mo 型超低碳不锈钢，与马氏体和铁素体型不锈钢相比，316L 不锈钢抗高温硫及其化合物、高温有机酸、非氧化性酸等介质腐蚀的性能良好。同时，316L 不锈钢抗晶间腐蚀和应力腐蚀的能力要比 1Cr18Ni9Ti 强，因此，加工高酸值原油的石油化工装置，其高温易腐蚀部位有针对性地改用 316L 不锈钢，不仅能有效地缓解高温部位的严重腐蚀，而且也有助于降低杂质含量，提高产品的质量水平。

表 2-1 和表 2-2 是不同标准 316L 牌号的化学成分及力学性能[146-148]。ASTM A240-03c 是美国标准，JIS G4304—1999 是日本工业标准，主要区别是美国标准中加入了一定量的 N，由于 N 稳定奥氏体的能力与 C 相当，是 Ni 元素的 30 倍，因此加入 N 可以部分代替 Ni 的作用，节约 Ni 的使用量。表 2-1 中美国标准的 Ni 含量为 10%~14%，比中国标准和日本工业标准的 12%~15%少，国内 316L 不锈钢成分一般执行美国标准 ASTM A240/240M-03c 或日本标准 JIS G4304—1999。

表 2-1　不同标准 316L 牌号及化学成分（不锈钢热轧钢板）　（质量分数,%）

标准	牌号	C	Si	Mn	Cr	Ni	Mo
GB 4236—92	00Cr17Ni14Mo2	≤0.03	≤1	≤2	15~18	12~15	2~3
ASTM A240-03c	316L	≤0.03	≤0.75	≤2	15~18	10~14	2~3
JIS G4304—1999	SUS316L	≤0.03	≤1	≤2	15~18	12~15	2~3

表 2-2　不同标准 316L 不锈钢固溶处理后钢的力学性能

标准	屈服强度/MPa	抗拉强度/MPa	延伸率/%	硬度（HRB）	硬度（HB）
GB 4236—92	≥177	≥480	≥40	≤90	≤187
ASTM A240	≥170	≥485	≥40	≤95	≤217
JIS G4304—1999	≥175	≥480	≥40	≤90	≤187

316L 不锈钢均具有良好的冷、热加工性能，钢的热塑性能良好，过热敏感性低，适宜的热加工温度范围为 900~1200 ℃。由于钢中钼含量较高，其变形抗力较 06Cr19Ni9 和 022Cr19Ni10 钢明显提高；316L 不锈钢的冷加工性能良好，可

进行冷轧、冷拔、深冲、弯曲、卷边、折叠等冷加工和冷成型；该钢的固溶处理温度为 1050~1100 ℃，冷却方式通常为水冷，固溶状态下的组织为奥氏体组织；其焊接性能良好，可采用通用的焊接方法进行焊接，主要是钨极氩弧焊、金属极氩弧焊和手工电弧焊，该钢焊后可不进行热处理，仍具有良好的耐晶间腐蚀能力。由于 316L 不锈钢的力学性能和耐蚀性能的良好配合，广泛应用于化学加工工业，如用于制造合成纤维、石油化工、纺织、化肥、印染及原子能等工业设备。

2.1　冷变形前 316L 奥氏体不锈钢的组织特征

实验用钢为商用的 316L 奥氏体不锈钢，各合金元素含量（质量分数，%）为：0.025 C，0.66 Si，0.79 Mn，16.8 Cr，10.2 Ni，2.16 Mo，0.09 N。热轧过程中，钢中碳化物析出，晶粒产生畸变，从而使钢的硬度提高。为了使不锈钢获得最佳的使用性能或为不锈钢用户深加工创造良好的条件，必须对热轧成品进行固溶处理。奥氏体不锈钢通过固溶处理来软化，一般将钢材加热到 950~1150 ℃，保温一段时间，使碳化物和各种合金元素充分均匀地溶解于奥氏体中，然后快速淬水冷却，碳及其他合金元素来不及析出，获得纯奥氏体组织，以便后续加工处理。316L 奥氏体不锈钢热轧板材经 1050 ℃/12 min 固溶处理后，形成单一等轴的奥氏体再结晶组织，试样的显微组织如图 2-1 所示；固溶处理后的金相试样比较难腐蚀，晶界不是很明显，奥氏体晶粒比较粗大，初始奥氏体晶粒尺寸范围为 5~20 μm。从图 2-1（b）中还可以观察到少量的析出物和退火孪晶。固溶处理时，随着保温时间的增加，再结晶过程变得更加完全，并且在晶粒长大的过程中于晶界处形成了退火孪晶。随着保温温度升高，再结晶晶粒尺寸明显增大，且退火温度越高晶粒尺寸越大。

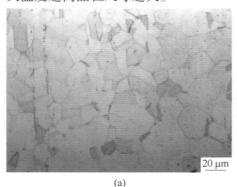
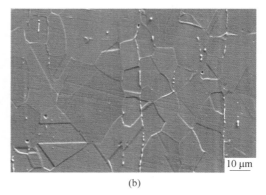

(a)　　　　　　　　　　　　　　　　(b)

图 2-1　经 1050 ℃/12 min 固溶处理后试样的显微组织

（a）金相照片；（b）SEM 照片

冷变形前316L奥氏体不锈钢试样的透射电镜照片如图2-2和图2-3所示，图2-2（a）为奥氏体晶粒在透射电镜下的微观形貌，晶粒中存在少量位错。图2-2（b）为图2-2（a）中奥氏体晶粒的衍射斑。图2-3（a）为晶粒中的退火孪晶形貌，退火孪晶内部也具有位错，图2-3（b）为退火孪晶界衍射斑。

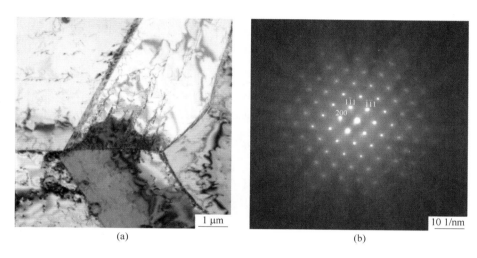

(a)　　　　　　　　　　　　　　(b)

图2-2　经1050 ℃/12 min固溶处理后试样的TEM照片

（a）显微组织；（b）衍射斑

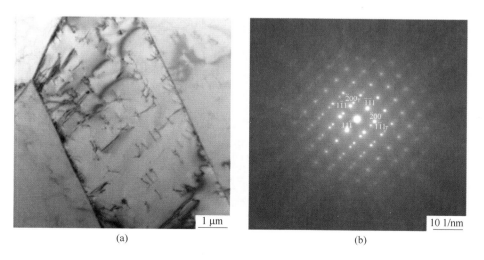

(a)　　　　　　　　　　　　　　(b)

图2-3　经1050 ℃/12 min固溶处理后试样的TEM照片

（a）退火孪晶；（b）衍射斑

固溶处理时，随着保温温度的升高和保温时间的延长，组织中开始发生不同程度的再结晶，延伸率不断增大；当再结晶完全后，得到等轴的奥氏体组织，此时延伸率达到最大。在 1050 ℃保温 12 min 时，奥氏体晶粒尺寸大小较均匀，此时的延伸率最大，延伸率大约为 57.5%。固溶处理温度过低时，碳化物不能充分溶解于奥氏体，而温度过高则不利于奥氏体不锈钢力学性能的提升。经 1050 ℃/12 min 固溶处理后，仅存在少量碳化物析出和退火孪晶，与 1000 ℃相比，此温度下碳化物溶解更彻底，退火孪晶没有大量形成。因此取 1050 ℃/12 min 固溶处理后的奥氏体不锈钢板进行后续试验研究。

经 1050 ℃/12 min 固溶处理后 316L 奥氏体不锈钢的抗拉强度为 664 MPa，延伸率为 57.5%。由此可见，普通 316L 奥氏体不锈钢虽然具有高的延伸率，但抗拉强度不高，综合力学性能较差。下面将通过对普通 316L 奥氏体不锈钢进行冷轧变形和退火处理来提高其综合力学性能。

2.2 冷变形对 316L 奥氏体不锈钢应变诱导马氏体相变的影响

2.2.1 冷变形量与应变诱导马氏体含量的关系

固溶处理后的 316L 奥氏体不锈钢板坯在北京科技大学冷轧车间进行酸洗处理，去除表面氧化铁皮，以防止冷变形过程中压入实验钢内部，影响热处理实验和最后的力学性能。将酸洗后的实验钢板涂油保护，在北京科技大学高效轧制国家工程研究中心实验室 ϕ430 mm 四/二辊双机架冷轧试验机上进行冷轧变形处理，钢板在冷轧试验机上分别进行总压下率为 40%、60%、80% 和 90% 的冷轧变形。第一道次考虑轧机咬入条件，采用小压下率。由于加工硬化的影响，轧制力随轧制道次的增加而明显增加，考虑轧机的轧制能力和电机负荷，道次压下率应逐步降低。为保证最终板形的平整度，最后道次的压下率要小。固溶处理后的钢板厚度为 3.7 mm，冷轧总压下率为 40%、60%、80% 和 90% 的钢板厚度分别为 2.2 mm、1.4 mm、0.7 mm 和 0.37 mm。

316L 奥氏体不锈钢变形前后的 XRD 分析如图 2-4 所示，未经变形的试样只有三个奥氏体衍射峰，对应的晶面分别为 fcc 的（200）、（220）和（311），说明经固溶处理后试样的微观组织几乎全为奥氏体。试样经变形后出现了两个新的峰位，为体心立方的马氏体组织，两个峰位对应的衍射晶面分别为 bcc 的（200）和（211）。随着变形量的增加，奥氏体衍射峰的强度逐渐降低，马氏体衍射峰的强度逐渐增强。经定量计算后，应变诱导马氏体的含量见表 2-3，经 90% 的冷变形后，应变诱导马氏体的含量接近 71.72%。

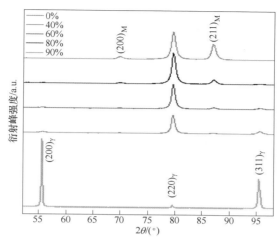

图 2-4　316L 奥氏体不锈钢冷轧变形前后的 X 射线衍射谱图

表 2-3　316L 奥氏体不锈钢冷轧变形前后的应变诱导马氏体含量　　（%）

变形量	应变诱导马氏体含量（多线对平均值）
0	0.39
40	22.53
60	36.63
80	58.23
90	71.72

　　奥氏体是无磁性的面心立方结构，马氏体是具有磁性的体心立方结构。因此，可以通过磁性测量来定性地判断有无应变诱导马氏体产生，即通过饱和磁化强度大小来确定应变诱导马氏体产生的多少。由图 2-5 磁滞回线可得，原始试样

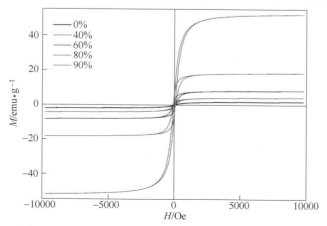

图 2-5　316L 奥氏体不锈钢经不同冷变形后的磁滞回线

几乎无磁性，奥氏体含量接近 100%。随着变形量的增加，饱和磁化强度 M_s 逐渐增大，说明随着变形量的增加马氏体组织增多。此外，变形量为 90% 的 316L 奥氏体不锈钢，其磁滞回线中饱和磁化强度（M_s）较大，矫顽力（H_c）较小，这是软磁性材料的典型特征。316L 奥氏体不锈钢经不同变形量的冷变形后，其马氏体衍射峰强度的变化趋势与饱和磁化强度的变化趋势相一致。

2.2.2 冷变形量对应变诱导马氏体形态、尺寸、分布的影响

图 2-6 显示随着 316L 奥氏体不锈钢变形量的增大，晶粒的变形程度增加，明显看出晶粒沿着轧制方向伸长，晶粒呈现扁平形或长条形；变形量越大，晶粒伸长的程度也越显著。当变形量增加到一定程度时，晶界变得模糊不清，各晶粒难以辨认，呈现纤维组织。经 40% 冷变形后，应变诱导马氏体的含量约为 22.53%，由图 2-6（a）可以明显看出，部分晶粒内出现了马氏体板条浮凸，没有出现板条浮凸的晶粒为变形量较小的奥氏体晶粒；随着变形量的增加，板条浮凸越来越明显。经过 90% 冷变形后，大部分组织为应变诱导马氏体，如图 2-6（c）所示；大变形使得部分板条状马氏体破碎，呈小块状。

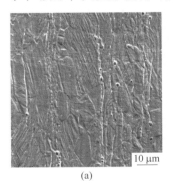 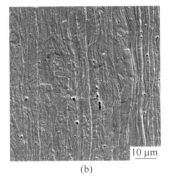 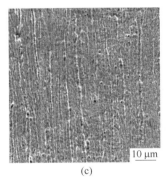

（a） （b） （c）

图 2-6 试样在冷变形后应变诱导马氏体的微观组织
（a）40%；（b）60%；（c）90%

变形量为 40% 的冷轧透射电镜照片如图 2-7 所示，随着变形量的增大，其变形组织中的形变孪晶不断增多，组织内部出现了大量的位错；形变孪晶界形成位错的障碍，位错不断的增殖。在图 2-7（b）中堆垛层错也显现了出来，局部位错和堆垛层错的不均匀形核可能也会导致孪生。

316L 奥氏体不锈钢应变诱发相为 bcc 结构的马氏体，通常这些马氏体是由许多相互平行的板条组成一个板条束，一个奥氏体晶粒内可以形成多个板条束。通过透射电镜发现，316L 奥氏体不锈钢在冷变形过程中，变形组织产生板条状的马氏体组织，如图 2-8（a）所示。随着变形量的增大，产生的板条状组织增多，形变孪晶数量增加，这种在冷变形过程中发生的形变诱发马氏体相变是产生加工

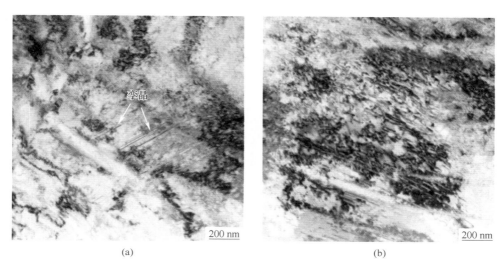

图 2-7 变形量为 40%试样的应变诱导马氏体 TEM 照片

（a）孪晶；（b）位错

硬化的主要原因之一。有些晶粒在变形过程中，由于母相奥氏体晶粒内部形成大量位错相互缠结，位错的缠结不利于板条状马氏体的形成，而是直接形成位错型马氏体，如图 2-8（b）所示。也有一些晶粒在形成板条状马氏体后，进一步的大变形会破坏板条结构，形成位错型马氏体。马氏体的形核主要发生在滑移带和高位错密度堆积的地方（位错缠结），切变带作为应变诱导马氏体形成的晶核或前体物。

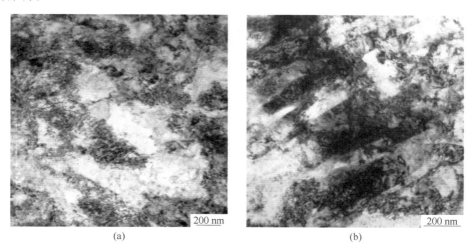

图 2-8 变形量为 90%试样的马氏体 TEM 照片

（a）位错型马氏体；（b）板条状马氏体

2.2.3　冷变形对试样微区及宏观力学性能的影响

图 2-9 为冷变形后奥氏体不锈钢的应变诱导马氏体含量与硬度，冷变形使 316L 不锈钢硬度增加，较小的变形量就会产生明显的加工硬化，40% 的变形量就使得硬度（HV）从 193 增加到 367，之后的加工硬化速率有所降低。变形量从 80% 继续增大到 90% 时，加工硬化速率又有所增加。这不是典型的面心立方金属材料在经过大的冷变形后表现出来的硬化行为，通常随着变形量的增加加工硬化速率会逐渐减小，最终趋于 0，而这种硬度的连续增加表明了持续的结构强化。最终经 90% 的冷变形后，试样的硬度（HV）增加到 476。由此可见，马氏体的含量与应变量并非是线性关系。

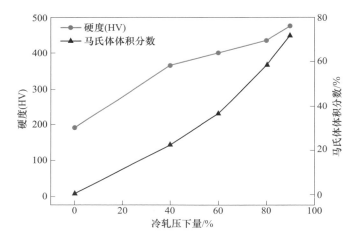

图 2-9　316L 奥氏体不锈钢冷变形前后应变诱导马氏体含量和硬度的变化

应变诱导马氏体转变时引入大量位错，应变诱导马氏体作为滑移位错的障碍使大量位错在奥氏体中堆积，位错密度增加，加工硬化提高，这与透射电镜观察到的应变诱导马氏体形成使位错密度增加一致。总之，奥氏体不锈钢的加工硬化是应变诱发马氏体、形变孪晶和位错共同作用的结果。冷变形后 316L 奥氏体不锈钢的力学性能见表 2-4，随着冷轧变形量的增大抗拉强度逐步上升，塑性逐步下降，该不锈钢产生了明显的加工硬化。

表 2-4　316L 奥氏体不锈钢冷变形后的力学性能

变形量/%	抗拉强度/MPa	延伸率/%
0	664	57.5
40	1149	7.4
60	1249	3.8

变形量/%	抗拉强度/MPa	延伸率/%
80	1425	2.4
90	1513	2

在 316L 奥氏体不锈钢变形过程中产生形变孪晶，形变孪晶的产生构成了有力的位错障碍，先形成的形变孪晶和位错束阻碍位错运动以及其他 ｛111｝ 面形变孪晶形成。随着变形量的增大，位错不断增殖和形变孪晶不断增加，形变孪晶与位错间的交互作用导致位错运动受阻，从而使流变应力不断地增加。组织中发生位错增殖使 316L 奥氏体不锈钢中产生很高的应力能，使材料的自由能增大，促成了马氏体相变过程中的形核，进而发生马氏体相的转变；并且由于应力能的增加，会在材料中形成应力集中区，应力集中区进一步促成了马氏体相变的转化。316L 奥氏体不锈钢在变形过程中发生的应变诱导马氏体有 ε-马氏体（hcp）和 α'-马氏体（bcc）两种，ε-马氏体仅在应变较小时形成；随着应变的累积 ε-马氏体逐步消失，与此同时 α'-马氏体量持续的增加，α'-马氏体量的增加使材料的强度增加。316L 奥氏体不锈钢在变形过程中产生的应变诱导马氏体相变提高了316L 奥氏体不锈钢形变强化能力，提高形变强化能力可以抵消因截面减少增加的内应力，抑制局部塑性失稳（颈缩）的发生，而且 α'-马氏体相变本身可以诱发塑性。316L 奥氏体不锈钢在整个塑性变形过程中持续发生应变诱导马氏体相变，相变诱发塑性，相对较硬的 α'-马氏体使形变强化速率提高，这些均改善了奥氏体不锈钢的塑性。随后的变形在马氏体组织内进行，α'-马氏体是 bcc 结构，塑性本身不及奥氏体组织，而且较高的缺陷密度进一步抑制了塑性变形的能力。因此，当变形达到一定程度时，必然发生颈缩。

2.3　退火过程中 316L 奥氏体不锈钢非均质组织的形成

实验钢冷变形后，沿钢板轧制方向线切割加工成 220 mm×70 mm 的热处理试样，在北京科技大学高效轧制国家工程研究中心实验室的日本 ULVAC 理工株式会社 CCT-AY-Ⅱ 板带连续退火模拟试验机上进行热处理。冷变形 316L 奥氏体不锈钢的退火实验方案为：考虑加热速率、保温温度、保温时间、冷却速率等四个因素进行模拟实验，加热速率控制在 30 ℃/s，加热温度在 700~1000 ℃ 范围，保温时间在 5~180 s 范围，以 50 ℃/s 的冷却速率冷却至室温。

2.3.1　退火温度对逆转变奥氏体含量和晶粒尺寸的影响

不同的微观结构与逆转变动力学有关，而逆转变动力学又与冷变形量有关。冷变形使得亚稳态的奥氏体相转变为马氏体，在冷变形过程中大变形可以使应变诱导产生的板条状马氏体结构优先得到破坏并细化组织，晶界和位错等晶体缺陷大幅度增加，而晶界和位错等晶体缺陷又是再结晶形核的有利位置，这就意味着大变形对逆转变奥氏体晶粒的细化是有利的。取变形量为 90% 的试样进行退火实验。XRD 分析如图 2-10 所示，图中曲线反映了试样在不同退火温度下，经 60 s 保温处理后奥氏体组织含量的变化。随着退火温度的升高，逆转变奥氏体的含量不断增加，见表 2-5。经 750 ℃/60 s 退火处理后，奥氏体含量大约为 63.29%；经 800 ℃/60 s 退火处理后，逆转变奥氏体含量约为 73.63%；退火温度增加到 820 ℃时，奥氏体含量接近 93.79%。当在 850 ℃保温 60 s 后，316L 不锈钢中奥氏体组织的含量达到 100%。

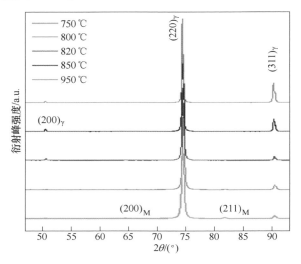

图 2-10　变形量为 90% 的 316L 不锈钢试样经不同退火
温度（保温 60 s）处理后的 X 射线衍射谱图

表 2-5　不同退火温度（保温 60 s）处理后 316L 不锈钢的奥氏体含量

退火温度/℃	奥氏体体积分数（多线对平均值）/%
750	63.29
800	73.63
820	93.79
850	99.94
950	99.96

变形量为 90% 的试样在不同退火温度处理后的微观组织如图 2-11 所示。大变形试样提供了高的形核率，从而在随后的退火过程中产生了更多的奥氏体晶

粒。表 2-6 为经不同退火处理后所得奥氏体晶粒尺寸。如图 2-11（a）所示，经 800 ℃/60 s 退火处理后，粒径 $d \leqslant 0.5$ μm 的晶粒占 37.87%，粒径 $d > 0.5$ μm 的约占 62.13%。经 820 ℃/60 s 退火处理后，粒径 $d \leqslant 0.5$ μm 的晶粒占 35.06%，粒径 $d > 0.5$ μm 的约占 64.94%。由图 2-11（b）可知，与原始试样奥氏体晶粒相比，组织明显细化，此微观结构是微米级/纳米级逆转变奥氏体晶粒的非均质组织，部分大尺寸微米级（>1 μm）奥氏体晶粒是在冷变形过程中由未转变为马氏体的奥氏体晶粒再结晶得到。在退火过程中，微观结构的转变主要与新的细小奥氏体晶粒的发展有关，新细小奥氏体晶粒的形成是应变诱导马氏体逆转变的结果。如图 2-11（c）所示，经 850 ℃/60 s 退火处理后，粒径 $d \leqslant 0.5$ μm 的晶粒占 29.60%，粒径 $d > 0.5$ μm 的约占 70.4%，与 820 ℃退火处理的组织相比，晶粒长大不明显，并且经 850 ℃退火后，应变诱导马氏体完全逆转变为奥氏体组织。经 870 ℃/60 s 退火处理后，粒径 $d \leqslant 0.5$ μm 的晶粒占 26.72%，粒径 $d > 0.5$ μm 的约占 73.28%，如图 2-11（d）所示。与 850 ℃相比，微观组织无显著粗化。如图 2-11（e）所示，当退火温度升高到 900 ℃时，晶粒开始长大，粒径 $d > 0.5$ μm 的晶粒达 77.6%，由此可见，经冷变形后的组织在一定的温度范围内，可以通过逆转变获得晶粒尺寸较小的微观组织。随着温度的升高，就会出现晶粒长大现象。在经 950 ℃/60 s 退火处理后，粒径 $d \leqslant 0.5$ μm 的晶粒占 17.21%，粒径 $d > 0.5$ μm 的约占 82.79%，如图 2-11（f）所示，晶粒明显长大。在应变诱导马氏体逆转变为奥氏体的过程中，退火温度不宜过高，这样就可以抑制晶粒的长大。综合逆转变奥氏体含量与奥氏体晶粒尺寸两方面考虑，退火温度应在 820 ~ 870 ℃范围内，保温 60 s 后得到组织即为实验所要获得的非均质结构微米级/纳米级复合组织，850 ℃/60 s 退火处理为实验最优方案。

表 2-6 退火温度（保温 60 s）对 316L 不锈钢晶粒尺寸分布的影响

温度/℃	粒径占比/%		
	$d \leqslant 0.5$ μm	0.5 μm$< d \leqslant 1.0$ μm	$d > 1.0$ μm
800	37.87	36.06	26.07
820	35.06	34.79	30.15
850	29.06	31.15	39.25
870	26.72	31.15	42.13
900	22.40	25.44	52.17
950	17.21	16.02	66.77

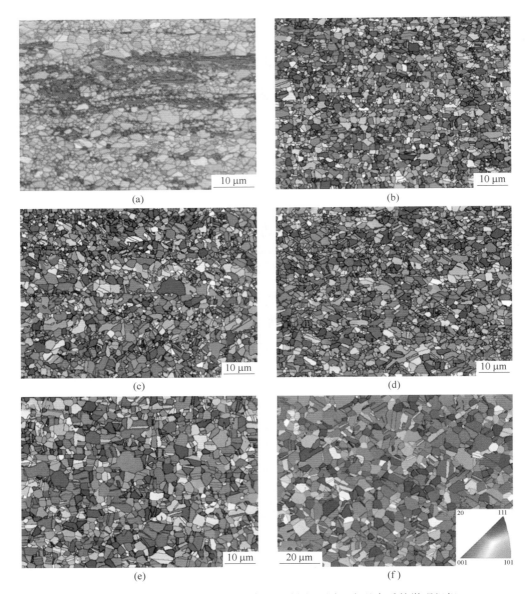

图 2-11　变形量为 90% 的 316L 不锈钢试样在不同温度退火后的微观组织

(a) 800 ℃/60 s；(b) 820 ℃/60 s；(c) 850 ℃/60 s；

(d) 870 ℃/60 s；(e) 900 ℃/60 s；(f) 950 ℃/60 s

2.3.2　退火时间对逆转变奥氏体含量和晶粒尺寸的影响

图 2-12 为 316L 奥氏体不锈钢经 90% 冷变形后在 850 ℃分别经 60 s、100 s 保

温处理后的显微组织。2.3.1 节提到，经 850 ℃/60 s 退火处理后，冷变形组织没有发生完全再结晶，应变诱导马氏体没有完全逆转变为奥氏体，测得组织的维氏硬度（HV）为 435，仍具有较高硬度值。经 850 ℃/60 s 退火处理，冷变形后的纤维组织已转变为等轴晶粒组织，冷变形组织已基本完成再结晶，如图 2-12（a）所示。图 2-13 为冷轧试样退火 60 s 后的 X 射线衍射结果，奥氏体含量接近100%。随着保温时间的进一步延长，奥氏体晶粒开始长大，如图 2-12（b）所示。由于退火温度较低，因此晶粒长大不明显。图 2-14 为 316L 奥氏体不锈钢经90%冷变形后在 900 ℃分别经 60 s、100 s 保温处理后的显微组织。可以看到，退火时间由 60 s 增加到 100 s 后，奥氏体晶粒明显长大；说明退火温度越高，退火时间对奥氏体晶粒尺寸的影响越明显。图 2-15 为 316L 奥氏体不锈钢经 90%冷变形后在 950 ℃分别经 60 s、100 s 保温处理后的显微组织，其展现了与 900 ℃退火时相同的变化规律。

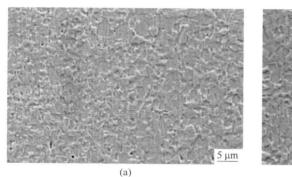
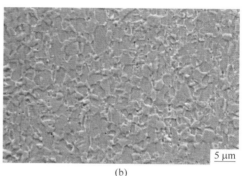

(a)   (b)

图 2-12　保温时间对 316L 奥氏体不锈钢微观组织的影响（850 ℃）

（a）60 s；（b）100 s

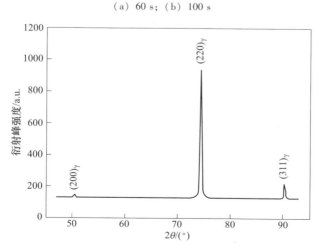

图 2-13　变形量为 90%的 316L 不锈钢试样经 850 ℃/60 s 退火处理后的 X 射线衍射谱图

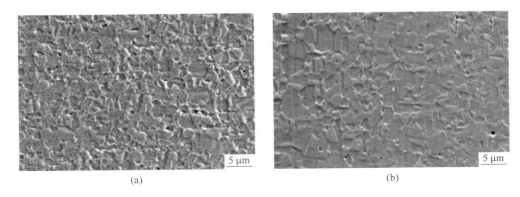

(a)   (b)

图 2-14 保温时间对 316L 奥氏体不锈钢微观组织的影响（900 ℃）

（a）60 s；（b）100 s

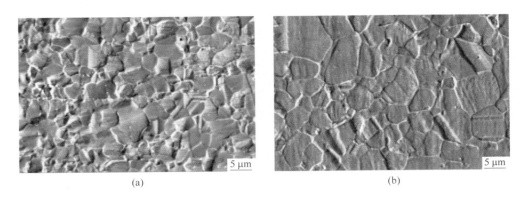

(a)   (b)

图 2-15 保温时间对 316L 奥氏体不锈钢微观组织的影响（950 ℃）

（a）60 s；（b）100 s

2.3.3 变形量对退火过程中非均质组织晶粒尺寸的影响

图 2-16 为 316L 奥氏体不锈钢经不同变形量冷轧，然后经 850 ℃/60 s 退火处理后的金相组织照片。图 2-17 分别为经 60%、80%、90% 冷变形，然后经 950 ℃/100 s 退后处理后 316L 奥氏体不锈钢的金相组织照片。可以发现，变形量越大晶粒越细小，且温度越高变形量对晶粒尺寸的影响越明显；与 60% 变形量的逆转变奥氏体组织相比，变形量为 90% 的逆转变奥氏体组织要明显细化。变形量越大，应变诱导马氏体含量越多，剩余的奥氏体组织就越少，且应变诱导马氏体和奥氏体的变形程度都增大，为应变诱导马氏体的逆转变以及变形奥氏体的再结晶都提供了更多的形核点和形变储存能。因此，变形量为 90% 316L 奥氏体不

锈钢在退火后获得了更加细化的组织。

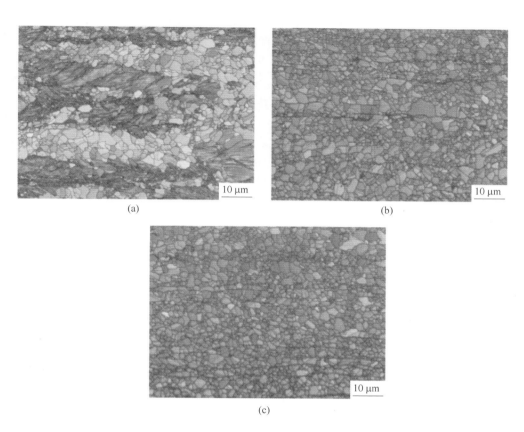

图 2-16　不同冷变形的 316L 奥氏体不锈钢经 850 ℃/60 s 退火处理后的金相组织
（a）60%；（b）80%；（c）90%

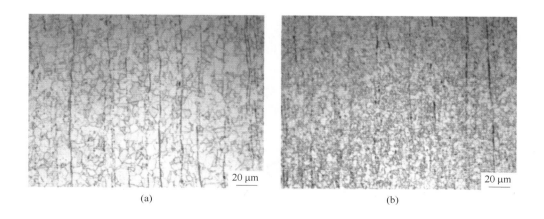

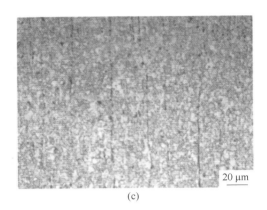

(c)

图 2-17 不同冷变形的 316L 奥氏体不锈钢经 950 ℃/100 s 退火处理后的金相组织

(a) 60%; (b) 80%; (c) 90%

2.3.4 非均质组织晶粒内部的位错组态特征

经 750 ℃/60 s 退火处理后的 316L 奥氏体不锈钢试样透射电镜照片如图 2-18 所示。图 2-18 (a) 为含有高位错密度的逆转变板条状奥氏体，是由板条状马氏体直接转变过来的，形貌与板条状马氏体相似。图 2-18 (b) 为充满缺陷的位错型马氏体，此部分即为没有发生逆转变和再结晶的应变诱导马氏体区域。图 2-18 (c) 为低位错密度的奥氏体晶粒（白色的晶粒），意味着新的奥氏体晶粒的形核，它是由位错型马氏体转变而来的；位错型马氏体具有高的位错密度，为逆转变奥氏体提供较多形核点，在位错型马氏体回复过程中，位错的重新排列，板条状逆转变奥氏体被含有较少位错的等轴晶粒所取代。

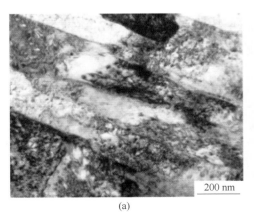

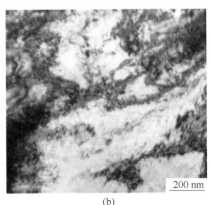

(a)　　　　　　　　　　　　　　　　(b)

(c)

图 2-18　经 750 ℃/60 s 退火处理后的试样透射电镜照片

（a）逆转变板条状奥氏体；（b）位错型马氏体；（c）低位错密度的奥氏体晶粒（白色的晶粒）

图 2-19 为 800 ℃/60 s 退火处理后 316L 奥氏体不锈钢试样的透射电镜照片。图 2-19（a）为逆转变板条状奥氏体，此时板条内部位错密度有所降低，板条结构变得模糊，这证明回复进一步发展。图 2-19（b）同时也存在许多细小无缺陷，并且具有大角度晶界的奥氏体晶粒，无缺陷的亚晶结构被具有高位错密度的晶粒包围。这些观察结果证明，在退火过程中，由马氏体相转变为奥氏体相需要的步骤有：部分应变诱导马氏体逆切变为高位错密度的奥氏体，之后是奥氏体晶粒的再结晶伴随亚晶的结合形成了纳米晶或者亚微米晶；部分应变诱导马氏体是以扩散机制直接逆转变为无缺陷的等轴状纳米晶或者亚微米晶。

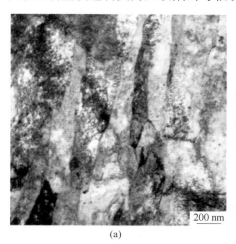

(a)

(b)

图 2-19　经 800 ℃/60 s 退火处理后的试样透射电镜照片

（a）板条状奥氏体；（b）等轴状奥氏体晶粒

经 850 ℃/60 s 退火处理后的 316L 奥氏体不锈钢试样透射电镜照片如图 2-20 所示，奥氏体晶粒大都为等轴状，由纳米晶和微米晶组成。与 800 ℃/60 s 退火时的情况相比，逆转变奥氏体晶粒无明显粗化。此外，图 2-20（a）中出现了堆垛层错，这是因为 316L 奥氏体不锈钢具有低的层错能（$SFE = 15 \text{ mJ/m}^2$），堆垛层错在高温退火过程中很容易形成。图 2-20（b）显示，经此温度退火处理后的非均质组织中，位错密度已大大减少，大都为无缺陷的等轴奥氏体晶粒，约有 96% 的再结晶奥氏体晶粒具有大角度晶界。随着退火温度的升高，奥氏体晶粒进一步长大，如图 2-21 所示，经 900 ℃/60 s 退火处理后，晶粒长大明显。以切变机制控制的相变逆转变在一个很窄的温度范围内进行，当温度进一步升高时，晶粒开始再结晶和长大；以扩散机制控制的逆转变发生的温度范围较为宽泛，温度进一步升高后，细小的纳米晶长大明显。晶粒中出现的黑点为第二相析出物，细小析出物是典型的 M_xC 和 $M_{23}C_6$（M＝Fe，Cr，Mo）。

(a) (b)

图 2-20 经 850 ℃/60 s 退火处理后的试样透射电镜照片

（a）堆垛层错；（b）非均质结构微米/纳米复合组织

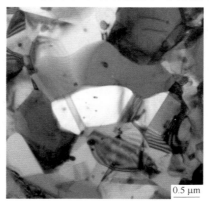

图 2-21 经 900 ℃/60 s 退火处理后的试样透射电镜照片

2.3.5 冷轧退火工艺下非均质组织形成机制

图2-22为316L奥氏体不锈钢在冷变形和随后的退火过程中组织演变示意图。初期的冷变形使位错密度增大，从而促进了形变孪晶，孪晶以及变形带的形成提高了加工硬化。多层孪晶的形成是马氏体转变开始的首要条件。基于应力的进一步增加，由于具有高位错密度片层结构的发展，马氏体转变成为主要的强化方式。随着应力的继续增大，在亚晶边界之间平均间距小于 1 μm 的片层结构形成，增加了孪生所需要的临界剪切应力。因为孪晶作为马氏体转变的形核点，它的消失会减慢马氏体的转变。因此，马氏体的体积分数在高于热计算预测值的某一水平会趋于饱和。

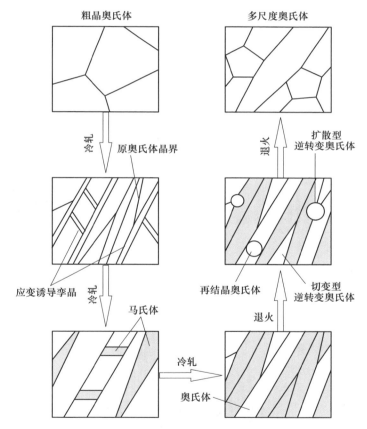

图2-22 奥氏体不锈钢在冷变形和随后的退火过程中组织结构变化示意图

经大变形后的316L奥氏体不锈钢在退火过程中，其微观结构转变机制包括马氏体-奥氏体逆转变和奥氏体再结晶。逆转变包括切变型逆转变和扩散型逆转变，在700~800 ℃两种逆转变都存在。等轴奥氏体晶粒的产生说明了扩散型逆转变的存在，然而细长晶粒的存在是由切变逆转变产生的。后者也同样暗示，在退火后的微观结构中仍有很高的位错密度。除相变外，由于变形奥氏体静态再结晶的发展，使得退火后的晶粒尺寸有微小的增加。在700~800 ℃退火中逐渐形成的高位错密度的微观结构，表明大变形奥氏体不锈钢在退火过程中连续的再结晶机制是存在的。另外，与具有低位错密度的等轴奥氏体晶粒形成有关的扩散型逆转变机制是不连续再结晶的开始。在高于870 ℃时，这些晶粒的长大被高的晶格位错密度和微米/纳米晶粒表面能所推动。

包括奥氏体和片层马氏体的双相微观结构在高于800 ℃的长时间退火中要比粗晶稳定，退火过程中非均质结构微米/纳米组织的稳定性与冷变形后试样的组织结构特征有关。冷变形后亚晶界的间距减小，并且大多数片层晶界是在随后的退火过程中为奥氏体晶粒的形成提供形核点的大角度晶界。含有很多大角度晶界的双层微观结构为退火过程中微观结构的发展提供稳定性。

图2-23给出了90%冷变形的316L奥氏体不锈钢试样经不同温度退火后的晶

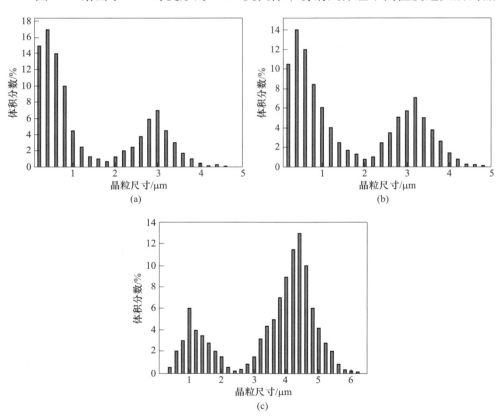

图 2-23　冷变形 90%的试样不同温度退火后的晶粒尺寸分布统计（退火时间 60 s）

（a）820 ℃；（b）850 ℃；（c）950 ℃

粒尺寸分布统计。对于完全逆转变的组织而言，随着退火温度的升高，1 μm 以下的晶粒所占比例呈现逐渐递减趋势，1 μm 以上的晶粒所占比例呈现递增趋势。经 820 ℃ 退火 60 s 后，粒径 $d \leqslant 1$ μm 范围的晶粒约占 70%，粒径分布峰值在 0.3 μm 左右，粒径在 1~5 μm 范围的晶粒约占 30%，粒径分布峰值在 3 μm 左右，如图 2-23（a）所示。经 850 ℃ 退火 60 s 处理后，粒径 $d \leqslant 1$ μm 范围的晶粒约占 60%，粒经分布峰值在 0.4 μm 左右，粒径在 1~5 μm 范围的晶粒约占 40%，粒径分布峰值在 3.4 μm 左右，如图 2-23（b）所示。经 950 ℃ 退火 60 s 处理后，粒径 $d \leqslant 1$ μm 范围的晶粒约占 25%，粒径分布峰值在 0.9 μm 左右，粒径在 1~6.5 μm 范围的晶粒约占 75%，粒径分布峰值在 4.5 μm 左右，如图 2-23（c）所示。当退火温度在 820~870 ℃ 范围时，形成了微米级/纳米级非均质奥氏体晶粒复合组织，即 1 μm 以上的晶粒比例范围 30%~50%，1 μm 以下的晶粒比例范围 50%~70%。

　　一般认为，粗晶奥氏体不锈钢由于具有较低的层错能，在形变过程中容易产生形变孪晶与层错，当有一定冷变形量时，孪晶密度迅速增加，而后在形变孪晶形成的剪切带交割处发生应变诱导马氏体相变。应变诱导马氏体的含量取决于原始试样冷变形的程度，在冷变形量增加到 90% 后试样 70% 以上的组织转变成了细小窄长的应变诱导马氏体，尚有 30% 的形变孪晶和高密度位错的奥氏体，这些应变诱导马氏体在退火过程中会发生向奥氏体的逆转变，而形变孪晶和高密度位错的奥氏体会以回复再结晶的方式转变成低密度位错的细小等轴状奥氏体。图 2-24 给出了变形量为 90% 的 316L 奥氏体不锈钢试样在 750 ℃ 退火后的微观组织，由图 2-24（a）可见，退火后马氏体内部位错密度大幅降低，见图中箭头所指处；此外，逆转变奥氏体在马氏体晶界处形核，晶粒尺寸在 200 nm 左右，图 2-24（b）给出了其衍射图。奥氏体不锈钢中的形变孪晶板条在退火时通过合并机制逐渐减少，宽板条的孪晶界面由于位错的运动而消失后转变为奥氏体，随着界面孪生位错运动的继续，这种界面的孪生关系会逐渐消失而最终使形变孪晶消失，由图 2-24（c）箭头所指处可见，该孪晶边界已经出现锯齿状，边界正在逐步消失，其衍射斑如图 2-24（d）所示。随着退火温度的上升，逆转变奥氏体数量会随之增加，当温度升高到 820 ℃ 时，组织全部逆转变为奥氏体，形成了 70% 左右粒径 $d \leqslant 1$ μm 和 30% 左右粒径在 1~10 μm 范围的非均质纳米/超细晶奥氏体组织。90% 冷变形后的组织中有 71.72% 的应变诱导马氏体，28.28% 的形变孪晶和高密度位错奥氏体。由此可以推断，在全部完成奥氏体逆转变的退火条件下，非均质纳米/超细晶奥氏体组织中的微米尺度晶粒主要是形变孪晶和高密度位错奥氏体以回复再结晶的方式转变而来，而纳米尺度晶粒主要是由应变诱导马氏体逆转变而来。当退火温度进一步升高后，非均质晶粒尺寸均会逐渐长大。

　　本节实验所得结果中，值得注意的是，应变诱导马氏体含量随冷变形程度的

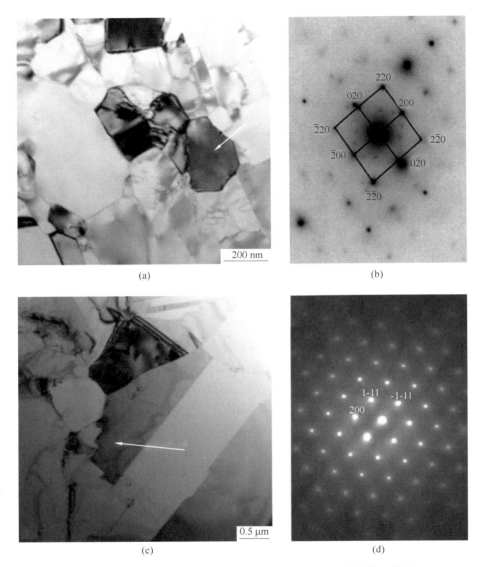

图 2-24　冷变形 90% 的试样在 750 ℃退火后的 TEM 形貌及衍射斑

（a）逆转变奥氏体；（b）奥氏体衍射斑；（c）孪晶；（d）衍射斑

增加呈现加速趋势，也就是说，应变诱导马氏体相变集中在大变形阶段发生。当包含应变诱导马氏体与未转变的变形奥氏体的试样被加热到 A_3 温度以上退火时，马氏体倾向于逆转变为奥氏体，而变形奥氏体倾向于再结晶。由于相变驱动力远大于再结晶，易于形核，形核率高，故由相变得来的奥氏体晶粒的尺度会明显小于由再结晶形成的晶粒，这就是非均质纳米/超细晶组织形成的原因。本实验结果表明，820~870 ℃退火过程中，试样的组织和硬度相对稳定。造成这一现象的原因可以归结为：退火温度越高，晶粒越易长大；同时，退火温度越高，相对于相变开始温度或再结晶开始温度的过热度也越大，这使得逆转变奥氏体或再结晶晶粒形核率也越高，有利于晶粒细化。以上两种趋势在一定温度范围内相互平衡，使逆转变奥氏体与再结晶晶粒尺寸分布保持稳定。

2.4 温变形对 316L 奥氏体不锈钢应变诱导马氏体相变的影响

在详细研究了冷轧工艺的基础上，为了探究温变形工艺中变形温度对应变诱导马氏体行为的影响，本节将相同固溶处理后的 316L 不锈钢试样在 20 ℃、200 ℃、300 ℃、400 ℃一系列温度下进行相同压下量的冷/温轧变形。

2.4.1 变形温度对应变诱导马氏体含量和组织特征的影响

实验结果表明，伴随着变形温度的不断升高，同样变形量产生的 316L 不锈钢中应变诱导马氏体体积分数逐渐减少。如图 2-25 和表 2-7 所示，400 ℃的轧制温度下，需要超过 50%的大变形量，才能发生奥氏体向马氏体组织的转变。当变形量为 80%时，400 ℃的变形温度相比于室温，其马氏体含量从近 60%降低到了20%，可见变形温度是影响应变诱导马氏体行为的一个显著因素。

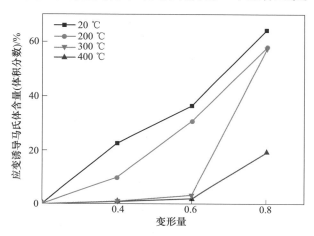

图 2-25　变形温度与 316L 不锈钢中应变诱导马氏体含量的关系

根据应变诱导马氏体相变的基本热力学原理，随着温度的升高，环境施加的化学驱动力越小，则转变需要的机械驱动力越大，即发生相同体积分数应变诱导马氏体相变所需的应变随着温度升高而增大。当变形温度高于转变的最高温度时，不会再有马氏体生成，此最高温度被称为 M_d 温度。同时，每个变形温度下对应一个发生马氏体转变的临界变形量，实际轧制中变形温度的升高，将增大该临界变形量。在图 2-25 中表现为应变诱导马氏体相变的"孕育期"。

表 2-7　变形温度对应变诱导马氏体含量的影响　　　　　（%）

变形量	应变诱导马氏体含量（体积分数）			
	20 ℃	200 ℃	300 ℃	400 ℃
40	22.53	9.81	0.79	1.14
60	36.63	30.73	3.17	1.89
80	64.22	58.23	57.29	19.24

图 2-26 的微观组织照片表明，经过 850 ℃/60 s 快速退火之后，不同工艺温轧变形时生成的板条马氏体逆转变为等轴奥氏体晶，变形奥氏体经回复、再结晶后也近于等轴状。退火后试样的 X 射线衍射实验显示，其奥氏体体积分数在 99.5% 以上，验证了 850 ℃/60 s 的退火处理使变形试样完全奥氏体化。

(a)　　　　　　　　　　　　　　　　　　(b)

(c)

图 2-26　变形温度对温轧-退火后试样微观组织的影响
（a）200 ℃/60%；（b）300 ℃/60%；（c）400 ℃/60%

在晶粒尺寸方面，相对之下，具有较高预变形温度的试样在退火之后，晶粒整体较为粗大。根据晶粒直径的大小，三种不同变形温度的变形试样，其在退火后表现出纳米晶/超细晶分布特征，且大小晶粒相间分布，分布均匀性较好，没有出现按尺寸分布的区域偏析情况。

为了进一步探究预变形温度对试样退火后组织的影响，利用 CHANNEL-4 软件包统计电子图像中各晶粒尺寸，并引入一个表征晶粒尺寸分布显著度的参数 $k=\dfrac{\sigma}{\bar{d}}$（$\sigma$ 是晶粒直径样本的标准差，$\bar{d}$ 是平均晶粒直径），可以用该参数表征晶粒大小的均匀分布程度。k 值越大，代表晶粒尺寸的均匀分布情况越差，反之亦然。将不同预变形量和预变形温度，相同退火工艺试样组织的 k 值列于表 2-8 中。从该表中可以看出，相同变形温度下，轧制压下量越大，退火后的奥氏体晶粒更为均匀、细小。相同变形量下，变形温度升高，退火后的奥氏体晶粒直径随之增大。当变形量增加至 60% 时，晶粒尺寸的均匀性随着变形温度升高而变差；而在变形量达到 80% 之后，变形温度升高，不再显著改变晶粒尺寸均匀性。

表 2-8　预变形量和预变形温度对试样晶粒尺寸均匀性的影响

变形处理		温轧变形后马氏体含量/%	晶粒平均直径/μm	晶粒尺寸分布显著度 k
温度/℃	变形量/%			
200	60	30.73	1.82	0.79
200	80	58.23	1.58	0.74
300	60	3.17	2.10	0.88
300	80	57.29	1.50	0.72
400	60	1.89	3.00	1.05
400	80	19.24	1.92	0.74

将表 2-8 的数据进一步整理分析，忽略变形温度与变形量这些条件因素，建立预变形时产生的应变诱导马氏体含量与晶粒平均直径、晶粒尺寸分布显著度的关系，得到图 2-27。该图显示，马氏体含量是影响晶粒尺寸的显著因素，随着应变诱导马氏体含量的增加，退火后奥氏体晶粒平均直径减小，晶粒尺寸均匀性得到改善，大致上具有单调关系。

从图 2-28 可以看到，随着变形温度的降低，1 μm 以下的小晶粒比例增多，而当变形量增加到 80% 后，6 μm 以上的大晶粒几乎不存在。该实验结果与上文的描述相符合，即 316L 奥氏体不锈钢的组织在较高温度下变形时，产生的应变马氏体较少，从而在退火过程中发生逆转变的晶粒所占的比例较少。另外，随着变形量的增大，未发生应变诱导的奥氏体晶粒被不断拉长，同时位错密度增高，在退火过程中提供大量奥氏体形核点，导致晶粒细化。

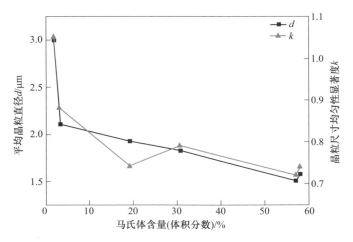

图 2-27 马氏体含量对试样平均晶粒尺寸、晶粒显著度的影响

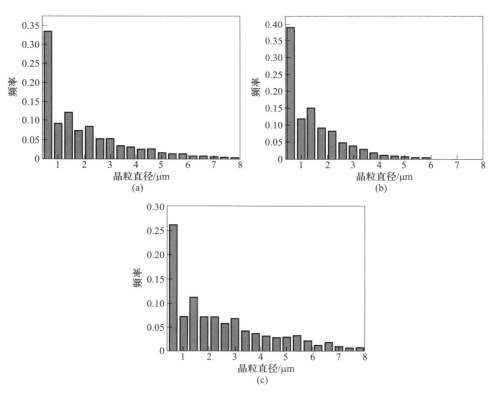

图 2-28 850 ℃/60 s 处理后试样的退火晶粒尺寸分布

（a）300 ℃/60%变形量；（b）300 ℃/80%变形量；（c）400 ℃/60%变形量

2.4.2 变形量对马氏体含量和组织特征的影响

大多数常见的铬镍系奥氏体不锈钢从高温奥氏体态快冷至室温时，所得到的奥氏体组织并非稳定而处于亚稳状态。当继续冷却或者在高于马氏体自发转变温度 M_s 点，低于两相自由能平衡点温度 T_0 的温度范围内，通过外加载荷的作用使其发生一定量的变形时，机械能将补偿部分马氏体转变所需的形核驱动力，即发生奥氏体向马氏体组织的转变。

图 2-29 是 316L 奥氏体不锈钢在经历 200 ℃温轧变形前后的 X 射线衍射谱图。温轧变形的温度为 200 ℃，轧制之前，将固溶处理后的 316L 奥氏体不锈钢板在中温加热炉中保温 20 min，使材料得到均匀加热，以保证变形温度。从衍射谱图中可以看到，经历轧制前的原始试样只有三个衍射峰，均为奥氏体峰，分别是 fcc 的 (220)、(200)、(311)，由此可知固溶处理后，试样的微观组织为完全奥氏体组织。在经历 40%、60% 及 80% 的温变形量之后，试样逐渐出现了两个不同的衍射峰，其相应的晶面指数分别为 bcc 的 (200) 和 (211)。在变形量达到 40% 时，其马氏体衍射峰还不明显，奥氏体的衍射峰依旧占主导地位。随着变形量的继续增加，强度逐渐降低的衍射峰对应的是奥氏体，而强度逐渐增强的是马氏体衍射峰，表明变形量的增加使得马氏体含量得以升高。

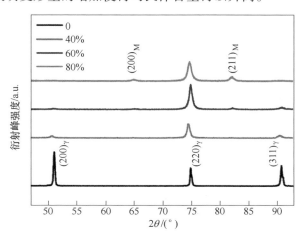

图 2-29 316L 在 200 ℃温变形后 X 射线衍射谱图

表 2-9 显示了 316L 不锈钢应变诱导马氏体含量随变形量发生的变化。随着变形量的加剧，应变诱导马氏体含量大幅提高，且其变化趋势为非线性的指数增长。在小于 40% 的小变形阶段，几乎没有应变诱导马氏体产生，此时轧制提供的机械能不足以补偿奥氏体向马氏体转变所需要的形核驱动力。而在变形量大于 60% 的大变形阶段，外加载荷提供的机械能越过能垒，马氏体在奥氏体内部大量

形核，应变诱导马氏体含量的增长速度大大加快。当变形量达到80%，应变诱导马氏体的体积分数增长至58.23%。

表2-9　316L不锈钢200℃轧制变形前后的应变诱导马氏体含量　（%）

变形量	应变诱导马氏体体积分数（多线对平均值）
0	0
40	22.53
60	36.63
80	58.23

　　随着变形量的增大，变形产生的应变诱导马氏体含量也不断增加。从图2-30中能够观察到，板条状的马氏体在多边形奥氏体中形核、增殖的过程。晶粒的变形程度随着变形的加剧而不断增加，明显看到该过程中晶粒沿着轧制方向延伸，轧后晶粒呈现扁平状或者长条状。同时，马氏体板条浮凸越来越明显。当变形量进一步增加至80%之后，马氏体板条被打碎，呈小块状，组织呈纤维状，难以辨认单个晶粒。

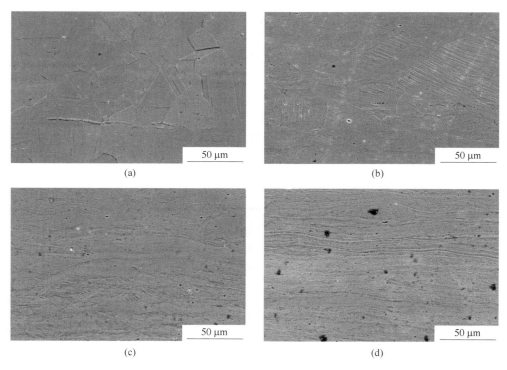

图2-30　200℃温轧变形后试样的微观组织
（a）变形前；（b）40%；（c）60%；（d）80%

随着变形量的增大，形变孪晶的数量逐渐增加，组织缺陷逐渐增大。图 2-31 的透射电镜照片显示，316L 奥氏体不锈钢在 200 ℃ 的变形温度下进行 80% 的温轧变形之后，生成了板条状的应变诱导马氏体，板条宽度在 50 nm 左右，这种形变诱导马氏体相变是产生加工硬化的主要原因之一。同时在马氏体组织内部出现大量孪晶与位错，图 2-31 中的堆垛层错和细小孪晶都与应变诱导马氏体的形成有关。随着变形量的增加，伴随着持续的马氏体转变，位错密度进一步增加，导致部分母相奥氏体晶粒内部形成大量位错相互缠结。

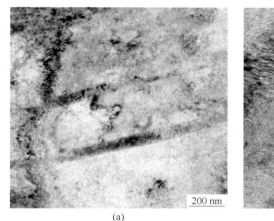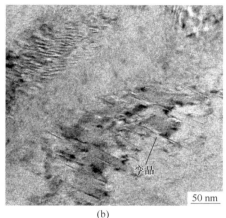

（a）　　　　　　　　　　　　　（b）

图 2-31　200 ℃ 温轧变形后试样的应变诱导马氏体

（a）位错形貌；（b）孪晶形貌

将变形后钢板线切割成 70 mm×200 mm 的试样，在 CCT-AY-Ⅱ 板带连续退火模拟试验机上进行快速退火实验，退火温度为 850 ℃、保温时间 60 s。退火后试样经电解抛光，随后在携带 EBSD 系统的 ZEISS ULTRA 55 场发射 SEM 下进行扫描。

根据图 2-32，结合 X 射线衍射检测的结果，可以发现变形产生的马氏体经 850 ℃ 的退火、保温 60 s 之后，几乎全部发生奥氏体逆转变。图 2-32 显示，按照晶粒尺寸大小，温轧-退火后的奥氏体可以分为大、小晶粒两部分。两部分的晶粒分布均匀，没有发现偏聚。同时，小晶粒多为等轴的奥氏体晶粒，而大晶粒的形状相对不规则，长宽比较大，孪生现象多见于大晶粒。另外，对比两个不同预变形量、相同退火工艺的两种试样可以发现：温轧变形时，变形量大的试样（见图 2-32（b），变形量 80%）相比于变形量小的试样（见图 2-32（a），变形量 60%），其退火后晶粒更为细小，等轴的小晶粒比例更大，且大晶粒的孪生现象更严重。据此可以推测，退火后的微观组织中，相对小的晶粒由变形时生成的应变诱导马氏体逆转变形成，其奥氏体晶粒形核于马氏体板条中，晶粒相对细小；

相对大的晶粒由变形时被压扁却未发生马氏体相变的残余奥氏体回复、再结晶形成，晶粒相对粗大，且部分晶粒仍保持轧制后的扁平形态。

(a)　　　　　　　　　　　　　　　　(b)

图 2-32　温轧-退火逆转变后试样的微观组织（退火时间 60 s）

(a) 200 ℃/60%；(b) 200 ℃/80%

2.4.3　温变形过程中应变诱导马氏体含量模型

目前的许多研究基本明确了应变诱导马氏体的热力学原理，工程上对此转变的应用也较为成熟，但就变形量、变形温度这两个因素对应变诱导马氏体含量影响的定量分析鲜有报道。本节希望通过对变形量、变形温度这两个影响因素的研究，使用 origin 软件对数据作拟合分析，从而建立变形量、变形温度和应变诱导马氏体含量的定量模型。

（1）二维非线性拟合。从第 1 章的实验结果中可以看到，316L 不锈钢在冷/温变形时，对应有一个应变诱导马氏体转变的孕育期，其马氏体含量与变形量呈现类似指数函数的形式，故以式（2-1）为模型，对应变诱导马氏体含量随变形量变化的曲线进行拟合，发现拟合度较高，拟合确定系数 R^2 均在 0.95 以上，拟合曲线及相应参数如图 2-33 和表 2-10 所示。

$$M = a\exp(b\varepsilon) \tag{2-1}$$

表 2-10　马氏体含量-变形量拟合曲线的参数值

参数	温度/℃			
	20	200	300	400
a	0.052	0.002	1.15×10^{-5}	6.12×10^{-4}
b	3.137	6.807	13.52	7.198
R^2	0.972	0.995	0.999	0.996

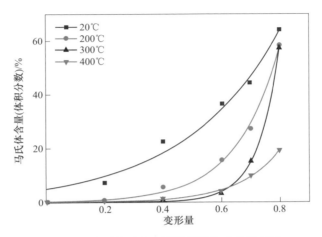

图 2-33　变形量对应变诱导马氏体含量的影响

由图 2-33 可以直观地看到应变诱导马氏体含量随变形量增加呈现指数增长，在马氏体含量发生快速增长之前，存在长短不一的"孕育期"，而变形温度会在不同程度上影响着孕育期的长短。图 2-33 为 316L 不锈钢的温变形处理提供了较为准确的马氏体相变量的依据。

（2）三维图像拟合。进一步地，将冷/温变形试样中含有的马氏体体积分数与变形量、变形温度建立见式（2-2）的三维模型，得到图 2-34 所示的三元坐标图。图 2-33 与图 2-34 均直观地表现出温变形工艺对应变诱导马氏体行为的影响，

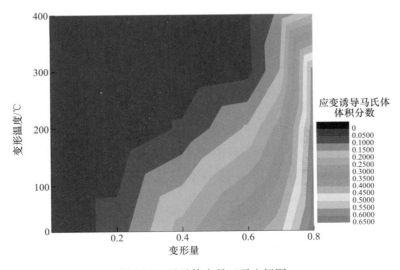

图 2-34　马氏体含量三元坐标图

定量地提供了一定变形温度与变形量下会生成的马氏体含量，为实际生产中 316L 不锈钢的温变形处理提供了较为准确的依据。

$$M = M_0 + a\exp\left(-\frac{\varepsilon}{b} - \frac{T}{c}\right) \tag{2-2}$$

2.5 温变形后退火工艺对 316L 奥氏体不锈钢非均质组织的影响

2.5.1 温变形后退火工艺对逆转变奥氏体含量的影响

将温/冷变形后的 316L 奥氏体不锈钢试样加热到奥氏体化温度范围内，变形产生的应变诱导马氏体会发生向奥氏体的逆转变，而经历温/冷轧变形而沿轧制方向伸长的晶粒，会先后发生回复和再结晶。这两种转变均将对晶粒起到细化作用，得到完全奥氏体的退火组织。

为了探究退火工艺对奥氏体逆转变行为的影响，对之前经过 200 ℃/80% 温轧变形的试样进行不同的快速退火试验。设置一系列退火参数及退火后马氏体含量，如表 2-11 和图 2-35 所示。

表 2-11　快速退火后试样的马氏体含量（体积分数）　　　　（%）

温度/℃	时间/s		
	10	30	60
500	58.90	46.27	41.23
600	47.17	31.80	9.60
700	8.97	3.27	0

图 2-35 中的散点以 $M(\%) = a\exp(bt)$ 的形式尝试拟合，发现在相同的退火温度下，变形生成的马氏体含量随退火时间的增加而呈指数形式下降，尤其是在 700 ℃ 的退火温度下，经过 30 s 左右较短时间的退火过程，马氏体体积分数急剧减少到 0，使试样组织完全转变为奥氏体。而对于相同的退火时间，退火温度越高，形变诱导马氏体的热稳定性越差，发生逆转变的比例越高。

2.5.2 温变形后退火工艺对非均质组织特征的影响

将 200 ℃/80% 温轧变形后的 316L 奥氏体不锈钢试样线切割切取标准模拟试样，在板带连续退火模拟试验机上进行快速退火实验。设计不同的保温温度与保温时间，加热速度控制在 30 ℃/s，冷却速度保持在 50 ℃/s，退火温度为 850 ℃，

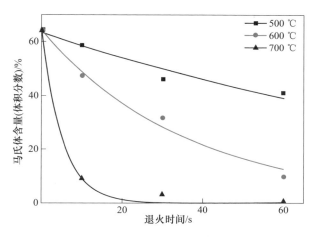

图 2-35 退火工艺对试样中马氏体含量的影响

保温时间选择为 10 s、30 s、50 s，以探究在较高的退火温度下，保温时间对试样中组织的影响。

从图 2-36 中可以看到，在 850 ℃ 的退火温度下，很短的时间内，板条状的

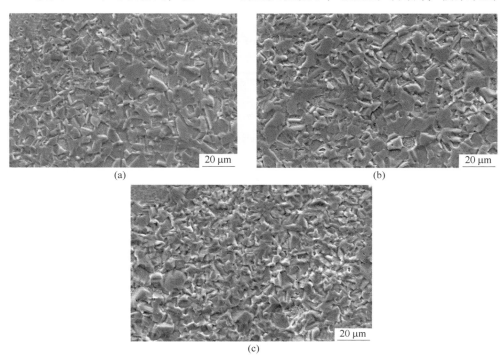

图 2-36 退火时间对试样中奥氏体组织的影响
(a) 850 ℃/10 s；(b) 850 ℃/30 s；(c) 850 ℃/50 s

应变诱导马氏体已全部消失，取而代之的是新形核的奥氏体晶粒。分别在 10 s、30 s、50 s 的时间内退火形成的奥氏体晶粒大小相当，但从细微来看，晶粒直径呈现出先增大后减小的反常趋势。针对以上现象，推测得出：在退火处理之前，变形后的组织由板条状或块状的应变诱导马氏体和沿轧制方向拉长的变形奥氏体构成，200 ℃下变形量为 80% 的温轧试样，其马氏体体积分数达到了 60% 以上。当试样在较高的温度（例如 850 ℃）下退火，其中的应变诱导马氏体在短时间内就全部发生了向奥氏体的逆转变。10 s、30 s、50 s 退火后试样的 XRD 衍射未检测出马氏体的衍射峰，如图 2-37 所示，该结果验证了应变诱导马氏体的快速转变。然后，变形奥氏体的再结晶速率较慢，需要较长的退火时间才完成回复、形核、再结晶的过程。因此，图 2-36 中 50 s 的退火晶粒处于应变诱导马氏体逆转变生成的奥氏体未长大，变形奥氏体刚完成再结晶的阶段，其晶粒最为细小。

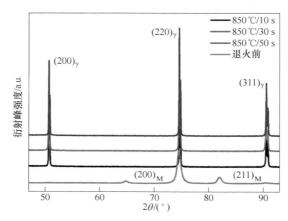

图 2-37　850 ℃ 退火试样的 X 射线衍射谱图

对 850 ℃ 退火后试样的亚结构进行透射电镜观察，如图 2-38 所示。当退火时间为 10 s 时，晶粒内部的位错在晶界处塞积逐渐减少，同时在大晶粒晶界之间，发现有几十纳米的小晶粒形成。当退火时间增加至 30 s 后，部分变形时被拉长的奥氏体晶粒在这一过程中形成孪晶，位错密度减小。退火时间进一步增加至 50 s，晶粒内部几乎没有了位错，奥氏体晶粒之间的晶界更为清晰，奥氏体的再结晶完成。

2.5.3　深冷及退火处理对非均质组织特征的影响

除了对变形后试样进行快速退火这一高温段的热稳定性研究之外，本节尝试将在变形过程中已经发生部分应变诱导马氏体相变的试样置于 −190 ℃ 的液氮中进行长达 1 h 的深冷处理，实验装置如图 2-39 所示，由热电偶监测过程温度，随后用 2.5.2 节同样的方法对试样的 XRD 衍射谱进行测试，其结果如图 2-40 所示。

对比深冷处理前后试样的马氏体含量发现，深冷过程中，会有部分变形奥氏

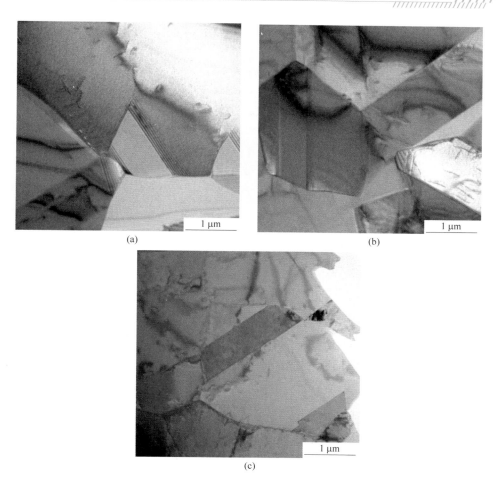

图 2-38　850 ℃退火试样的 TEM 照片
(a) 850 ℃/10 s；(b) 850 ℃/30 s；(c) 850 ℃/50 s

体发生马氏体相变，使得试样的马氏体含量上升。然而，对于前期 200 ℃下变形的试样，其在深冷环境下增加的马氏体含量很微小，几乎没有变化。对于变形温度为 400 ℃的试样，尤其是经历较大变形量的试样，其表现出良好的"淬透性"，即发生强烈的马氏体相变。

　　事实上，将普通的 316L 奥氏体不锈钢从室温降至液氮温度，并不会使奥氏体组织发生马氏体相变。这是由于其化学驱动力不足以产生马氏体相变，而外部施加的变形能够提供机械驱动力，以补偿化学驱动力，并且该机械驱动力可以储存在变形奥氏体内部，当温度降低、化学驱动力与变形时储存的机械驱动力之和能够越过相变能垒时，变形奥氏体向马氏体发生转变。由此判断，变形奥氏体储存有大量机械能，热稳定性差，且前期变形程度越大、变形温度越高，变形奥氏

图 2-39　深冷处理实验装置

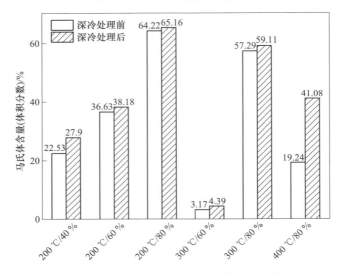

图 2-40　深冷处理对试样中马氏体相变的影响

体的热稳定性就越差。进一步的，本节先后将经过 200 ℃/60%、300 ℃/60%、400 ℃/60% 变形并经历 850 ℃/60 s 快速退火后的试样放入液氮中，同样进行 −190 ℃/60 min 深冷处理。结果显示，不再有新的马氏体产生，这说明变形奥氏体内部储存的机械能在退火过程中已得到释放，退火后试样的机械驱动力与化学驱动力之和小于马氏体相变需要的能量。

2.4 节已经讲到，316L 不锈钢在经历大压下量的温变形之后，其组织多为纤维状，晶粒破碎，再加上其耐腐蚀性能强，为试样的侵蚀带来不便，除个别马氏体组织外，难以辨认其变形组织。故本节选取 200 ℃/80% 与 400 ℃/80% 的温变形试样，对其进行深冷处理后，再进行 850 ℃/60 s 的快速退火处理。

深冷处理及退火后的试样组织呈现出与未经过深冷处理的试样相同的演变规

律，即由两种不同尺寸大小的奥氏体晶粒组成，且有相当数量的孪生晶粒。对比各变形工艺下深冷处理前后的试样组织，并结合 CHANNEL-4 软件包处理获取的晶粒统计，（见图 2-41 与表 2-12），发现深冷处理后的晶粒平均尺寸会比深冷处理前细小，并且小晶粒占据的比例相对较大。

图 2-41　深冷处理对试样组织的影响

（a）200 ℃/80%深冷前；（b）200 ℃/80%深冷后；（c）400 ℃/80%深冷前；（d）400 ℃/80%深冷后

表 2-12　深冷处理前后试样的晶粒尺寸统计

变形处理		深冷处理		马氏体含量	晶粒平均	晶粒尺寸分布
温度/℃	变形量/%	温度/℃	时间/min	（体积分数）/%	直径/μm	显著度 k
200	80	无		64.22	1.41	0.98
		−190	60	65.16	1.38	0.95
400	80	无		19.24	1.80	0.90
		−190	60	41.08	1.67	0.97

图 2-42 较为直观地展示了深冷处理前后，试样组织的平均晶粒尺寸、均匀性显著度的变化。可以看到，深冷处理对于晶粒平均直径的影响比较明显，结合

图 2-40 可以推测，这是由于在液氮温度下，经历变形的变形奥氏体部分发生马氏体相变，而这部分相变马氏体与应变诱导马氏体一起，在快速退火中发生向奥氏体的逆转变，由此逆转变过程得到的逆转变奥氏体晶粒较再结晶晶粒要细小。对于 200 ℃/80% 的变形试样，其在液氮温度下转变的相变马氏体含量较少，因此退火后晶粒特征变化也较小。而 400 ℃/80% 的变形试样中有相当一部分组织发生了马氏体相变，导致退火后晶粒平均直径有显著减小。

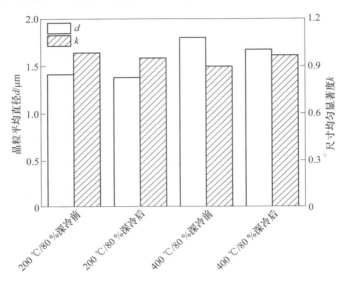

图 2-42　深冷处理对试样中组织晶粒特性的影响

2.6　本章小结

（1）冷变形量越大，316L 奥氏体不锈钢应变诱导马氏体含量越多，马氏体衍射峰强度越高，饱和磁化强度 M_s 越大。变形量达到 90% 时，应变诱导马氏体含量为 71.72%，试样的硬度（HV）由 193 增加到 476。冷变形过程中，形变孪生与应变诱导马氏体相变都集中发生于大变形阶段。

（2）经 90% 冷变形后，既有板条状马氏体，也有位错型马氏体。板条状马氏体的衍射斑是斑点形，位错型马氏体的衍射斑为环形。位错型马氏体具有较高的位错密度，为非均质结构纳米晶/超细晶复合组织的获得提供高密度的形核址，位错型马氏体对形成细小晶粒更有利。

（3）经 750 ℃/60 s 退火处理后 316L 奥氏体不锈钢试样组织中含有高位错密度的逆转变板条状奥氏体，是由板条状马氏体直接转变过来的；同时也存在充满缺陷的位错型马氏体，以及低位错密度的等轴状奥氏体晶粒。800 ℃/60 s 退火处理后，逆转变奥氏体板条内部位错密度明显降低，回复进一步发展。经 850 ℃/60 s 退火处理后，位错密度已大大减少，大都为无缺陷的等轴奥氏体晶粒，约有96%的再结晶奥氏体晶粒具有大角度晶界，晶粒尺寸为 200～500 nm。堆垛层错在高温退火过程中很容易形成。

（4）820～870 ℃ 范围保温 60 s 退火后在 316L 奥氏体不锈钢中实现了微米（3～5 μm 为主）/纳米（300～500 nm 为主）非均质结构，在此温度范围内，试样的硬度和晶粒尺寸分布几乎保持恒定。

（5）通过对退火过程中变形奥氏体和应变诱导马氏体演化驱动力的比较分析，推断奥氏体非均质晶粒尺寸分布的来源是：微米尺度晶粒来自冷变形时未转变的变形奥氏体的再结晶，而纳米尺度晶粒主要由应变诱导马氏体逆转变而产生。

3 非均质结构 316L 奥氏体不锈钢的 力学性能和塑性变形行为

塑性变形除了可使工件的形状和尺寸改变外，还会引起金属或合金内部组织和结构的改变，从而使其性能发生变化。因此讨论金属或合金塑性形变的规律具有重要的理论和实际意义，一方面可以揭示金属材料的塑性和强度的实质，并由此探讨强化金属材料的方法和途径；另一方面对于处理生产上各种不同的有关形变问题可以提供重要的线索和参考，或作为改进加工工艺和提高加工质量的依据。材料的塑性变形始终是材料领域中的重要课题，是材料发展不可缺少的环节。无论是提高现有材料的性能，还是发展新材料，都要研究材料的变形特征，以确定其强化机制。

本章以最优工艺下获得的试样为实验材料，对非均质结构 316L 奥氏体不锈钢的力学性能和变形机制进行研究。对非均质结构 316L 奥氏体不锈钢进行拉伸实验，然后通过 EBSD 与 XRD 衍射技术对非均质结构奥氏体组织转变情况进行研究；通过 TEM 原位拉伸结合组织观察，研究变形过程中两种尺度晶粒位错源启动的先后顺序，确定两种尺度晶粒界面运动特征，了解晶粒内部位错运动与孪生的协调作用，分析非均质结构奥氏体中两种尺度晶粒的协调变形机制。

3.1 常规 316L 奥氏体不锈钢的力学性能和塑性变形机制

图 3-1 为经 1050 ℃/12 min 固溶处理后 316L 奥氏体不锈钢的应力-应变曲线。其屈服强度为 315 MPa，抗拉强度为 664 MPa，延伸率为 57.5%，没有明显的屈服平台。由此可见，普通 316L 奥氏体不锈钢虽然具有高的延伸率，但屈服强度和抗拉强度不高，综合力学性能较差。

图 3-2 为拉伸前的试样奥氏体组织，晶粒较粗大，晶粒尺寸范围为 5~20 μm，大部分晶粒为等轴状奥氏体晶粒，奥氏体体积分数为 100%。对试样进行拉伸试验，取断口附近的试样做 EBSD 分析，所得试验结果如图 3-3（a）所示，奥氏体晶粒沿拉伸方向被拉长，出现了大量的形变孪晶，变形较均匀。如图 3-3（b）所示，红色晶粒为马氏体，说明在拉伸过程中有应变诱导马氏体产生，由于变形量较小，应变诱导马氏体的含量较少。

通常，奥氏体不锈钢的范性变形通过位错滑移或孪生切变的方式进行，由于位错滑移所需驱动力较小，一般会优先发生。从图 3-4 中试样的 TEM 原位拉伸视

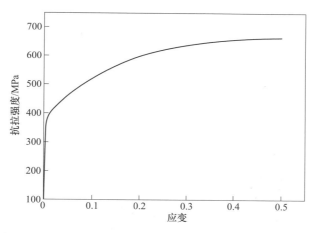

图 3-1　普通 316L 奥氏体不锈钢 1050 ℃/12 min 固溶处理后的应力-应变曲线

图 3-2　试样拉伸前的奥氏体组织

（a）IPF 图；（b）衬度图

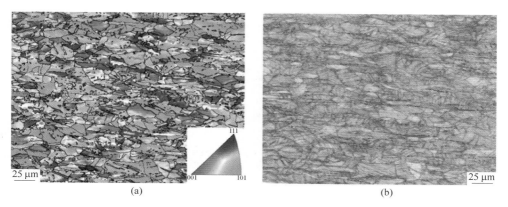

图 3-3　试样拉伸后的奥氏体组织

（a）IPF 图；（b）衬度图

频截图中，能明显地看到位错滑移和孪生切变变形机制。在拉伸的开始阶段，位错源启动，释放位错，随后第二组位错产生，而后在晶界前形成位错塞积。当位错塞积到一定程度后，塞积群的应力集中，应力集中到一定程度后导致孪生发生（见图3-5（a）），孪晶迅速长大（见图3-5（b）），而后形成应变诱导马氏体。由此可以看出，孪生与应变诱导马氏体相变均集中发生于大应变阶段。

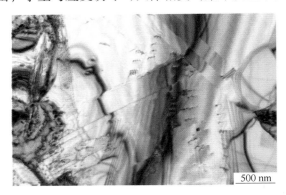

图 3-4 粗晶奥氏体经 TEM 原位拉伸后试样的微观变形机制

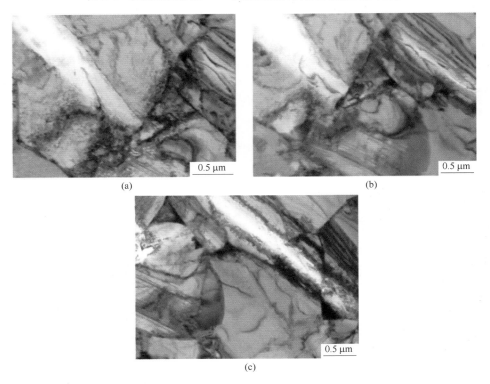

图 3-5 拉伸后试样中粗晶奥氏体裂纹扩展

（a）孪生；（b）孪晶长大；（c）裂纹扩展

由以上实验结果可知，拉伸前试样奥氏体组织的变形机制包括位错滑移、孪生切变以及应变诱导马氏体相变。在变形过程中组织内各晶粒的变形较均匀，位错滑移、孪生切变以及应变诱导马氏体相变为材料提供了较高的延伸率。但由于奥氏体组织的晶粒较为粗大，组织的稳定性较差，变形抗力小，在较小的作用力下，就会产生较大变形，材料的强度较低。当应力持续增大后，试样中出现裂纹，在原始粗晶奥氏体组织中裂纹扩展速率较快，在裂纹扩展过程中，几乎没有发生大的拐折，图 3-5（c）即为裂纹横穿多个晶粒的原位拉伸照片。可以看出，大晶粒对裂纹扩展的阻碍作用较差。

3.2 非均质结构 316L 奥氏体不锈钢的力学性能

如图 3-6 所示，不同退火工艺下 316L 奥氏体不锈钢试样的硬度随退火温度的增加而降低，硬度的改变可能与位错密度和应变诱导马氏体以及逆转变奥氏体的晶粒尺寸有关。经变形量为 90% 的冷变形后，316L 奥氏体不锈钢试样的硬度（HV）为 476，在退火温度 $T \leqslant 750$ ℃时硬度降低速率较小。退火温度由 800 ℃增加到 820 ℃时，硬度（HV）降低速率最快，由 800 ℃的 349 降到 820 ℃的 256。这说明经 820 ℃退火处理后，应变诱导马氏体已基本消除。退火温度在 820~870 ℃时，硬度变化不明显，这是因为在此温度范围内，微观组织结构变化不大，再结晶基本完成，且晶粒没有明显长大。随着退火温度的升高，硬度进一步降低，这是由于随着温度的升高，奥氏体晶粒长大，位错密度降低。

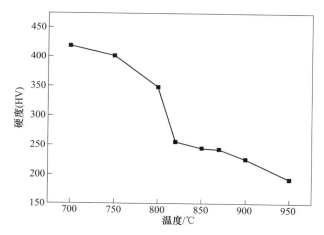

图 3-6　变形量为 90% 的试样在不同温度下退火后的硬度变化

变形量为 90% 的 316L 奥氏体不锈钢试样，在不同退火温度下保温 60 s 后的力学性能如图3-7所示。随着退火温度的升高，抗拉强度逐渐减小，延伸率逐渐增大。退火温度为750 ℃、800 ℃时，延伸率较小，仍存在加工硬化，与冷变形后的微观组织相比，此时的组织结构变化不大，仍存在大量孪晶、位错及部分马氏体，因此力学性能变化不大。经820 ℃退火处理后，延伸率急剧增大，综合力学性能明显提高，强塑积由800 ℃的16340 MPa·%增加到41000 MPa·%。这是因为随着退火温度的升高组织缺陷进一步消除，820 ℃/60 s的退火处理，使得奥氏体含量（体积分数）接近93.79%，此时再结晶后的晶粒尺寸较小，在延伸率增加的同时仍有较高的抗拉强度。当退火温度升高到850 ℃时，综合力学性能进一步提高，强塑积达到42782 MPa·%；经此温度退火处理后，应变诱导马氏体已完全逆转变为奥氏体组织，与820 ℃相比，此时的晶粒尺寸变化较小。这种非均质纳米/超细晶奥氏体不锈钢比粗晶不锈钢具有更好的强塑性结合，其抗拉强度可达959 MPa，延伸率为44.6%；而粗晶不锈钢的抗拉强度仅为664 MPa，延伸率为57.5%。经870 ℃/60 s退火处理后，晶粒无显著粗化，在延伸率增加的同时，抗拉强度降低不明显，仍具有较高的综合力学性能。显微组织是决定钢铁材料力学性能的最重要因素之一，通过非均质组织调控既可以提高316L奥氏体不锈钢的强度，还使其具有较好的塑性。随着退火温度的进一步升高，微观组织发生了二次再结晶，部分晶粒异常长大，抗拉强度明显降低，如图3-7所示。当温度增加到950 ℃时，晶粒已显著粗化，退火试样的强塑积只有36421 MPa·%，而原始粗晶不锈钢的强塑积为38203 MPa·%。与原始粗晶试样的微观组织相比，950 ℃退火后试样的显微组织在晶粒长大的同时，组织的非均质特征逐渐消失，使得不锈钢的综合力学性能降低。

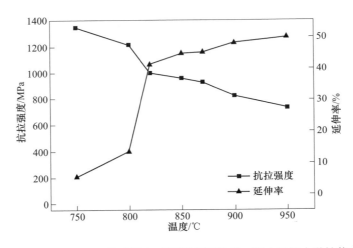

图3-7 变形量为90%的试样在不同温度保温60 s退火后的力学性能变化

3.3　非均质结构 316L 奥氏体不锈钢变形 过程中应变诱导相变行为

图 3-8 为拉伸前的 316L 奥氏体不锈钢非均质结构奥氏体组织，大部分晶粒为等轴状奥氏体晶粒，奥氏体含量（体积分数）为 100%。对试样进行拉伸试验，取断口附近的奥氏体不锈钢做 EBSD 分析，所得试验结果如图 3-9（a）所示，奥氏体晶粒沿拉伸方向被拉长，晶粒越大变形越明显，部分纳米晶仍保持等轴状。如图 3-9（b）所示，红色晶粒为马氏体，通过 CHANNEL-4 软件包处理得到应变诱导马氏体含量为 1.1%。图 3-10 为拉伸试样断口附近的奥氏体不锈钢的 XRD 分析，X 射线衍射谱图中出现了马氏体（200）、（211）晶面衍射峰，测得应变诱导马氏体含量为 18.67%。与宏观 XRD 测量的马氏体含量相比，图 3-9（b）中马氏体量相对较少，可能有两个原因：一是 EBSD 的视场范围小，只能反映很小范围内应变诱导马氏体的情况；二是晶界附近的马氏体可能因为步长太大而被忽略，或者由于处理图片时降噪而未能得到。

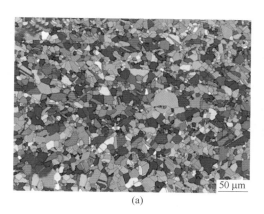
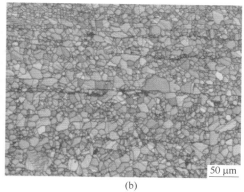

(a)　　　　　　　　　　　　　　　　　　(b)

图 3-8　拉伸前试样的非均质结构奥氏体组织

（a）IPF 图；（b）衬度图

随着拉伸变形量的增加，条状奥氏体晶粒比等轴状奥氏体晶粒更稳定，原因有两方面：一方面在拉伸变形过程，同等作用力条件下，由于等轴状奥氏体晶粒相对条状奥氏体更容易产生应力集中，也就是所受应力更大、更均匀，更容易转变为马氏体组织；另一方面，条状奥氏体由于板条宽度相对于等轴状残余奥氏体晶粒更加细小，C、Mn 元素更容易在板条状奥氏体中富集，因此板条状残余奥氏体的 M_s 点更低，其稳定性也更好，在拉伸变形过程中可以持续不断地发生 TRIP 效应。

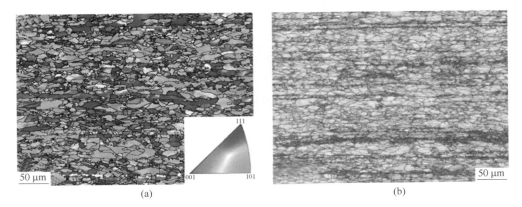

图 3-9　拉伸后试样的非均质结构奥氏体组织

（a）IPF 图；（b）衬度图

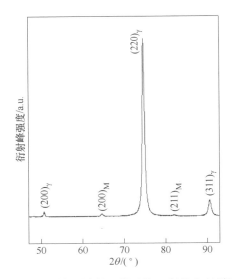

图 3-10　拉伸试样断口附近的 X 射线衍射谱图

3.4　非均质结构 316L 奥氏体不锈钢变形过程中的协调变形机制

图 3-11 为 850 ℃/60 s 退火处理后 316L 奥氏体不锈钢试样的非均质结构奥氏体组织，在此温度下获得的晶粒大都是无缺陷的。下面将描述在此条件下获得的非均质奥氏体组织在拉伸过程中微观结构的演变。

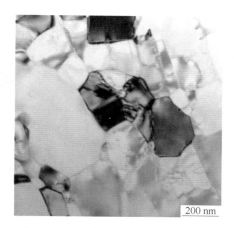

图 3-11 850 ℃/60 s 退火后无缺陷试样的非均质晶粒组织

　　如前所述,当粗晶 316L 不锈钢试样的奥氏体组织转变为非均质组织后,其性能发生了明显变化,所以在拉伸过程中的形变机制必然与传统的粗晶组织有所差别。图 3-12 给出了 850 ℃/60 s 退火后的试样在透射电镜原位拉伸过程

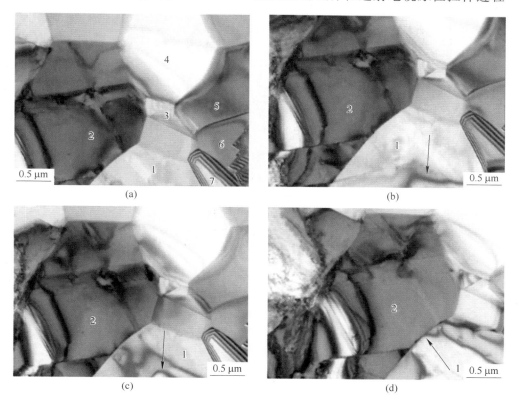

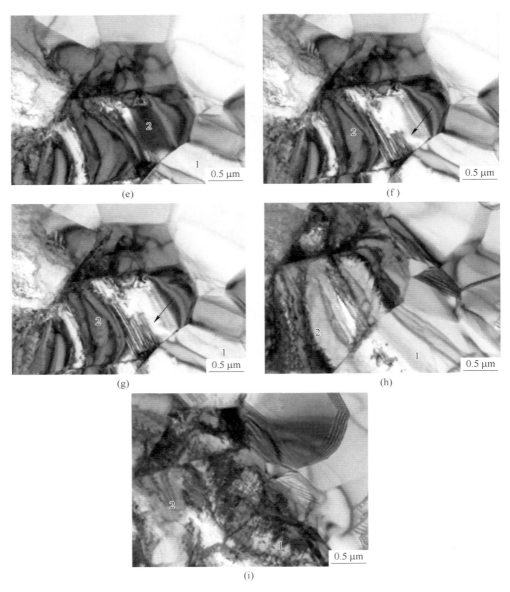

图 3-12　原位拉伸过程中 850 ℃/60 s 退火后的试样微观组织演变图

（a）原位拉伸前；（b）位错源开动；（c）位错增殖；（d）位错塞积；（e）应力集中；

（f）孪生发生；（g）孪晶长大；（h）孪晶消失；（i）晶粒扭转

中的变化情况，将图 3-12（a）中的 7 个晶粒分别标定为 1~7，其中 1、2、4~
6 为尺寸范围在 1~10 μm 的晶粒，3 和 7 为尺寸范围在 1 μm 以下的晶粒。在
变形过程中两类不同尺度的晶粒表现出了不同的形变机制，以晶粒 1~3 为观

察对象，试样在施加应力初期，晶粒 1 内部出现一组位错向晶粒 1 和 2 的晶界处滑移（见图 3-12（b）箭头处）；晶粒 2 和 3 内部位错密度也相应增加，继而晶粒 1 中产生第二组位错继续向晶粒 1 和 2 晶界处滑移（见图 3-12（c）箭头处）；两组位错塞积到晶界后（见图 3-12（d）箭头处），晶粒 2 内位错密度迅速增加（见图 3-12（e）），随后晶粒 2 内产生形变孪晶（见图 3-12（f）箭头处），接着孪晶迅速长大（见图 3-12（g）箭头处）；而在此过程中，晶粒 3 内部的位错增殖并不明显。随着应力进一步增加，晶粒 2 中的形变孪晶消失，同时，晶粒 3 中的位错迅速增殖（见图 3-12（h））。随着晶粒 1 和 2 的晶界扭折，晶粒 3 内位错密度又有所降低（见图 3-12（i））。由此可见，在施加应力过程中，1~10 μm 晶粒内部的形变过程为位错滑移并在晶界处塞积，随后产生形变孪晶，而后孪晶消失、晶界扭转。而小于 1 μm 的晶粒内部只发生了位错滑移和塞积过程，没有产生形变孪晶过程，且晶粒 7 的演变过程也证明了这一点。

在粗晶金属及合金的变形中，滑移和孪生是两种最主要的变形方式。孪晶的形成过程通常用具有一个结点的极轴机制来描述。Ventable 给出的孪生剪切应力的关系见式（3-1）：

$$\frac{\tau T}{G} = \frac{\gamma}{Gb} + \frac{\alpha b}{l} \tag{3-1}$$

式中，τT 为孪生剪切应力；γ 为堆垛层错能；G 为剪切模量；b 为柏氏矢量；l 为晶粒尺寸；α 为常数。

由式（3-1）可见，随晶粒尺寸减小，堆垛层错能升高，孪生剪切应力越大，孪晶越不易形成。经典位错理论指出，随着晶粒的减小，晶界将成为主要的位错源，全位错形核比不全位错形核所需的应力大。因此，晶界处将由发射全位错变为发射不全位错，而不全位错的发射为形成堆垛层错和孪晶提供了条件。由晶界发射出一根 shockiey 分位错形成层错，并以该层错为核通过晶界在其相邻的晶面上连续发射 shockiey 分位错而长大。可见，在非均质结构的奥氏体组织中，1~10 μm 晶粒内形变孪晶的形成机制不同于粗晶情况下面心立方结构金属形变孪生的极轴机制，而是通过晶界发射分位错进行塑性变形的机制，即其变形方式为晶界处发射不全位错、形成孪晶、晶界滑移和晶粒扭转，而尺寸更小的 1 μm 以下晶粒，则由于堆垛层错能的升高，孪生所需剪切应力增大，因此内部并未出现形变孪生过程。

316L 奥氏体不锈钢试样经 90% 冷变形、850 ℃/60 s 退火处理后，其应力-应变曲线如图 3-13 所示，从应力-应变曲线上观察，试样没有明显的屈服平台。钢铁材料的屈服是塑性变形的开始，是位错运动的结果。在实际的多晶体中，由于晶体取向的差别，使得各晶粒不可能同时发生塑性变形。只有较多的晶粒产生塑性变形时，在宏观的应力-应变曲线上才呈现屈服。屈服时首先要使滑移系启动，然后发生位错运动。

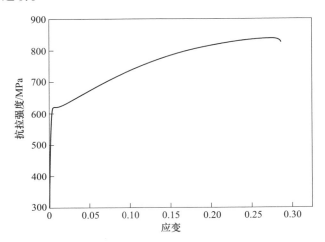

图 3-13 经 850 ℃/60 s 退火处理后试样的应力-应变曲线

金属塑性变形的物理实质基本上就是位错运动，位错运动的结果是产生塑性变形。在位错运动过程中，位错与位错之间、位错与溶质原子、间隙原子以及空位之间、位错与第二相质点之间都会发生相互作用，引起位错的数量、分布和组态的变化。从微观角度来看，这就是金属组织结构和塑性变形过程中或变形后的主要变化。塑性变形对位错数量、分布和组态的影响是和金属材料本身的性质以及变形温度、变形速度等外在条件有关的。

如图 3-14（a）所示，大晶粒首先发生塑性变形，大奥氏体晶粒中位错不断增殖，开始出现位错滑移带，并逐步形成位错缠结，在界面处塞积；且随变形量的增加，由于界面和位错缠结对滑移位错的阻碍，使得位错运动的阻力快速增长。当滑移受到阻碍时，在应力集中处萌生孪晶。由于孪生需要的应力比滑移高，因而形变时一般先发生滑移，孪生的变形速度极快，接近声速，每形成一片孪晶会发生一次应力松弛。

晶粒越小其相对晶界面积越大，位错运动越困难。如图 3-14（a）所示，滑移带横向开动，位错沿滑移带不断运动，在晶界处出现位错塞积，塞积到一定程度后，沿晶粒其他方向，滑移带重新开动；当滑移受到阻碍时，在应力集中处瞬间萌生孪晶，如图 3-14（b）所示，大晶粒中多方向滑移带的开动，可以避免应力集中。如图 3-14（c）所示，源源不断的位错沿孪晶界向前运动；当位错遇到小晶粒晶界后，晶界阻碍位错运动，位错在小晶粒晶界处出现塞积，如图 3-14（d）所示，可以看出小晶粒对位错的运动有更强的阻碍作用。

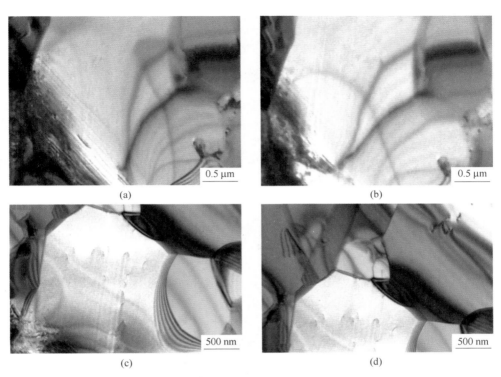

图 3-14 位错运动（原位拉伸试样）

（a）位错滑移；（b）孪生；（c）位错沿孪晶界运动；（d）晶界阻碍位错运动

当应力继续增大后，试样中出现裂纹，当裂纹扩展至 1 μm 以下的小晶粒时发生拐折（见图 3-15 箭头处）。结合非均质结构试样的优良力学性能可知，1~10 μm 的较大晶粒首先发生塑性变形，推迟了小晶粒内塑性变形的发生，大晶粒也可释放小晶粒周围的应力而减缓裂纹的萌生和生长，提高了材料的延展性，而小于 1 μm 小晶粒则主要提供了较高的强度。如图 3-16 所示，随着变形量的进一步增大，位错密度显著增加，部分高位错密度的位错缠结形成位错胞。316L 奥氏体不锈钢在承载过程中，一方面位错密度增加，形成各种位错组态；另一方面高位错密度区又能演化为低位错密度区，显微组织的多种变化是引起软化的因素。塑性变形过程中，随着变形量的增加，晶粒尺寸较大的奥氏体承受的应变较大而率先发生应变诱导马氏体转变。变形量增加时，通过大晶粒拉长来释放应力，此时大晶粒充当软相，当变形量超过一定值后，主要依靠纳米晶奥氏体扭转、变形和微米晶奥氏体应变诱导马氏体转变两者的相互作用来增加其塑性。

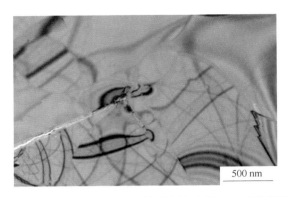

图 3-15 850 ℃ 退火后的试样裂纹扩展的 TEM 形貌照片

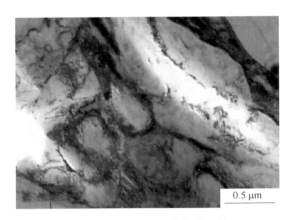

图 3-16 位错胞（原位拉伸试样）

3.5 本 章 小 结

（1）316L 奥氏体不锈钢经过 90% 冷变形后，在 820~870 ℃ 保温 60 s 后可以获得非均质结构奥氏体组织，此时试样的强塑积增加到 40 GPa·% 以上，其综合性能优于原始粗晶奥氏体组织。经 850 ℃/60 s 退火处理后，非均质结构奥氏体不锈钢的抗拉强度可达 959 MPa，延伸率为 44.6%。

（2）在施加应力过程中，非均质结构奥氏体中 1~10 μm 晶粒内部的形变过程为位错滑移并在晶界处塞积，随后产生形变孪晶，而后孪晶消失、晶界扭转；而小于 1 μm 的晶粒，由于堆垛层错能的升高，孪生所需剪切应力增大，因此内部并未出现形变孪生过程，只发生了位错滑移和塞积过程。

（3）当裂纹扩展至 1 μm 以下的小晶粒时发生拐折，结合非均质结构试样的优良力学性能可知，$1\sim10~\mu m$ 的较大晶粒首先发生塑性变形，推迟了小晶粒塑性变形的发生，大晶粒也可释放小晶粒周围的应力而减缓裂纹的萌生和生长，提高了材料的延展性，而小于 $1~\mu m$ 小晶粒则主要提供了较高的强度。

（4）随着变形量的增加，晶粒尺寸较大的奥氏体承受的应变较大而率先发生应变诱导马氏体转变；变形过程中通过大晶粒拉长来释放应力，此时大晶粒充当软相。当变形量超过一定值后，主要依靠纳米晶奥氏体扭转、变形和微米晶奥氏体应变诱导马氏体转变两者的相互作用来增加其塑性。

4 316L-Nb 奥氏体不锈钢的非均质组织调控技术及力学性能

4.1 冷变形前 316L-Nb 奥氏体不锈钢的组织特征

4.1.1 热轧对 316L-Nb 不锈钢奥氏体微观组织的影响

热轧即为在再结晶温度以上进行的轧制。由于热轧时金属具有很高的塑性和低变形抗力，大大减少了变形所需的能量，降低成本；同时，热轧还能够使得铸造态粗大的晶粒变得细小，愈合铸态裂纹和减少缺陷，从而能显著提高金属的加工性能。

316L-Nb 不锈钢为典型的奥氏体不锈钢，其微观组织由奥氏体和微量铁素体组成，铁素体含量小于5%。虽然铁素体含量很少，但在钢中起着重要作用，对钢的表面质量和力学性能有较大影响，因此需控制钢中铁素体含量。高温情况下残余铁素体向奥氏体的转变过程由合金元素的扩散来控制，较高的温度和较长的时间，都有利于铁素体含量的减少；但是，根据 Themo-Calc 计算的平衡相图可得，316L-Nb 的奥氏体单相区在 1270 ℃以下，之后为奥氏体和铁素体的双相区，因此轧制前需选择合理的温度区间和较长的保温时间。同时实验用钢的成分为高 Cr 低 Ni，因此凝固模式为先铁素体凝固模式。为保证凝固后组织的单一性，实验应采取较高的终轧温度和快冷的凝固模式。

本实验选用的实验用钢为 316L-Nb，各合金元素含量（质量分数,%）为：0.028C，0.52Si，1.24Mn，15.9Cr，10.8Ni，2.58Mo，0.043N，0.12Nb。实验中选取 1200 ℃/2 h 的加热工艺，铸坯厚度为 20 mm，热轧后钢板厚度为 4 mm 左右，变形量为 81.5%。热轧后的金相组织如图 4-1 所示。

由图 4-1 中可以看出，奥氏体晶粒大多细小、形状不规则且沿轧向排列，晶界不明显。高倍显微镜下能看到晶界边缘有一些黑色的析出物，边部组织细小和密集程度均高于中心部分。这是因为微合金元素 Nb 在钢中偏聚于晶界，当受到热激活作用时，奥氏体晶界必须对 Nb 原子施加力的作用，拖拽其一起才能发生移动；而 Nb 原子的运动速度是受其在基体中扩散速度影响的，而该扩散速度受温度影响；因此在 1200 ℃时，由于基体中 Nb 的扩散系数远远低于金属本身的晶界扩散系数，故晶界迁移率 f 比不含 Nb 的金属要低；而根据晶界运动速度公式[149]：$v = fF$（F 为净驱动力），可知含 Nb 钢奥氏体晶粒的长大速度要小于不含

50 μm

图 4-1　316-Nb 不锈钢热轧后试样的金相组织

Nb 钢，因此其组织晶粒大多细小。

前人实验证明，高轧制温度能阻止凝固过程中其他相的生成，但是不能选择过高的轧制温度。这是因为 Nb 在晶界位置的偏聚对奥氏体晶界移动的阻碍作用，是偏聚 Nb 原子随温度的升高而消失；当超过了一定的临界温度（实验证明是1240 ℃左右）晶界移动的驱动力将不再和气团的拉应力相平衡，使晶界和气团脱开晶界的迁移率 f 将突然增大，从而造成含 Nb 钢的奥氏体晶粒反而比不含 Nb 钢粗大，因此实验选择在 1200 ℃、保温 2 h 的加热工艺。同时，为了防止凝固过程中及轧制过程中生成其他相，要求较快的凝固速度和较高的终轧温度。本实验将终轧温度控制在 950 ℃以上，同时水冷到 500 ℃后空冷到室温，从而保证后续实验钢板中奥氏体组织的单一性。

4.1.2　固溶处理对 316L-Nb 不锈钢奥氏体微观组织的影响

所谓固溶处理是指为了得到过饱和固溶体而将合金加热到高温单相区保温一段时间，当析出相完全溶解到固溶体中后快速冷却的一种常见热处理工艺。由于在奥氏体不锈钢中，碳元素的溶解度随温度的升高而溶解明显，但在 400 ~ 850 ℃的温度区间内会有高铬碳化物析出，因此，热轧过程中会有大量碳化物析出而导致晶粒发生畸变，晶界贫铬，晶间腐蚀严重，钢的硬度较高。为了得到晶粒度适宜均匀的过饱和固溶体（奥氏体不锈钢为奥氏体晶粒），消除残余加工应力，便于再结晶的发生和消除晶间腐蚀提高高温抗蠕变性能，需要对热轧成品进行固溶处理或稳定化处理。

图 4-2 是 316L-Nb 和普通 316L 钢在 1050 ℃、保温 12 min 固溶处理后的金相组织。可以看到图 4-2（a）中的晶粒尺寸相差幅度较大，晶粒大小并不统一。而图 4-2（b）中的晶粒尺寸则较大，更接近于固溶处理后单一、等轴的奥氏体再

结晶组织。图 4-2 (a) 中晶粒平均尺寸小于图 4-2 (b) 中晶粒平均尺寸，且这两个图中均出现了少量的退火孪晶。

(a)   (b)

图 4-2   1050 ℃/12 min 固溶处理后试样的金相组织

(a) 316L-Nb；(b) 普通 316L

图 4-3 是 316L-Nb 和普通 316L 不锈钢在 1100 ℃、保温 12 min 的固溶处理金相组织。其中，316L-Nb 晶粒比 1050 ℃、保温 12 min 固溶处理后的晶粒有明显的长大，但仍能看到完整的晶粒，且其大小更加均匀；固溶处理后晶界不是很明显，比较难侵蚀。图 4-3 (a) 中可见的弥散状分布的黑点是未溶解的化合物，且沿原热轧方向分布的较为密集。而在同等处理条件下，普通 316L 不锈钢则能看到粗大的晶粒和大量的退火孪晶（见图 4-3 (b)），且随着保温时间的延长，退火孪晶不断增多，出现板条状的结构。

(a)   (b)

图 4-3   1100 ℃/12 min 固溶处理后试样的金相组织

(a) 316L-Nb；(b) 普通 316L

如图 4-4 所示，316L-Nb 不锈钢在经过 1100 ℃、保温 12 min 固溶处理后，晶粒已经完全粗化，出现了大量的退火孪晶，并且有随着温度的上升数量继续增多的趋势；晶界处也出现了一些孪晶界。此时的组织已经与原材料组织产生较大差别。

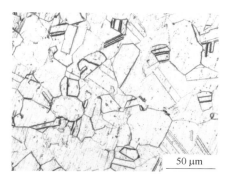

图 4-4　316L-Nb 钢 1100 ℃/12 min 固溶处理后的金相组织

由于固溶处理是为了消除晶间腐蚀、实现晶粒的再结晶，从而得到具有单一组织的过程，因此需要选择一定的温度和保温时间。奥氏体再结晶数量受到温度的控制，主要因为：（1）温度高热激活能高，使得再结晶更加容易发生；且再结晶核心的长大可看作是晶界原子扩散运动，其速率受温度的影响很大。（2）由于钢中含有 Nb 元素，在钢中与 C、N 等形成 Nb(C,N)，其在高温情况下能在基体固溶，但是冷却过程中或者遇到大变形时会析出，对奥氏体再结晶起阻碍作用，使奥氏体再结晶体积分数增长缓慢。因此造成同等固溶处理方式下，含 Nb 钢晶粒大小不一并且有大量碳化物析出，而普通钢已经具有单一的等轴晶粒和较少的碳化物析出；或者含 Nb 钢还具有等轴晶粒而普通 316L 钢已经出现粗大晶粒和大量退火孪晶，即含 Nb 钢的再结晶温度比普通钢高。固溶处理温度越高，保温时间越长，再结晶发生得越充分，再结晶后晶粒尺寸越大。但是过高的温度会造成晶粒的粗化，成型时会发生破裂、表面粗糙甚至敏化，导致晶间腐蚀恶化等现象，而过低温度不利于碳化物溶解于奥氏体组织，因此本实验中合理的温度区间在 1000~1100 ℃之间，不能高于 1150 ℃，否则会出现大量孪晶影响后续实验。实验中 1050 ℃时晶粒组织大小差别较大，尺寸不统一，且有较多的碳化物析出；而 1100 ℃时晶粒尺寸更加均匀，碳化物溶解充分，因此实验选择 1100 ℃的固溶处理温度。

4.1.3　固溶处理对 316L-Nb 奥氏体不锈钢力学性能的影响

固溶处理时，随着保温时间的延长，合金元素溶解到基体中更充分，晶粒尺寸变大且越来越均匀，延展性增加但是硬度降低。当再结晶完成后，得到等轴的、单一的奥氏体组织，此时延展性达到最大。此后，随着保温时间的逐步延长，组织中开始出现大量退火孪晶，并造成高密度位错被孪晶界分割呈现板条状结构，在金相显微镜下为黑色，影响钢材的延展性。

根据以往经验，316L 不锈钢固溶处理时合理的保温时间经验公式为：

$$T = 1.5h \tag{4-1}$$

式中，T 为保温时间；h 为试样厚度。

本实验中，试样厚度为 4 mm 左右，因此若选用普通 316L 不锈钢则保温时间为 6 min。但是，考虑到合金元素 Nb 对晶界的钉扎和对奥氏体晶粒长大的抑制作用，为了得到具有合适晶粒度和较少析出物的组织，应考虑适当延长保温时间。

图 4-5 为试样经 1100 ℃、保温 12 min 工艺处理后的应力应变曲线。由该图可知，固溶处理后试样的应力为 557.27 MPa，延伸率为 93%。由于微合金元素 Nb 的加入，使得钢中奥氏体晶粒得到很大程度的细化。其组织中晶界两边的晶粒取向不同导致晶界是原子混乱排列的区域，位错结构复杂。当变形横穿晶界到达临近晶粒的时候，复杂位错结构的晶界难以穿过，即使穿过滑移的方向也要改变，这种变形过程是要消耗很多能量的。因此细化晶粒以后，使得晶界附近的结构更加复杂，增大了变形的难度，起到了强化和韧化材料的作用，提高了材料的韧性，同时延展性也得到了很大的提升。

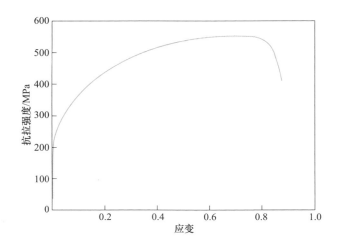

图 4-5　1100 ℃/12 min 固溶处理后 316L-Nb 奥氏体不锈钢试样的
应力-应变曲线

试样没有明显的屈服平台，硬度（HV）为 158.5，由此可知固溶处理对材料有软化的作用，需要后续的冷变形和退火处理来提高其综合性能。

4.2 冷变形对 316L-Nb 奥氏体不锈钢应变诱导马氏体相变的影响

4.2.1 冷变形对应变诱导马氏体含量的影响

316L-Nb 奥氏体不锈钢经过不同冷变形后 XRD 的结果如图 4-6 所示。由该图可以看到，经过 40%的冷变形后，试样中出现了马氏体的（200）$_M$ 和（211）$_M$ 衍射峰，即试样中出现了体心立方马氏体组织；且在变形量逐渐增大的情况下，奥氏体的（200）$_\gamma$、（220）$_\gamma$、（311）$_\gamma$ 峰值逐渐减弱，而马氏体的（200）$_M$ 和（211）$_M$ 峰值则逐渐加大。

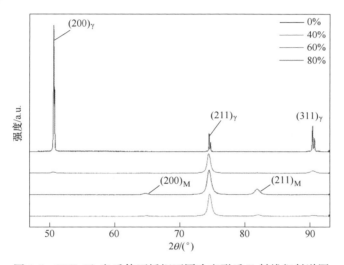

图 4-6　316L-Nb 奥氏体不锈钢不同冷变形后 X 射线衍射谱图

对照所测试样的 X 射线衍射谱图，假设待测试样中只含有体心立方结构和面心立方结构的组织，得到以下公式[150]：

$$V_A = \frac{1}{1 + \dfrac{I_M K_A}{I_A K_M}} \times 100\% \tag{4-2}$$

$$K_A = \left[\frac{1}{V_o^2} \varphi(\theta) |F|^2 P \times e^{-2D} \right]_A \tag{4-3}$$

$$K_M = \left[\frac{1}{V_o^2} \varphi(\theta) |F|^2 P \times e^{-2D} \right]_M \tag{4-4}$$

式中，V_A 为奥氏体体积分数；V_o 为相单胞体积分数；$\varphi(\theta)$ 为角因子；P 为 J 相 HKI

晶面重复因子；$|F|^2$ 为结构因子；e^{-2D} 为温度因子；K_A 为 A 相的反射本领；I_j 为碳化物相某一 H，K，L 衍射线的积分强度。

分别计算面心立方（fcc）中（200）、（220）、（311）的 K 值，体心立方（bcc）中（200）、（211）的 K 值后，结合 XRD 实验测得的 I_A 和 I_M 值，利用式（4-5）[150]计算残余奥氏体含量。

$$f_A = \frac{1}{6} \left(\frac{1}{1 + \frac{I_{M(200)}}{I_{A(200)}} \times \frac{K_{A(200)}}{K_{M(200)}}} + \frac{1}{1 + \frac{I_{M(200)}}{I_{A(220)}} \times \frac{K_{A(220)}}{K_{M(200)}}} + \frac{1}{1 + \frac{I_{M(200)}}{I_{A(311)}} \times \frac{K_{A(311)}}{K_{M(200)}}} + \right.$$
$$\left. \frac{1}{1 + \frac{I_{M(211)}}{I_{A(200)}} \times \frac{K_{A(200)}}{K_{M(211)}}} + \frac{1}{1 + \frac{I_{M(211)}}{I_{A(220)}} \times \frac{K_{A(220)}}{K_{M(211)}}} + \frac{1}{1 + \frac{I_{M(211)}}{I_{A(311)}} \times \frac{K_{A(311)}}{K_{M(211)}}} \right) \quad (4-5)$$

计算得到不同衍射峰的 $\frac{K_A}{K_M}$。

通过 XRD 实验，能够得到残余奥氏体的晶格常数，从而利用式（4-6）[151]来计算残余奥氏体的碳含量。

$$C_\gamma = (a_\gamma - 3.571)/0.044 \quad (4-6)$$

式中，C_γ 为残余奥氏体的碳含量；a_γ 为残余奥氏体的晶格常数，取 fcc(220) 峰计算出来的晶格常数，以此计算不同冷变形后应变诱导马氏体的含量。

表 4-1 为不同冷变形量下应变诱导马氏体的含量，可以看出，没有冷变形时，试样中基本不含应变诱导马氏体；当冷变形量为 80% 时，应变诱导马氏体含量为 67.42%。变形量越大，残余奥氏体的含量越低，应变诱导马氏体含量越高。由于 316L-Nb 奥氏体不锈钢组织是亚稳定的，因此变形的过程很容易让组织发生应变诱发相变，其相变顺序为：γ 奥氏体（fcc）→ε-马氏体（hcp）→α′（bcc）。ε-马氏体是应变诱导马氏体转变过程中的中间相，仅在较小应变下形成；α′-马氏体相是转变终了相，在应力和应变持续增大下形成。根据钢中 Ni 当量的计算式（4-7）[152]：

$$Ni \text{ 当量}(\%) = Ni + 0.65Cr + 0.98Mo + 1.05Mn + 0.35Si + 12.6C +$$
$$0.03(T - 300) - [2.03\lg(100/100 - R) + 2.9] \quad (4-7)$$

式中，T 为温度，K；R 为变形量。

可以计算出变形量为 40%、60% 和 80% 时，钢中的 Ni 当量分别为 22.09%、21.73% 和 20.93%。常温变形中，Ni 当量小于 25.5% 时奥氏体钢就会发生相变，且变形量越大时 Ni 当量越小，奥氏体越不稳定（Ni 是强烈稳定奥氏体的元素），所以形变量越大，应变诱导马氏体生成量越多。

表 4-1　316L-Nb 奥氏体不锈钢不同冷变形后应变诱导马氏体含量　　（%）

变形量	应变诱导马氏体含量（体积分数，多线对平均值）
0	0.01
40	20.67
60	49.23
80	67.42

316L-Nb 奥氏体不锈钢试样 0%、40%的冷变形后组织中马氏体含量较低，分析认为，在变形量不是很大的情况下，由于 Nb 的加入使得晶粒大幅细化，造成母相奥氏体强度增加；同时，晶界面积也随之增大，导致界面能 ΔG_s 上升，让马氏体转变的阻力变大，转变更加困难。但是，当变形量增大到 60%和 80%甚至更高时，含试样的组织中马氏体含量则增加较快，这可能是由于在大变形量下，试样中的合金元素对应变强化过程中的马氏体转变起主导作用，Nb 是铁素体形成元素，对奥氏体晶粒的稳定有破坏作用，因此会促进奥氏体晶粒的形变，产生应变诱导马氏体。

试样在冷变形过程中，奥氏体晶粒内会形成多个由若干板条块组成的板条束，它们具有相同的取向，而众多相互平行的板条束相互组合形成的结构就是马氏体。当变形量增大时，试样中板条状的组织增多，形变孪晶数量也随之上升。由于马氏体具有较高的硬度，因此形变诱发马氏体的转变是产生加工硬化的主要原因之一。有些原来内部含有大量位错的奥氏体晶粒则在变形过程中由于孪晶也在生长，因此就形成了以孪晶为中脊、高密度位错为边缘的马氏体片，并且大量位错被引入，使得母相晶格原子排列的空间规律性得到了极大的破坏；孪生切变以变体间形成共格或半共格界面为必要条件，空间规律的破坏使得其难以发生，因此，奥氏体生成马氏体的方式只剩下位错滑移提供的塑性协调方法，而且生成的马氏体内部亚结构为高密度位错，即位错型马氏体。当然也有些位错型马氏体是在大变形量下通过破坏板条状结构形成的，这些马氏体具有较高的位错密度，为微米晶/亚微米晶符合结构的获得提供了高密度的形核点，对形成细小的逆转变奥氏体晶粒更有利，可以通过高倍 TEM 电镜观察到。

4.2.2　冷变形量对 316L-Nb 奥氏体不锈钢力学性能的影响

由表 4-2 可知，随着冷变形量的增加，试样的硬度也在不断增大，而且不大的变形量就可以让硬度得到较大的提升，加工硬化现象非常明显。当变形量为40%时，试样的硬度（HV）为 304.4，比没有冷变形时的硬度提高了 149.9，几乎是没有加工时的一倍。实验结果表明，在此范围内试样的硬度增加得最快；40%~80%的变形过程中，试样的硬度则增加得越来越慢，这是符合典型的面心立方材料硬化规律的，即硬化速率会随着变形量的逐渐增大而慢慢变小。而延伸率的变化则正好相反，没有冷变形试样的延伸率达到了93%，但是经过40%的冷变形后，试样的延伸率迅速降到了9%。随着冷变形量的进一步加大，延伸率也进一步降低。当变形量为80%时，试样的延伸率为2%，即材料的塑性被大大降低。

表 4-2　316L-Nb 奥氏体不锈钢冷变形后的力学性能

变形量/%	硬度（HV）	延伸率/%
0	154.5	93
40	304.4	9
60	387	4
80	432.1	2

冷变形过程中奥氏体材料的加工硬化主要以塑性变形的方式进行，与其成分和变形温度有很大的影响。由于奥氏体不锈钢中应变诱导马氏体的形成和层错能有关，因此，变形方式的复杂性被大大增强。塑性变形过程中，应变诱发马氏体的转变引入了大量位错，而其作为滑移位错的阻碍使得位错密度升高，加工硬化现象显著，从而提高了材料的力学性能。

图 4-7 是 316L-Nb 奥氏体不锈钢试样在不同冷变形量下的抗拉强度。由图中可以明显发现，试样的抗拉强度随着变形量的增加均匀增大，基本呈直线形状，没有不含 Nb 的普通试样在变形中间抗拉强度出现缓慢上升现象。

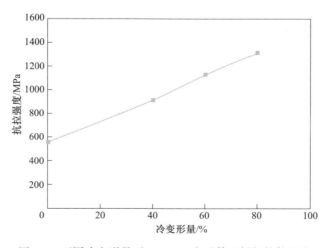

图 4-7　不同冷变形量下 316L-Nb 奥氏体不锈钢抗拉强度

4.2.3 Nb 在冷变形中的作用

冷变形之后的 316L-Nb 奥氏体不锈钢在组织和力学性能上都与原材料产生了较大的区别。首先，Nb 有强烈细化晶粒的作用。因此，无论是在多少冷变形量下，组织中的晶粒尺寸均明显比同等变形条件下普通 316L 不锈钢的晶粒尺寸要小。晶粒尺寸的细化造成晶界面积增加，使得一定变形量下，应变诱导马氏体的生成量减少。同时，马氏体尺寸是母相奥氏体尺寸的函数，原奥氏体尺寸越小，应变诱导马氏体的尺寸就越小，便于控制晶粒尺度。当冷变形量达到一定程度时，Nb 又可以和钢中其他合金元素相互作用，降低奥氏体的稳定性，使得转变更加容易进行，从而得到比普通 316L 不锈钢具有更多应变诱导马氏体的组织。所以，可以通过调节钢中 Nb 的含量和冷轧的压下率来得到想要的应变诱导马氏体含量，从而控制再结晶后试样组织的大小。

其次，Nb 对材料力学性能的影响也非常显著。如图 4-8 和图 4-9 所示，可以看出，随着冷变形量的增大，含 Nb 试样的硬度呈上升趋势，而延伸率呈下降趋势，总体体现了加工硬化现象。并且 316L-Nb 试样的硬度与应变量基本呈线性关系，上升趋势并不随着应变量的增大而有所减慢。由图 4-9 中可以看到在冷变形量小于 40% 时，随变形量的增大延伸率剧烈下降；冷变形量大于 40% 时延伸率由剧烈下降变得平缓。

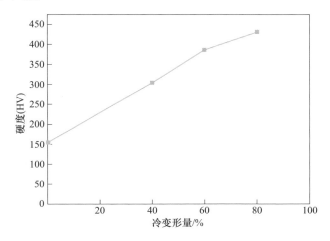

图 4-8　不同冷变形量下 316L-Nb 奥氏体不锈钢的硬度

Nb 在钢中以固溶形式和非固溶形式存在。未固溶的 Nb 在大程度冷变形量下会大量生成 NbC 析出，能够影响钢的应变析出行为。同时，Nb 对奥氏体相区的稳定性有反面的影响，大量 NbC 的析出则降低了钢中固溶 Nb、C 的含量，从而弱化其固溶强化作用，这也是 316L-Nb 试样硬度下降的原因之一。

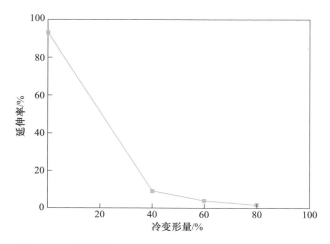

图 4-9　不同冷变形量下 316L-Nb 奥氏体不锈钢的延伸率

4.3　退火过程中的奥氏体逆转变

退火是一种常用的金属热处理工艺，是指将待处理金属缓慢加热到一定温度后保温一定时间，然后以预定的速度冷却下来的处理工艺。退火能够改善或消除钢铁在铸造、锻压等过程中形成的各种缺陷以及应力，能够预防工件产生形变或裂纹，降低材料的硬度和切削加工性，稳定尺寸，同时调整组织，消除组织缺陷。

图 4-10 为使用 Themo-Calc 软件，根据成分计算平衡状态下 316L-Nb 不锈钢试样中随退火温度变化奥氏体含量变化的曲线。在该图中可以看到在 600 ℃时，试样中奥氏体含量有明显的升高，在 900 ℃时其体积分数接近 100%，而到了 1300 ℃时又出现明显下降。这是因为冷变形后，试样中存在大量的应变诱导马氏体，试样硬度很大但是塑性不高，抗拉强度和屈服强度等力学性能指标较低，因此需要经过退火软化作用使得材料更加具有使用性。当温度达到一定温度时（此处是 600 ℃以上），钢的组织中发生再结晶回复过程，马氏体开始向奥氏体发生逆转变，冷变形过程中未转变成马氏体的残余奥氏体则继续长大，因此组织中奥氏体含量急剧增加，并且在一定温度区间内能保持其体积分数接近 100%。但是，当温度继续升高到一定程度时（此处为 1300 ℃左右），此时组织中均为已经长大的奥氏体，因此在此该温度之上，组织中的奥氏体开始粗化。

退火过程需要得到再结晶完全的奥氏体组织，同时保证奥氏体晶粒不会太粗大，保证能观察到微米晶/亚微米晶复合奥氏体结构。综合考虑相关因素，本实验采用的温度区间在 800~1000 ℃之间。

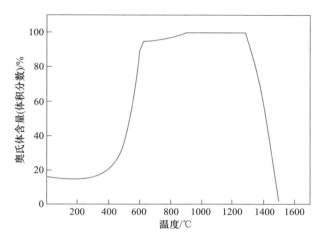

图 4-10 奥氏体含量随温度变化计算图

4.3.1 退火时间和温度对逆转变奥氏体晶粒尺寸的影响

如图 4-11 是 316L-Nb 奥氏体不锈钢试样在 80% 冷变形后经过 850 ℃、保温 1~6 min 退火处理后的金相照片。可以看出，在此温度下试样在图 4-11（a）和（b）中容易观察到冷变形后的带状组织，在图 4-11（c）和（d）中则没有；并且由于保温时间过短，图 4-11（a）中基本呈现冷变形后的纤维组织，没有看到明显的奥氏体晶粒。但是，在图 4-11（b）~（d）中随着退火时间的延长，奥氏体晶粒出现的面积越来越大，冷变形带的宽度越来越窄，范围也越来越小。这说明随着退火时间的延长，变形组织的再结晶进行得愈加完全。

如图 4-12 是 316L-Nb 不锈钢试样在 950 ℃、保温 4 min 和 8 min 的微观组织。从该图中可以看到，在经过 4 min 的保温时间，冷变形以后的纤维组织已经转变成等轴状的晶粒组织，再结晶过程已经完成。随着保温时间的延长，试样中的奥氏体晶粒开始长大。但是，由于图 4-12 中保温时间差距不大，因此晶粒长大不明显。如图 4-13 为试样在 1000 ℃ 分别经 4 min、8 min 保温处理后的微观组织。可以看出，当温度升高到 1000 ℃ 时，同样保温时间下，高温下的晶粒比低温下的要大；并且在同样温度下，保温时间 8 min 的晶粒比 4 min 的晶粒明显长大。这说明温度越高，保温时间对试样晶粒长大的作用越显著。

逆转变动力学和微观结构的形成有很大关系，而其本身又受冷变形量的影响。冷变形使得应变诱导马氏体产生，而随着冷变形量的进一步增大，板条状马氏体会优先被破坏，从而细化了组织，使晶界量增多，有利于逆转变奥氏体晶粒的细化。如图 4-14 是 80% 的冷变形量下试样在不同保温温度时保温 4 min 后的奥氏体含量变化。从图中可以看出，在 800 ℃ 时试样经过该退火处理后还存在少量

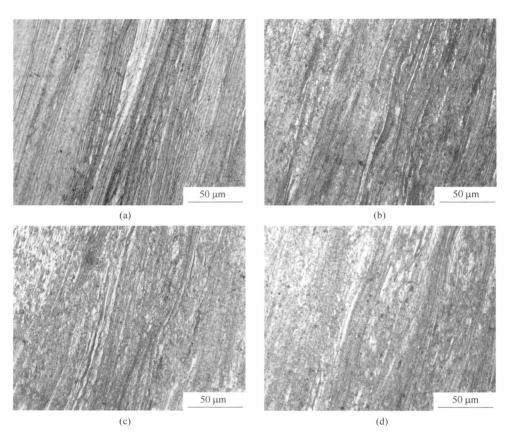

图 4-11　保温时间对试样微观组织的影响（850 ℃）

（a）1 min；（b）2 min；（c）4 min；（d）6 min

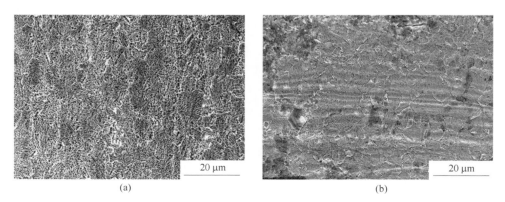

图 4-12　保温时间对微观组织的影响（950 ℃）

（a）4 min；（b）8 min

图 4-13　保温时间对微观组织的影响（1000 ℃）

（a）4 min；（b）8 min

马氏体，说明此时应变诱导马氏体没有完全逆转变成奥氏体；但是到 850 ℃ 时，试样中的奥氏体体积分数为 98.23%，并且此后随着退火温度的上升，奥氏体含量还在不断增加。到 1000 ℃ 时组织中的奥氏体体积分数为 99.03%，也就是说应变诱导马氏体已经基本上逆转变成奥氏体了，见表 4-3。

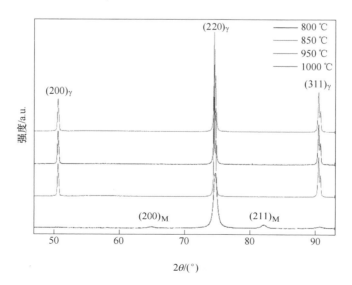

图 4-14　80% 变形量试样不同温度退火的 X 射线衍射谱图（保温 4 min）

表 4-3 不同退火温度（保温 4 min）处理后试样的奥氏体含量

退火温度/℃	奥氏体含量（体积分数)/%
800	87.57
850	98.23
950	98.41
1000	99.03

从图 4-15 中也可以说明与图 4-14 同样的情况。可以看出，随着温度的升高，奥氏体再结晶的程度更加完善，组织中冷变形后的带状组织越来越少。在图 4-15（d）退火工艺为 1000 ℃、保温 4 min 处理后，组织中奥氏体晶粒明显。

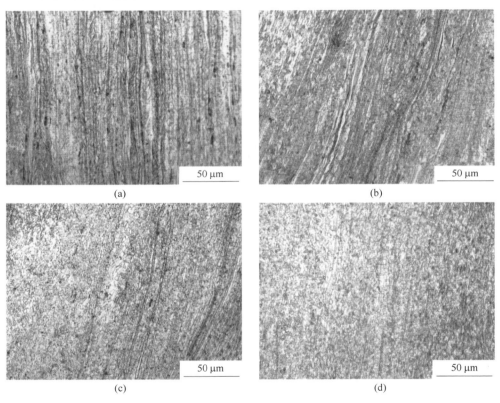

图 4-15 316L-Nb 不同温度退火（4 min）

（a）800 ℃；（b）850 ℃；（c）950 ℃；（d）1000 ℃

变形量为 80% 的试样在不同温度下经过 4 min 保温退火处理后的微观组织如图 4-16 所示。试样在大变形量下能够产生较高的形核率，更有利于后续退火过程中逆转变奥氏体晶粒的生成。从该图中可以看到，在 800 ℃时试样中存在一定量未再结晶的冷变形带状组织，且基本存在于中心部位。图 4-16（a）和（b）中均存在红色的马氏体相，说明在 800 ℃、820 ℃保温 4 min 的退火工艺处理下，试样中还存在一定数量的马氏体，逆转变过程并未完全发生；而且可以明显看出马氏体相分布在边缘较多，中心分布较少，且 820 ℃时的马氏体量少于 800 ℃时。当温度升高到 850 ℃、950 ℃时，图 4-16（c）和（d）中已看不到红色的马氏体相，说明此时已经发生了完全的逆转变奥氏体化；并且和较低温度相比较，此时可以看到试样中组织发生明显变化，冷变形过程中形成的板条状形态结构逐渐消失被奥氏体晶粒所取代。图 4-16（c）为 850 ℃保温 4 min 退火工艺处理试样，可以看到该组织呈现的奥氏体晶粒大小并不一致、并不完全是等轴的，表明此时试样中的相变已经完成，但是再结晶还未完全；图 4-16（d）为 950 ℃保温时已经基本呈现大小一致的、等轴的奥氏体晶粒，和图 4-16（c）相比，其晶粒有了明显的长大。

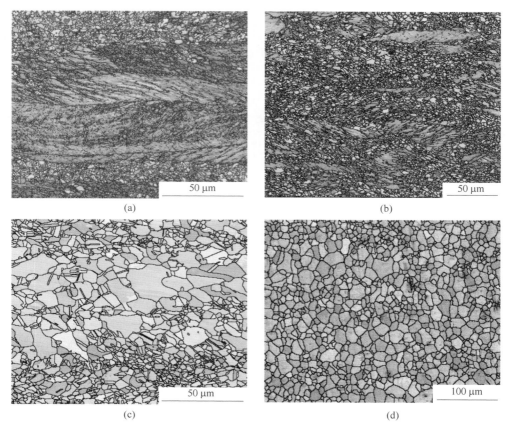

(a)　　　　　　　　　　　　　　　　(b)

(c)　　　　　　　　　　　　　　　　(d)

图 4-16　变形量为 80%试样不同温度下退火后的微观组织（SEM-EBSD）

（a）800 ℃/4 min；（b）820 ℃/4 min；（c）850 ℃/4 min；（d）950 ℃/4 min

表 4-4 是不同保温处理后试样中奥氏体晶粒尺寸的分布情况，可以看出在 800 ℃、保温 4 min 的退火处理后粒径 $d \leqslant 0.5$ μm 的晶粒占 63.04%，粒径 $d > 0.5$ μm 的晶粒占 36.96%。当温度升高到 820 ℃ 之后粒径 $d \leqslant 0.5$ μm 的晶粒占 35.49%，粒径 $d > 0.5$ μm 的晶粒占 64.51%，此时组织中仍然存在少量的应变诱导马氏体，但是新生成的细小奥氏体晶粒几乎是等轴的。当进行 850 ℃、保温 4 min 的处理后，试样中粒径 $d \leqslant 0.5$ μm 的晶粒占 24.74%，粒径 $d > 0.5$ μm 的晶粒占 75.26%，比 820 ℃ 时晶粒略有长大，此时的组织比原始奥氏体晶粒要明显细化，这是微米晶/亚微米晶逆转变奥氏体晶粒的复合组织。其中，细小的晶粒是由应变诱导马氏体转变而来，而且基本沿轧制方向分布。组织中仍然存在少部分大晶粒，这是由冷变形过程中没有转变成马氏体的奥氏体晶粒在退火过程中继续长大造成的。当温度升高到 950 ℃ 之后，试样中粒径 $d \leqslant 0.5$ μm 的晶粒占 16.56%，粒径 $d > 0.5$ μm 的晶粒占 84.44%，晶粒有了明显的长大。退火温度可以使得应变诱导马氏体向奥氏体的转化，促进再结晶的形成，增大晶粒尺寸。但是过高的退火温度会促进晶粒的长大，不利于微米晶/亚微米晶逆转变奥氏体晶粒复合组织的获得，而过低的温度则不利于马氏体相变。因此，综合考虑逆转变奥氏体组织的含量和尺寸分布，退火温度应尽量维持在 820~950 ℃、保温时间为 4 min，确定 850 ℃、4 min 的退火处理为最优实验方案。

表 4-4 不同温度（保温 4 min）对试样中奥氏体晶粒尺寸分布的影响 （%）

温度/℃	晶粒尺寸		
	$d \leqslant 0.5$ μm	0.5 μm $< d \leqslant 1.0$ μm	$d > 1.0$ μm
800	63.04	23.96	13.00
820	35.49	37.87	25.64
850	24.74	36.25	39.01
950	16.56	20.34	63.10

4.3.2 316L-Nb 不锈钢奥氏体晶粒内部组织观察

经过 800 ℃、保温 4 min 退火工艺处理后的试样透射电镜照片如图 4-17 所示，图 4-17（a）中充满缺陷的位错型马氏体，且在试样中占有一定数量，表示经此退火工艺后该区域为未再结晶的应变诱导马氏体。图 4-17（b）显示再结晶过程中晶粒的形核和长大的过程，存在未再结晶的马氏体组织、已经再结晶的纳米级奥氏体小晶粒以及已经有所长大的微米级奥氏体晶粒三种结构。由图 4-17（c）中可以清楚看到微米晶/亚微米晶复合奥氏体组织，亚微米级的小晶粒占大多数。图 4-17（d）则显示在新生成的逆转变奥氏体晶粒内部存在一定数量的位错。

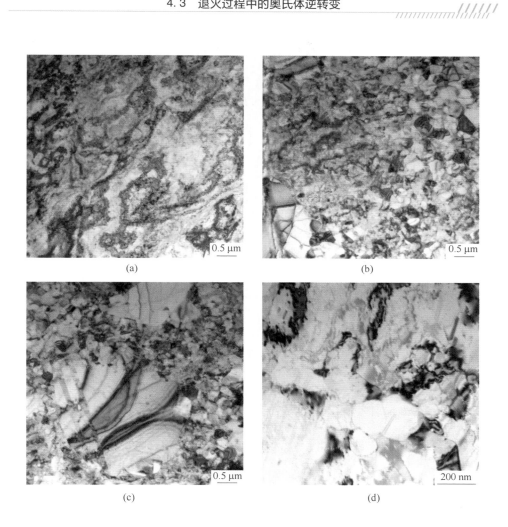

图 4-17 经 800 ℃/4 min 退火处理后的试样透射电镜照片

（a）位错型马氏体；（b）正在长大的晶粒；

（c）微米晶/亚微米晶复合结构奥氏体晶粒组织；（d）位错结构

图 4-18 是 820 ℃/4 min 退火处理后试样的透射电镜照片。如图 4-18（a）所示，虽然逆转变奥氏体内部位错密度明显降低，但是试样中仍然存在一定数量的位错型马氏体组织，说明此退火工艺下试样的再结晶回复过程进一步发展，但是没有完全结束；图 4-18（b）中显示的是已经生成的奥氏体晶粒正在长大的过程，可以看到马氏体是先转变成高位错密度的奥氏体，随后再通过奥氏体和亚晶的结合形成微米晶/亚微米晶复合晶粒结构。同时，由于此工艺下试样中奥氏体含量较高（体积分数为 93.89%），而奥氏体具有较低的层错能（$SFE = 15$ mJ/m^2），因此高温退火时在部分区域出现了堆垛层错。

图 4-18 经 820 ℃/4 min 退火处理后的试样透射电镜照片

（a）微米级/亚微米级复合奥氏体晶粒结构组织；（b）正在长大的晶粒；（c）堆垛层错

经过 850 ℃/4 min 退火工艺处理后的试样透射电镜照片如图 4-19 所示。从图 4-19（a）中可以看出，此时试样中基本为等轴状的奥氏体晶粒，晶粒尺寸在 500 nm~1 μm，且和 820 ℃相比较其晶粒没有明显粗化现象。图 4-19（b）为该退火工艺下奥氏体晶粒内部析出物的分布情况，可以观察到此时少量析出物在晶内呈不规则的弥散分布，而大部分析出物聚集在晶界处沿晶界分布。对其做能谱分析后发现，析出物的成分中 Nb、C、N、Fe 的含量均很高，推测为 Nb（C，N）。经过 950 ℃/4 min 退火工艺处理后的试样透射电镜照片如图 4-20 所示，可以发现晶粒尺寸进一步长大，并有退火孪晶生成。

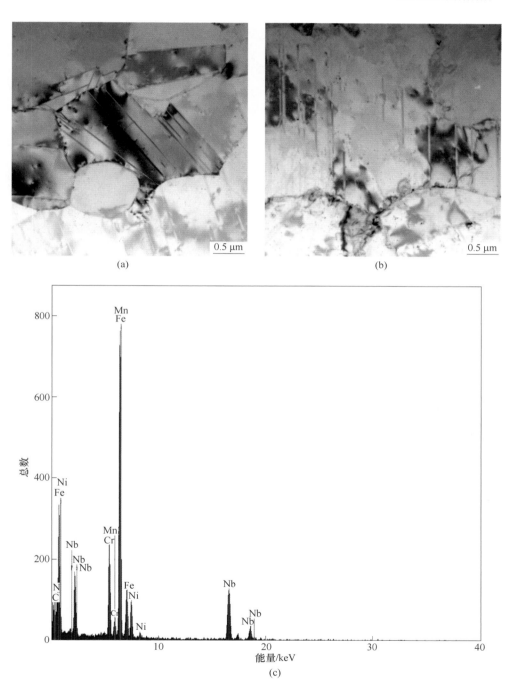

图 4-19　经 850 ℃/4 min 退火处理后的试样透射电镜照片与析出物能谱图

（a）微米级/亚微米级复合奥氏体晶粒结构组织；（b）析出物分布；（c）析出物能谱图

图 4-20 经 950 ℃/4 min 退火后试样透射电镜照片

（a）奥氏体晶粒；（b）退火孪晶

4.3.3 退火温度和时间对逆转变奥氏体力学性能的影响

图 4-21 是不同退火温度下保温 4 min 后 316L-Nb 不锈钢试样的硬度变化，可以看出，随着退火温度的升高，试样的硬度总体呈现快速下降的趋势。800 ℃时硬度（HV）还有 280.7，到 1000 ℃时只有 164.4。这是因为具有高硬度的马氏体在退火过程中逐渐转变为硬度较低的奥氏体的缘故，这也是退火能够软化材料的原因；并且试样的硬度随温度变化过程中并没有出现一个缓慢平台，而是基本呈一条下降的直线。

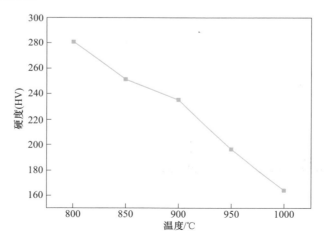

图 4-21 80%变形量不同温度下退火后试样的硬度（保温 4 min）

随后对 316L-Nb 不锈钢试样进行了拉伸实验测试其抗拉强度和延伸率，见表 4-5~表 4-7。可以看出，试样的抗拉强度是随着退火温度的升高、保温时间的延长而逐渐降低的；而延伸率则正好相反，退火温度越高、保温时间越长，退火后的试样延伸率越好。例如在 800 ℃ 时，试样的延伸率仅为 20.4%，这是因为组织没有完全转变为奥氏体，仍然存在加工硬化。此时的金相组织和 X 射线衍射谱图也显示了存在大量的冷变形带状组织和部分未转变的应变诱导马氏体。但是，经过 850 ℃、保温 4 min 的退火处理后，试样的延伸率得到了很大的改善。这是因为此时试样中奥氏体体积分数为 98.23%，接近 100%，见表 4-7。此时试样中基本全是奥氏体组织，后续不论升高保温温度还是增加保温时间，试样中的组织没有明显变化，所以此后的延伸率没有较大改变。但是，随着退火温度的升高和时间的延长，已经生成的奥氏体晶粒发生二次再结晶，部分晶粒异常长大；晶粒的粗化和高温下沿晶界析出的碳化物都将使抗拉强度明显下降，从而使得试样的综合力学性能降低。因此，需选择合适的退火温度和保温时间，将晶粒尺寸控制在所需的合适尺度范围，保证材料的综合力学性能。

表 4-5　80%冷变形试样不同退火处理后的抗拉强度　　　　（MPa）

保温温度/℃	保温时间/min		
	4	8	12
800	854.00	—	—
850	762.62	735.73	701.80
900	750.25	—	—
950	731.51	691.87	673.37
1000	693.83	671.50	659.33

表 4-6　80%冷变形试样不同退火处理后的延伸率　　　　（%）

保温温度/℃	保温时间/min		
	4	8	12
800	20.4	—	—
850	39.3	40.2	44.8
900	40.5	—	—
950	43.5	45.2	47.9
1000	46.7	48.1	51.2

表 4-7　80%冷变形试样不同退火处理后的奥氏体含量（体积分数）　（%）

保温温度/℃	保温时间/min		
	4	8	12
800	87.57	—	—
850	98.23	99.20	99.05
900	98.54	—	—
950	98.41	98.57	99.99
1000	99.03	99.22	99.99

4.3.4　Nb 在退火过程中的作用

退火过程是冷变形组织再结晶的过程，316L-Nb 试样和普通 316L 试样在晶粒尺寸大小、奥氏体含量、力学性能以及退火工艺的处理上都显示出了极大的不同。

首先，表现在晶粒尺寸大小和奥氏体含量上。Nb 在微合金钢中的作用与其碳氮化物的溶解和析出行为有关，因此主要表现出来的就是细化晶粒。Nb 在高温加热过程中以 Nb(C,N) 析出时能够通过质点钉扎晶界的机制阻止奥氏体晶界迁移，从而阻碍高温奥氏体晶粒长大，提高晶粒粗化温度；在再结晶区轧制过程中，固溶于奥氏体中的 Nb 原子与位错相互作用阻止晶界或亚晶界的迁移，而大冷变形量下 Nb(C,N) 颗粒大量析出，并在奥氏体晶界和亚晶界上集中分布，通过钉扎作用阻止晶界和亚晶界的迁移，从而阻碍奥氏体晶粒的长大，达到细化晶粒的效果。在未再结晶区控轧过程中，Nb(C,N) 析出物呈弥散状分布，成为相变非常好的形核中心，在细化晶粒过程中发挥重要作用。

其次，Nb 可以强烈影响组织的再结晶过程，从而影响退火工艺。Nb 虽然在钢中能固溶一部分，但是大部分形成细小的碳化物和氮化物聚集在晶界周边，抑制奥氏体晶粒的长大；其固溶温度根据式（4-8）和式（4-9）[153]计算可得。

$$\lg\left(\frac{\mathrm{Nb}\cdot\mathrm{C}}{x}\right) = 2.96 - \frac{7510}{T} \tag{4-8}$$

$$\lg\left(\frac{\mathrm{Nb}\cdot\mathrm{N}}{1-x}\right) = 3.70 - \frac{10800}{T} \tag{4-9}$$

由于在析出过程中 NbC 和 NbN 很少单独析出，一般互溶形成 $\mathrm{NbC}_x\mathrm{N}_{1-x}$，并且忽略对固溶度积影响很小的 Mo 元素作用，保证 Nb、C、N 元素的含量维持理想化学配比，计算可得 $x = 7.48 \times 10^{-9}$，$T = 1414.9\ ℃$。由于实验采用的温度区间为 800~1000 ℃，远低于计算温度，因此会有 Nb(C,N) 析出。

图 4-22 为析出物和基体的透射电镜照片及能谱图。图 4-22（a）中析出物大小在 20~60 nm 之间，在位错和晶界处分布均较为密集，在晶内则呈现无规则分

布。能谱分析结果也显示了析出物处 Nb 含量较高，而基体中 Nb 的含量峰在能谱图中未见。

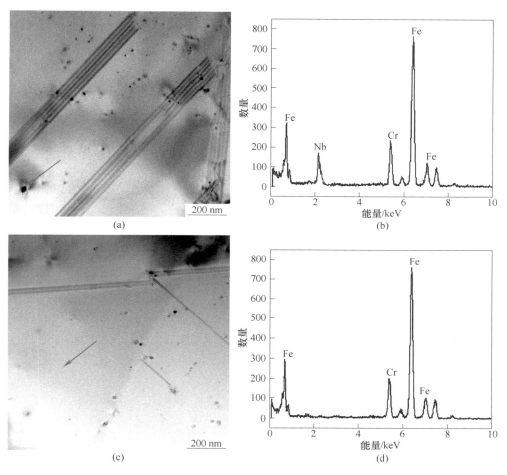

图 4-22 析出物和基体的透射电镜照片及能谱图

（a）（c）析出物 TEM 形貌；（b）（d）EDS 检测结果

在轧制过程中，Nb 的加入可提高再结晶温度，抑制奥氏体的再结晶，保持形变效果从而细化晶粒，也就是通常所说的来源于固溶原子产生的溶质阻碍（拖曳）作用和由于变形奥氏体内 Nb(C,N) 析出物的钉扎晶界。由于本实验中是常温中的冷变形，因而此处 Nb 的影响主要是钉扎作用。在热加工过程中，随着大冷变形量产生的应变诱导行为造成 Ti、V、Nb 的碳氮化物粒子优先析出，并在奥氏体的晶界、亚晶界和位错线上聚集，此时能够阻止晶界、亚晶界的移动和位错的运动，使生成的晶粒具有细小的尺寸。Nb 作为钢中强碳氮化物形成元素之一，在基体内可生成 NbC、Nb(C,N)、NbN 等物质。由于固溶 Nb 的原子半径比 Fe

大得多，因而具有强烈的拖曳晶界移动的能力。在再结晶过程中，由于 NbC、NbN、Nb(C,N) 对位错有强烈的钉扎作用，能够阻止亚晶界的迁移，因此再结晶的时间被大大延长，并且该效果随析出量的增加而更加明显。所以，Nb 的加入一方面提高了再结晶的温度，使再结晶过程在高温区进行（本实验中试样比未添加 Nb 试样获得同样奥氏含量所需温度提高 50～100 ℃）；另一方面还可加大未再结晶区的温度范围，有条件在相变前对奥氏体晶粒进行多道次的形变积累，为通过形变和相变充分细化铁素体晶粒创造条件，这也是 316L-Nb 试样在同等保温温度条件下需要更长的保温时间才能完成完全再结晶的原因。

4.4 Nb 对微米级/亚微米级复合晶粒结构的影响

奥氏体钢具备诸多优良特性，但是其退火后屈服强度下降的现象不利于结构钢方面的应用，因此，强化就成了现代奥氏体钢发展亟待解决的问题。细晶强化作为唯一能同时提高金属强度和韧性两方面性能的手段而被广泛应用。有研究表明，大冷变形量下应变诱导马氏体的产生，随后退火过程中马氏体逆转变为奥氏体可以得到微米级/纳米级复合结构，从而达到细晶强化的目的。然而，这种做法要满足三个条件，首先产生应变诱导马氏体，其次在退火过程中马氏体形态优先得到破坏，最后逆转变奥氏体晶粒粒径应尽可能控制在 1 μm 以下，以确保能得到该复合结构。第 2 章和第 3 章研究证明，对普通 316L 不锈钢试样进行 80%或更大变形量的冷变形处理后，试样中存在高密度的位错形成形变孪晶，随着位错的发展逐渐形成马氏体。当退火温度控制在 820～870 ℃ 之间时，试样中的组织和硬度相对稳定，微米级/纳米级复合晶粒组织得以保持。当温度继续升高时，奥氏体晶粒将继续长大，微米级/纳米级复合晶粒组织将逐渐消失。

图 4-23 为 316L-Nb 不锈钢试样在不同温度下退火后晶粒尺寸分布图。由图 4-23 （a）和（b）可知，在退火温度为 800 ℃、820 ℃ 保温时间为 4 min 时，试样中由于存在未转变的应变诱导马氏体和刚逆转变的奥氏体小晶粒，因此试样晶粒尺寸明显偏小，其 $d < 1$ μm 晶粒占比分别为 87.00%和 74.36%。而在图 4-23 （c）中 850 ℃ 退火后，试样中 $d < 1$ μm 的晶粒占比为 60.99%，且 $d > 1$ μm 的晶粒分布较为均匀，是较为理想的微米级/亚微米级复合晶粒分布占比。由图 4-23 （d）中则看到晶粒明显长大，$d < 1$ μm 的晶粒占比为 36.10%。显然 850 ℃ 为较为理想的退火温度。

将 316L-Nb 不锈钢退火试样和普通 316L 退火试样相比较，以两者都全部完成再结晶为例，相同的退火温度下（850 ℃），316L-Nb 试样所需的退火时间为 4 min，而普通 316L 试样则为 1 min；且此温度下，含 316L-Nb 试样中 $d < 1$ μm 的晶粒占比为 60.99%，略大于 316L 试样的 60%；316L-Nb 试样的晶粒峰值在

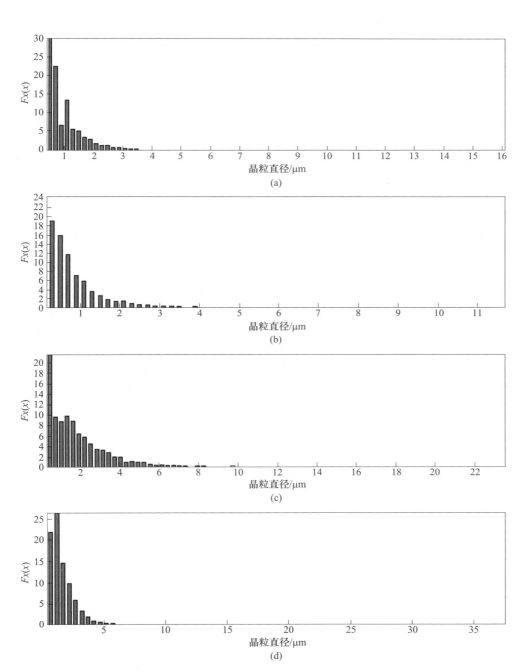

图 4-23　不同退火温度下试样的晶粒尺寸分布（保温 4 min）

（a）800 ℃；（b）820 ℃；（c）850 ℃；（d）950 ℃

100~200 nm 之间，明显小于普通 316L 试样 400 nm 的峰值。950 ℃时则更为明显，晶粒中 d<1 μm 的占比为 36.10%，明显大于 316L 试样的 25%，且峰值为 1~2 μm 之间，说明 Nb 在退火过程中细化晶粒的效果明显。316L-Nb 试样形成的微米级/纳米级复合奥氏体组织比普通 316L 试样在同等温度下形成的组织具有更细小的晶粒尺寸，可以保温更长时间，具有更加广泛的生产实用性。

根据式（4-8）和式（4-9）计算可得本实验成分情况下，Nb 在钢中完全固溶温度为 1414 ℃，远高于实验的温度区间，因此 Nb 基本以析出物的形式存在，如图 4-24 所示。对衍射斑进行标定，计算并对照能谱后确定该析出物为 NbC。

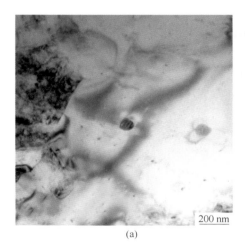
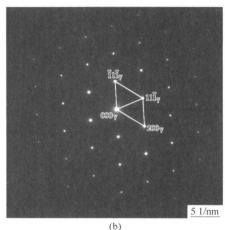

图 4-24　析出物透射电镜照片

（a）NbC 析出物；（b）衍射斑

使用 Themo-Calc 软件对 Nb 在钢中的析出行为进行分析，计算其析出曲线，如图 4-25 所示。可以看出，在本实验选取的退火温度区间内（800~1000 ℃），Nb 的析出总趋势是随着温度的升高而降低的，但是在 850~900 ℃之间，其析出物含量出现了一个短暂增加的过程。而在 500~800 ℃、1000~1200 ℃这两个温度区间内，Nb 的析出物含量则随着温度的升高一直下降，在 0~500 ℃之间保持平稳。该图也在一定程度上显示了 316L-Nb 试样在退火过程中 850 ℃、保温 4 min 为最佳退火工艺的原因。由于在 850~900 ℃之间 Nb 析出物含量随温度升高而略有增加，Nb(C,N) 等 Nb 的析出物在晶界的偏析会阻碍晶界的扩展和晶粒的长大，在一定程度上保证了晶粒细化的效果，而在 820 ℃时还有未转变的马氏体组织。因此 850 ℃的保温处理能得到完全的逆转变奥氏体晶粒，且因为析出物的阻碍，316L-Nb 不锈钢得到了比普通 316L 不锈钢同等温度退火条件下更加细小的奥氏体晶粒，保证了微米级/亚微米级复合奥氏体晶粒结构的存在。

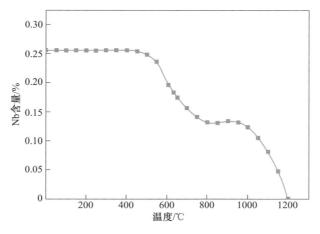

图 4-25 316L-Nb 试样中 Nb 含量随温度的析出曲线

4.5 本 章 小 结

（1）经过 40% 的冷变形以后，316L-Nb 不锈钢试样中出现了表示马氏体（200）和（211）的衍射峰，并且随着变形量的增大，应变诱导马氏体的含量逐渐增多，马氏体的衍射峰强度也越来越强。到 80% 的变形量下，试样中的马氏体含量（体积分数）为 67.42%。应变马氏体的含量基本与变形量呈线性关系。冷变形后，试样中晶粒沿轧向延长，呈长条状或者扁平型，且晶粒变形程度随压下量的增大而明显。当变形量达到 80% 时，组织中晶界模糊，晶粒难以辨认，组织中大部分呈现板条状的马氏体，且可以看到一定数量的孪晶和高密度的位错。实验证明，此时既存在板条状马氏体，同时也存在位错型马氏体，更有利于获得微米级/亚微米级复合结构。试样在较小的变形量下就会产生明显的加工硬化现象，40% 的变形量就可以使得材料的硬度（HV）从 154.5 增加到 304.4；随后的变形中，试样的硬度在不断增加，但是增加趋势渐渐缓慢，在 80% 变形量下试样的硬度（HV）为 432.1。抗拉强度也随着变形量的增大而增大，但是延伸率则明显降低，且都是在 40% 的变形量发生较大转变。316L-Nb 不锈钢试样的抗拉强度和硬度均随着冷变形量的增加呈现上升趋势，且基本为直线；但是，延伸率则随着变形量的增加而下降，并且在 40% 冷变形前后发生较大转变，下降趋势逐渐平缓。这是因为 Nb 的加入细化了晶粒，增加了材料的强度同时降低了塑性的结果。

（2）经过 800 ℃、保温 4 min 的退火处理后，冷变形组织没有发生完全的再结晶和奥氏体转变，此时的硬度（HV）为 280.7；820 ℃、保温 4 min 退火工艺处理后试样中仍然存在少量未转变的马氏体组织（此时奥氏体含量为 95.39%）；850 ℃、保温 4 min 的退火处理后试样中基本全部是奥氏体组织。随着保温温度进一步升高、时间进一步延长，试样中已经生成的奥氏体晶粒开始长大。温度达到 1000 ℃时，金相显微镜下观察到奥氏体晶粒明显，但是晶粒组织粗化严重。800 ℃、保温 4 min 的退火处理后粒径 $d \leqslant 0.5$ μm 的晶粒占 63.04%，粒径 $d >$ 0.5 μm 的晶粒占 36.96%，此时试样中存在充满缺陷的位错型马氏体，以及低位错密度的等轴状奥氏体晶粒；在 850 ℃、保温 4 min 处理后，试样中晶粒内部位错密度明显降低，且粒径 $d \leqslant 0.5$ μm 的晶粒占 24.74%，粒径 $d > 0.5$ μm 的晶粒占 75.26%，比 820 ℃时晶粒略有长大。X 射线衍射分析得知，当采取退火温度 850 ℃、保温 4 min 的处理工艺时，试样中几乎全是奥氏体组织，但是此时的组织比原始的奥氏体晶粒要明显细化，这是微米级/亚微米级逆转变奥氏体复合晶粒组织。在此基础上升高温度和延长时间，对奥氏体的含量影响不大。当退火温度达到 950 ℃时，试样中粒径 $d \leqslant 0.5$ μm 的晶粒占 16.56%，粒径 $d > 0.5$ μm 的晶粒占 83.44%，试样晶粒明显长大并粗化。

（3）力学性能显示，当温度低于 820 ℃时，组织中由于仍然存在一定量未转变的奥氏体，硬度较高，但是抗拉强度、屈服强度等力学性能参数均较低，且延伸率小，这是试样还保持部分冷加工硬化的影响未发生完全的再结晶回复过程造成的，因此综合力学性能不高。当温度高于 950 ℃时，虽然试样延伸率有较大升高，但晶粒粗化严重，而且由于微观组织发生二次再结晶，硬度、抗拉强度等力学性能均下降严重，同时伴随晶界上有较多碳化物和氮化物的析出，综合力学性能也不高。因此要得到具有良好力学性能的材料，温度应控制在 820~950 ℃之间，保温时间不能过长防止晶粒粗化。本实验成分情况下最佳的退火工艺为 850 ℃、保温 4 min，此时既能得到完全奥氏体化的组织，又能保证晶粒没有发生粗化，维持微米级/亚微米级复合奥氏体晶粒结构的存在。

（4）Nb 的加入显著提高了试样完全再结晶的温度区间，延长了再结晶所需的保温时间，使得再结晶可以在较高（大约比不含 Nb 试样退火温度提升 50~100 ℃）、较宽的时间范围内进行，同时细化晶粒效果明显；但是，其抗拉强度和屈服强度等参数较低。微米级/亚微米级复合奥氏体晶粒的控制技术关键在于控制冷变形后的应变诱导马氏体含量尽可能多，并且在随后的退火过程中使马氏体先行被破坏，形成的奥氏体具有很小的晶粒尺寸；退火过程应采取较低的保温温度和较少的保温时间，防止已经生成的晶粒长大，破坏微米级/亚微米级复合晶粒尺寸的存在。

（5）Nb 不仅能显著细化奥氏体原始晶粒，且能使退火后逆转变的奥氏体晶粒比普通 316L 不锈钢同等温度退火后的奥氏体晶粒具有更小的粒径，保证了微米级/亚微米级复合奥氏体晶粒的存在，延长了退火时间，具有更加广泛的生产实用性。Nb 在本实验中主要以析出物的形式存在，且在实验所选的退火温度区间内，850 ℃情况下 Nb 的析出物含量最多，此时微米级/亚微米级复合奥氏体晶粒尺寸对比最明显，力学性能也最佳，故选取为实验所得最佳退火方案。

5 304 奥氏体不锈钢的非均质组织调控技术及力学性能

304 不锈钢也是一种应用非常广泛的 Cr-Ni 系奥氏体不锈钢，具有良好的耐蚀性、耐热性，良好的低温强度；且冲压、弯曲等热加工性好，并具有良好的可焊性，无热处理硬化现象（使用温度 −196~800 ℃）；在大气中耐腐蚀，适合用于食品的加工、储存和运输；广泛应用于板式换热器、波纹管、家庭用品（类餐具、橱柜、室内管线、热水器、锅炉、浴缸），汽车配件（风挡雨刷、消声器、模制品），医疗器具，建材，化学，食品工业，农业，船舶部件等领域，是国家认可的食品级不锈钢。

由于世界范围内 Mo 元素的短缺及 316L 奥氏体不锈钢中镍含量更多，因此 316L 奥氏体不锈钢的价格比 304 不锈钢更昂贵。一般来说，304 与 316 不锈钢在抗化学腐蚀性能方面差别不大，在各种类型的水介质（蒸馏水、饮用水、河水、锅炉水、海水等）中，304 与 316L 奥氏体不锈钢的抗腐蚀性能几乎一样，只不过在某些特定介质下有所区别，例如，当介质中氯离子的含量非常高时，316L 不锈钢更合适。此外，304 与 316L 奥氏体不锈钢的各项力学性能也非常接近。因此，在常规的民用领域使用 304 奥氏体不锈钢不仅能满足各项腐蚀和力学性能要求，还能降低材料成本，提高经济效益。常见的 304 奥氏体不锈钢标示方法中有 06Cr19Ni10、S30408、SUS304 三种，其中，06Cr19Ni10 一般表示按照国标标准生产、S30408 一般表示按照 ASTM 标准生产、SUS304 一般表示按照日标标准生产，表 5-1 ~ 表 5-4 为常见的 304 奥氏体不锈钢化学成分。其中，表 5-1 为 ASTM A276 标准，适用于棒材及型材；表 5-2 为 ASTM A240 标准，适用于板材、片材及带材；表 5-3 为 JIS G4305 标准，适用于冷轧后板材、片材及带材；表 5-4 为 JIS G4303 标准，适用于不锈钢棒。

表 5-1 ASTM A276 标准奥氏体不锈钢的化学成分

成分	C	Mn	P	S	Si	Cr	Ni
质量分数/%	≤0.08	≤2.00	≤0.045	≤0.030	≤1.00	18.0~20.0	8.0~11.0

表 5-2 ASTM A240 标准奥氏体不锈钢的化学成分

成分	C	Mn	P	S	Si	Cr	Ni	N
质量分数/%	≤0.07	≤2.00	≤0.045	≤0.030	≤0.75	17.5~19.5	8.0~10.5	≤0.10

表 5-3　JIS G4305 标准奥氏体不锈钢的化学成分

成分	C	Mn	P	S	Si	Cr	Ni
质量分数/%	≤0.08	≤2.00	≤0.045	≤0.030	≤1.00	18.0~20.0	8.0~10.5

表 5-4　JIS G4303 标准奥氏体不锈钢的化学成分

成分	C	Mn	P	S	Si	Cr	Ni
质量分数/%	≤0.08	≤2.00	≤0.045	≤0.030	≤1.00	18.0~20.0	8.0~10.5

5.1　冷变形前 304 奥氏体不锈钢的组织特征

实验材料为普通商用 304 奥氏体不锈钢板，初始厚度为 7.9 mm。对该不锈钢板进行固溶处理，可使钢板含有的碳化物及合金元素充分均匀地溶解到奥氏体中，获得较纯的奥氏体组织，为后续实验提供良好综合性能的不锈钢材料。1050 ℃/12 min 固溶处理时，碳化物溶解较为彻底，退火孪晶的含量也较少，钢板综合性能较为优异。固溶处理态的组织为单一的奥氏体组织，此时延伸率非常高，为 69.8%。从图 5-1 可以看出，奥氏体晶粒较为粗大，晶粒尺寸在 20 ~ 40 μm 之间。

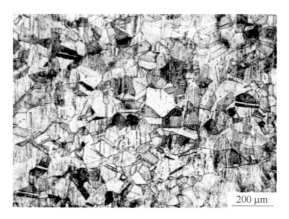

200 μm

图 5-1　经 1050 ℃/12 min 固溶处理后试样的金相组织

固溶态 304 奥氏体不锈钢显微组织的透射电镜照片如图 5-2 所示，可以看出固溶态奥氏体中具有较多的堆垛层错，间距约为 250 nm，如图 5-2（a）所示。除了较多的层错外，从图 5-2（b）中还发现晶体中含有大量的孪晶和位错。经 1050 ℃/12 min 固溶处理后钢板的抗拉强度为 733 MPa，延伸率为 69.8%，由此可见 304 奥氏体不锈钢的延伸率虽然较高，但其抗拉强度较低，因而强塑积较低，综合力学性能较差。因此，本章通过对 304 奥氏体不锈钢进行一系列冷变形及退火实验获得非均质结构组织来提高其综合力学性能。

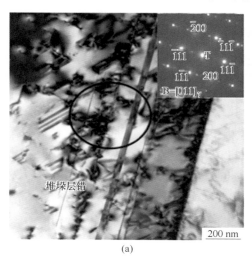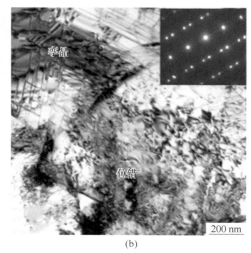

图 5-2　经 1050 ℃/12 min 固溶处理后试样的 TEM 照片
（a）层错；（b）孪晶及位错

5.2　冷变形对 304 奥氏体不锈钢应变诱导马氏体相变的影响

5.2.1　冷变形量与应变诱导马氏体含量的关系

对固溶处理后的 304 奥氏体不锈钢板进行酸洗处理，是为了去除钢板表面的氧化铁皮，防止其被轧入钢板内部，从而影响后续实验钢板的力学性能。利用四/二辊双机架冷轧试验机（ϕ430 mm）对酸洗后的钢板分别进行不同冷变形量（20%、40%、60% 和 80%）的变形。冷轧时应考虑钢板会发生加工硬化现象，轧制力会随着轧制道次的增加而显著增大，同时需要考虑轧机的轧制能力及电机负荷，每道次的轧制压下率也应逐步降低。为获得较平整的钢板，最后道次的轧制压下率也要小，以防止获得翘曲的钢板。经过固溶处理后的不锈钢钢板总厚度约为 7.9 mm，冷变形总压下率与轧后最终厚度的关系为：20%-6.33 mm、40%-4.73 mm、60%-3.18 mm、80%-1.58 mm。

试样冷变形前后的 X 射线衍射谱图如图 5-3 所示，固溶处理态的 304 不锈钢试样只有三个奥氏体峰（fcc），分别为 $(200)_\gamma$、$(220)_\gamma$ 和 $(311)_\gamma$，由此可知经过固溶处理后的试样，其微观组织为单相奥氏体组织。经冷变形后试样出现了两个马氏体峰（bcc），分别为 $(200)_\alpha$ 和 $(211)_\alpha$。冷变形后的组织由奥氏体和马氏体组成，且由衍射峰相对强度可以看出，随着冷变形量的增大，马氏体含量逐渐增多，奥氏体含量逐渐减少。用MDI jade5.0数据统计软件测得不同变形量下应变诱导马氏体含量见表5-5，其中80%冷变形试样的应变诱导马氏体含量最高，约为83.20%。

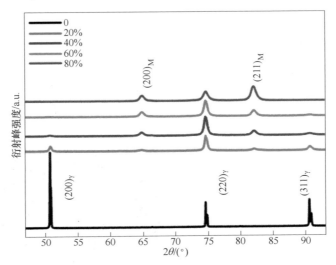

图5-3　冷变形前后试样的X射线衍射谱图

表5-5　冷变形前后试样的应变诱导马氏体含量　　　　　　　　　　（%）

冷变形量	应变诱导马氏体含量（体积分数）
0	0
20	28.51
40	62.23
60	70.04
80	83.20

5.2.2　冷变形对应变诱导马氏体形态、尺寸、分布的影响

不同冷变形程度的304奥氏体不锈钢板显微组织如图5-4所示，轧制方向为竖直方向。由图5-4（a）可以看出，经20%变形后，组织中晶粒已有一定程度变形，奥氏体晶粒中出现针状马氏体。图5-4（b）中，冷变形量为40%时，晶粒沿着轧制方向被明显拉长，各晶粒的变形也呈现出不均匀性，部分晶粒内部出现了板条状马氏体。冷变形量增大到60%时，如图5-4（c）所示，出现马氏体簇，晶粒的变形程度加剧，晶粒沿轧制方向伸长。图5-4（d）中，冷变形量为

80%时，部分板条状马氏体在大变形条件下被打碎，从而出现奥氏体相和马氏体相相互交叉的现象，两相的晶界不明显，整体呈现纤维状组织。

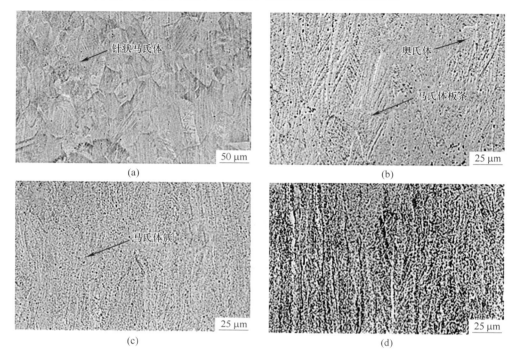

图 5-4　冷变形后试样的微观组织

（a）20%；（b）40%；（c）60%；（d）80%

图 5-5 为钢板试样冷变形量 20%透射电镜照片，在图 5-5（a）中变形组织出现剪切带，而马氏体就是在这种没有交叉的单一剪切带上形核的。马氏体在长条状剪切带上不断形核，聚集成板条状马氏体，这与 Lee 的研究结果一致[154]。马氏体的这种形核机制被许多研究者认可，因为大多数的马氏体都是直接从单一剪切带形核而成[155]。图 5-5（b）中除了看到剪切带之外，还有形变孪晶。

图 5-6 为钢板试样冷变形量 40%透射电镜照片，从图 5-6（a）中发现马氏体仍然存在残余的奥氏体组织，图 5-6（b）的 40%冷变形组织中仍然存在较多的奥氏体及孪晶。图 5-6（a）中有一部分马氏体沿着奥氏体的晶界形核，沿着奥氏体晶界形核的马氏体仍然为板条状马氏体，但是这部分马氏体板条宽度更宽，延伸长度短一些。这进一步表明，40%的冷变形量还不足以获得晶粒细小的马氏体组织。研究者认为，只有达到奥氏体向马氏体转变的饱和状态，加大冷变形程度破坏晶粒的结构，才能获得更加细小的马氏体组织。因此，40%的冷变形量还不足以提供马氏体转变的能量，在后期退火过程中也无法提供足够多的形核址来形成细小的超细晶粒。

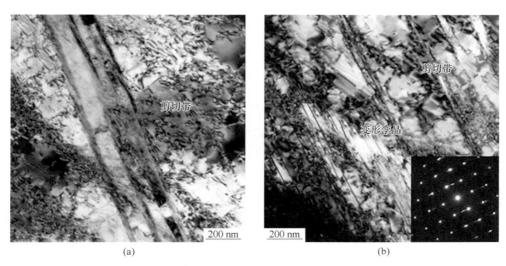

(a)   (b)

图 5-5 冷变形量为 20%试样的 TEM 照片
(a) 剪切带；(b) 孪晶和剪切带

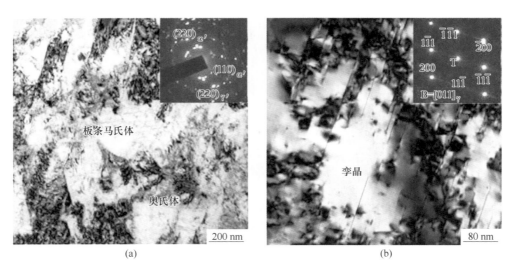

(a)   (b)

图 5-6 冷变形量为 40%试样的 TEM 照片
(a) 板条状马氏体；(b) 孪晶

　　图 5-7 为钢板试样冷变形量 60%的 TEM 照片，在图 5-7 (a) 中仍然能看到剪切带，但比 20%冷变形量中看到的剪切带细小，这是由于马氏体在剪切带上形核。图 5-7 (b) 和 (c) 中能看到板条状马氏体，图 5-7 (b) 中的马氏体沿着轧制方向被拉长，马氏体板条宽度约为 100 nm，但 5-7 (c) 中的马氏体宽度约为 200 nm；这说明 60%冷变形量的钢板中仍然有部分马氏体结构没有被破坏掉，还

存在粗大的马氏体板条，这会导致后期退火过程中马氏体回复形成粗大的奥氏体组织，降低材料的综合力学性能。

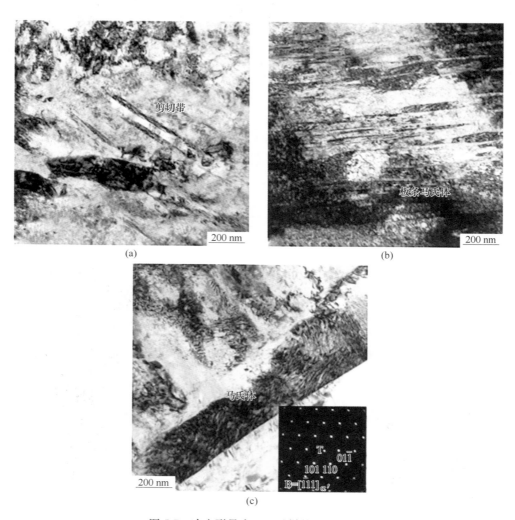

图 5-7　冷变形量为 60% 试样的 TEM 照片
（a）孪晶；（b）板条状马氏体；（c）粗大马氏体

　　图 5-8 为钢板试样冷变形量 80% 的 TEM 照片。在图 5-8（a）中看到沿轧制方向均匀的板条状马氏体组织，板条宽度约为 100 nm，比 60% 冷变形量下得到的马氏体板条宽度要小，图 5-8（b）为双光束条件下图 5-8（a）的放大图。图 5-8（c）中两条马氏体板条中间为奥氏体组织，进一步证明马氏体在剪切带上形核。对比图 5-8（a）和（d），可以看出两种组织均为马氏体组织，图 5-8（a）

为板条状马氏体，图 5-8（d）为位错胞型马氏体，大变形可以破坏板条状马氏体结构形成细小的板条状马氏体，最终形成位错胞型马氏体。有研究表明，大变形形成的滑移带可能是板条状马氏体形成位错胞型马氏体的原因[155-156]。Misra 等人[157]认为，这两种形态的马氏体一般在变形达到饱和状态形成，进一步的变形只是改变两者的体积分数。研究者认为，在相同的退火时间下得到的回复奥氏体的含量在大变形下较多，这意味着位错胞型马氏体中含有更多的形核址，所以在退火过程中要获得细小的奥氏体组织，马氏体的形态尤为重要[158]。

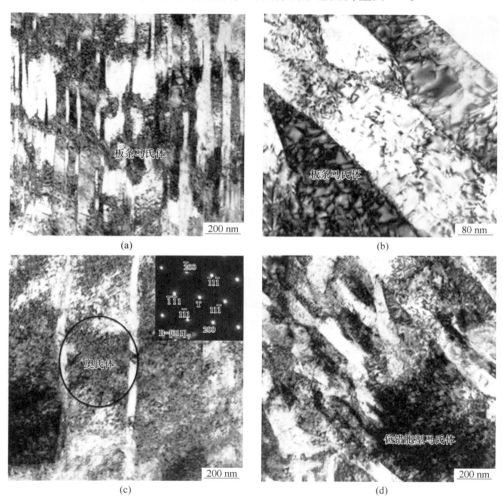

图 5-8　冷变形量为80%试样的 TEM 照片

（a）板条状马氏体；（b）图（a）的局部放大图；（c）板条状马氏体中的残余奥氏体；（d）位错胞型马氏体

　　304 不锈钢变形过程中，产生了形变孪晶，形变孪晶会阻碍位错运动，当变形量增大时，位错会不断增殖，此时形变孪晶与位错间产生更大的交互作用，从而使流变应力不断增加；在外界的机械驱动力和内部的化学驱动力共同作用下，总的驱动力达到临界值而产生马氏体相变，马氏体含量的增加使材料的强度增加。综上所述，不锈钢的加工硬化是 α-马氏体或形变孪晶与位错塞积共同作用的结果。

5.2.3 冷变形后 304 奥氏体不锈钢的宏观力学性能

对 304 奥氏体不锈钢不同冷变形程度的试样进行拉伸，每种冷变形钢板选取 3 个拉伸试样，所有拉伸试样均在标距中心范围内断裂，冷变形前后的应力-应变曲线如图 5-9 所示。从图 5-9 可以看出，冷变形前的不锈钢具有良好的塑性，当变形量达到 40% 时，延伸率显著减小，进一步增大冷变形量，强度值增大，延伸率进一步减小。图 5-10 为冷变形前后试样拉伸时屈服强度、抗拉强度和延伸率随冷变形量的变化曲线。试样的屈服强度和抗拉强度随着冷变形量的增大而增大，延伸率却在减小，这说明此时 304 不锈钢内部已经产生了加工硬化。从图 5-10 可以看出，随着冷变形量的增大，屈服强度和抗拉强度的差值在缩小，表 5-6 中的屈强比由 0.35 增大到 0.96。

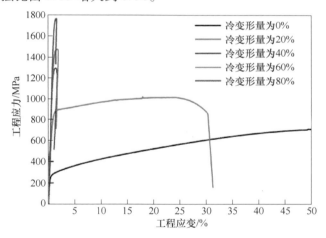

图 5-9 冷变形前后试样的应力-应变曲线

表 5-6 冷变形前后试样的综合力学性能

冷变形量/%	R_m/MPa	R_p/MPa	延伸率/%	硬度（HV）	R_p/R_m	R_m/硬度
0	733±25	253±22	69.8±2	183±3	0.35	4.00
20	1024±30	720±20	31.4±1.5	342±8	0.70	3.00
40	1276±35	1187±40	8.6±3	413±9	0.93	3.09
60	1476±22	1371±50	5.3±3	450±10	0.93	3.28
80	1762±28	1694±30	2.5±2.5	504±7	0.96	3.50

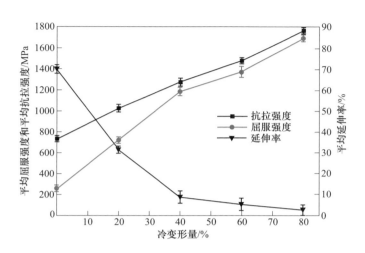

图 5-10 冷变形前后试样的力学性能变化

图 5-11 为冷变形前后试样中应变诱导马氏体含量和维氏硬度变化曲线，每一个硬度点的数值取沿着轧制方向 20 个硬度点的平均值。20% 的变形量使得硬度（HV）从 183 增加到 342，说明冷变形较小时，产生了一定程度的加工硬化现象。当冷变形量从 20% 增加到 80% 时，试样的硬度呈直线上升。典型的面心立方金属材料的加工硬化率一般随着冷变形量的增加而减小，最后趋近于零，而不锈钢中出现的硬度值持续上升的现象说明材料内部产生了持续的强化效应[159]。从表 5-6 的数据发现，平均抗拉强度值是平均硬度值的 3~4 倍，在 origin 中进行线性拟合如图 5-12 所示，拟合后的方程为：

$$y = 3.1x + 82.3 \tag{5-1}$$

式中，y 为平均抗拉强度值；x 为平均硬度值。

式（5-1）中的斜率 3.1，说明式（5-1）能一定程度上说明平均抗拉强度增加的速率近似等于平均硬度增加的速率。

不锈钢在变形过程中会发生应变诱导马氏体相变[99]。奥氏体相首先发生塑性变形，产生的滑移带交错成为 α'-马氏体的形核点[160]。根据 Huang 等人 1989 年提出的两相材料的混合定律[161]，其公式如下：

$$\sigma_\Sigma = \sigma_1 V_1 + \sigma_2 V_2 \tag{5-2}$$

式中，σ_1 和 V_1 分别为马氏体的强度和体积分数；σ_2 和 V_2 分别为残余奥氏体的强度和体积分数。

式（5-2）说明奥氏体逐渐向马氏体转变，不锈钢的强度会逐步增大，结合图 5-11 和图 5-12 也能很好地说明这一点。

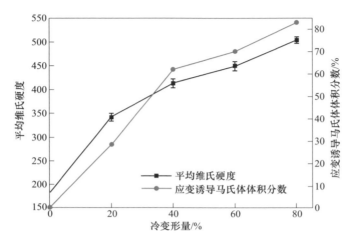

图 5-11 冷变形量与应变诱导马氏体含量和硬度的关系曲线

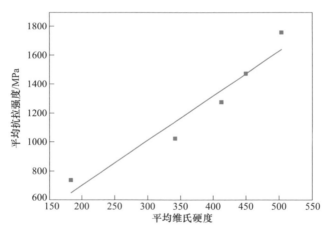

图 5-12 平均抗拉强度与平均硬度之间的关系

5.3 退火过程中 304 奥氏体不锈钢非均质组织的形成

沿轧制方向将 304 奥氏体不锈钢冷轧板加工成 220 mm×70 mm 的试样，使用 CCT-AY-Ⅱ型连续退火模拟试验机对其进行退火实验研究。综合考虑加热速率、保温时间、保温温度、冷却速率四个因素，退火工艺流程图如图 5-13 所示，加热速率约为 30 ℃/s，加热温度设定为 700~950 ℃，保温时间设定在 10~100 s，随后以 50 ℃/s 的冷却速率使用液氮冷却至室温。

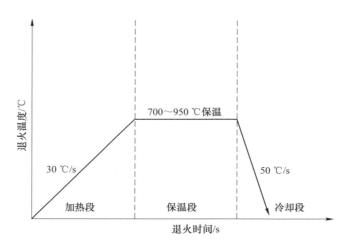

图 5-13 试样的退火工艺流程图

5.3.1 变形量对退火过程中非均质组织晶粒尺寸的影响

选取 304 奥氏体不锈钢经 40%、60%、80%变形量的冷轧试样进行 850 ℃/60 s 退火研究，其退火处理后的 SEM 照片如图 5-14 所示。由该图可知，冷变形量越大，经过相同条件退火后，晶粒尺寸越小。随后选取变形量为 40%、60%、80%冷轧试样进行 950 ℃/100 s 退火研究，其退火处理后的 SEM 照片如图 5-15 所示。与图 5-14 相比可知，温度越高，冷变形量对回复奥氏体晶粒尺寸的影响越明显，冷变形量为 80%的逆转变奥氏体晶粒较 40%冷变形量的逆转变奥氏体要小得多，主要是因为小变形量下有部分残余奥氏体在退火条件下发生长大从而呈现更大晶粒尺寸，而大变形量下将获得含量更多的应变诱导马氏体，在退火过程中为奥氏体的回复提供更多的形核址，从而得到更细小的逆转变奥氏体晶粒。通过对比实验认为，选取冷变形量为 80%的试样进行后续的退火实验研究较为合理。

5.3.2 退火温度对非均质组织晶粒尺寸的影响

对冷变形量为 80%的试样进行退火处理，温度区间为 700~950 ℃，时间为 60 s。对退火处理的试样进行 XRD 分析，实验结果如图 5-16 所示。用 MDI jade5.0 数据统计软件测得不同退火温度处理的奥氏体含量，见表 5-7，在 700 ℃/60 s 时，γ 含量约为 64.96%；经 750 ℃/60 s 退火后，γ 含量已经达到 98.82%，说明升高温度，大部分 γ 发生了回复转变；当退火温度为 850 ℃时，γ 含量接近 100%含量。

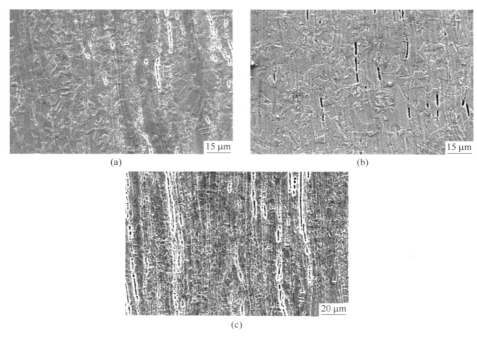

图 5-14　不同冷变形量的试样经 850 ℃/60 s 退火处理后的 SEM 图片
（a）40%；（b）60%；（c）80%

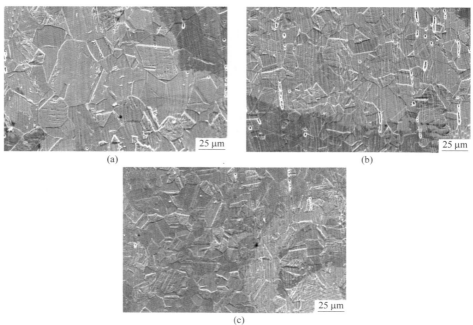

图 5-15　不同冷变形量的试样经 950 ℃/100 s 退火处理后的 SEM 图片
（a）40%；（b）60%；（c）80%

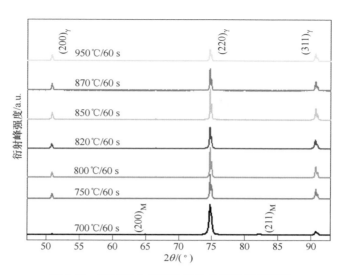

图 5-16　不同退火温度试样的 X 射线衍射谱图

表 5-7　不同退火温度处理后试样的奥氏体含量

退火温度/℃	奥氏体含量（体积分数）/%
700	64.96
750	98.82
800	99.19
820	99.19
850	99.51
870	99.83
950	99.91

对 800~950 ℃的退火试样进行 EBSD 分析，不同退火试样的微观组织如图 5-17 所示。利用 CHANNEL-5 软件包对奥氏体晶粒进行统计，所得结果见表 5-8。退火条件为 800 ℃/60 s 试样的晶粒取向图如图 5-17（a）所示，由表 5-8 可知，γ 直径 $d \leqslant 500$ nm 的晶粒占比为 44.86%，γ 直径 $d > 0.5$ μm 的晶粒占比约为 55.14%；与固溶处理态的奥氏体晶粒相比，晶粒尺寸明显缩小。图 5-17（c）为 850 ℃/60 s 退火试样的 EBSD 取向图，其中 γ 直径 $d \leqslant 500$ nm 的晶粒占比约为 41.84%，γ 直径 $d > 0.5$ μm 的晶粒占比约为 58.16%；与 800 ℃的试样相比，γ 晶粒有长大的趋势，微米级尺度的晶粒占比逐渐增大。图 5-17（f）为 950 ℃/60 s 退火试样的 EBSD 取向图，此时 γ 直径 $d \leqslant 500$ nm 的晶粒占比为 13.62%，γ 直径 $d > 0.5$ μm 的晶粒占比约为 86.38%，晶粒已经变得很粗大，这是由于高温奥氏体晶粒再结晶完成后发生晶粒长大的结果，但此时试样由于晶粒粗大而力学性能降

低。因此在 $\alpha' \to \gamma$ 过程中，退火温度不能太高，否则晶粒会长大，导致其综合力学性能下降。在本研究中，经过退火处理可以得到不同晶粒分布的非均质复合组织，但考虑奥氏体晶粒的尺寸分布，温度在 820~850 ℃ 范围内得到的非均质复合组织分布较为良好，退火温度过高，晶粒比较粗大，而温度较低，晶粒没有发生完全再结晶。

图 5-17　不同退火温度下试样的微观组织（保温时间 60 s）
（a）800 ℃；（b）820 ℃；（c）850 ℃；（d）870 ℃；（e）900 ℃；（f）950 ℃

表 5-8 奥氏体晶粒尺寸占比与退火温度之间的关系 （%）

退火工艺参数		奥氏体晶粒直径		
温度/℃	时间/s	$d \leqslant 0.5 \ \mu m$	$0.5 \ \mu m < d \leqslant 1.0 \ \mu m$	$d > 1.0 \ \mu m$
800	60	44.86	30.51	24.63
820	60	43.27	27.28	29.45
850	60	41.84	26.42	31.74
870	60	25.36	24.43	50.21
900	60	19.29	24.19	56.52
950	60	13.62	21.67	64.71

5.3.3 退火时间对非均质组织晶粒尺寸的影响

冷变形量为 80% 的试样在 850 ℃下进行保温时间分别为 10 s、60 s、100 s 的退火处理。图 5-18（a）为冷变形量 80% 的试样经 850 ℃/10 s 退火处理后的 SEM 照片，由图可知，冷变形组织中晶粒的再结晶过程并不完全，部分马氏体没有完

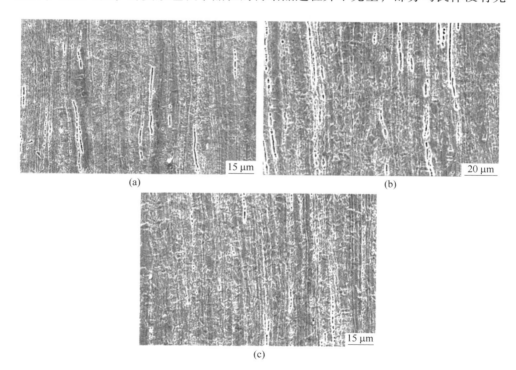

图 5-18 850 ℃下不同保温时间冷变形量 80% 退火后试样的微观组织

（a）10 s；（b）60 s；（c）100 s

全逆转变为奥氏体，说明保温时间太短，马氏体没有足够时间回复成奥氏体。图 5-18（b）为冷变形量 80% 的试样经 850 ℃/60 s 退火处理后的 SEM 照片，由图可知，冷变形后的纤维状组织经过退火处理逆转为了等轴状的奥氏体晶粒，经 XRD 分析可知此时的奥氏体体积分数接近 100%，冷变形的试样经过退火处理已全部回复成奥氏体组织，说明此时已发生完全再结晶，此时若升高温度或延长保温时间，γ 晶粒将进一步长大，甚至长大成粗晶。但在图 5-18（c）中，可能由于退火温度不高，γ 晶粒长大的现象不是非常明显。图 5-19 为冷变形量为 80% 的试样在 900 ℃ 下进行保温时间分别为 10 s、60 s、100 s 退火处理后的 SEM 照片，经 900 ℃/10 s 退火处理后的试样与 850 ℃/10 s 的试样相似，如图 5-19（a）所示，冷变形组织的再结晶过程并不完全，部分应变诱导马氏体没有完全回复为奥氏体组织。但从图 5-19（b）和（c）中可看出，当试样的退火时间由 60 s 增至 100 s 时，回复奥氏体晶粒出现明显长大的现象，这与 850 ℃ 相同条件下的现象不同，说明退火温度越高，增加退火时间，晶粒长大的可能性越大，这一点在图 5-20 中得到验证。图 5-20 为冷变形量为 80% 的试样在 950 ℃ 下进行保温时间分别为 60 s、100 s 退火处理后的 SEM 照片，晶粒已经变得很粗大。

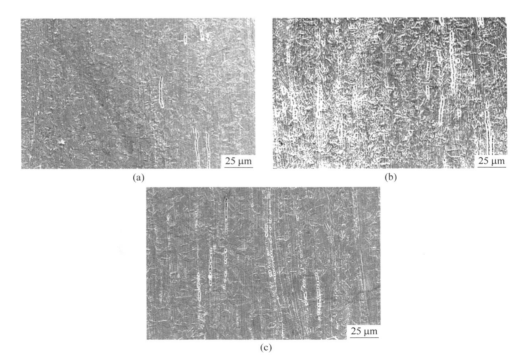

(a)　(b)　(c)

图 5-19　900 ℃ 下冷变形量 80% 退火后试样的微观组织

(a) 10 s；(b) 60 s；(c) 100 s

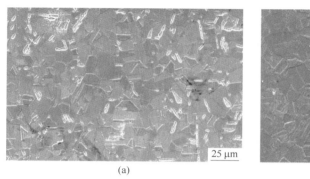
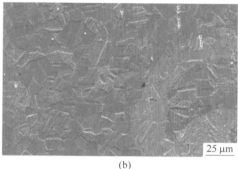

(a)   (b)

图 5-20   950 ℃下冷变形量80%退火后试样的微观组织

(a) 60 s；(b) 100 s

5.3.4 非均质组织晶粒内部的位错组态特征

经 700 ℃/60 s 退火处理后的试样透射电镜照片如图 5-21（a）所示，经此退火条件后回复奥氏体含量为 64.96%，未发生转变的马氏体含量为 35.04%。经 750 ℃/60 s 退火处理后的试样透射电镜照片如图 5-21（b）所示，根据 XRD 衍射谱图分析可知，试样中仍有 1.18% 的马氏体相未发生转变。这说明在 700~750 ℃ 温度区间发生的回复过程并不完全，如图 5-21（a）和（b）中圆圈标注所示。冷变形量为 80% 试样 800 ℃ 退火温度下的 TEM 照片如图 5-22 所示，冷变形得到的板条状马氏体经过退火转变为奥氏体颗粒，发现奥氏体沿着马氏体板条晶界转变

(a)   (b)

图 5-21   冷变形量为80%试样不同退火温度下的 TEM 照片（保温60 s）

(a) 700 ℃；(b) 750 ℃

形核，但得到的奥氏体晶粒组织有缺陷，呈不完全等轴形状，这表明此时晶粒内的相变已经完成，但奥氏体的再结晶并不完全。退火后的晶粒含有大量的层错、孪晶和位错，由此进一步证明退火后的回复机制为剪切回复机制，是因为扩散控制的回复机制需要在低密度的位错下进行奥氏体形核及长大。图 5-22（c）为退火后的大角度晶界晶粒。

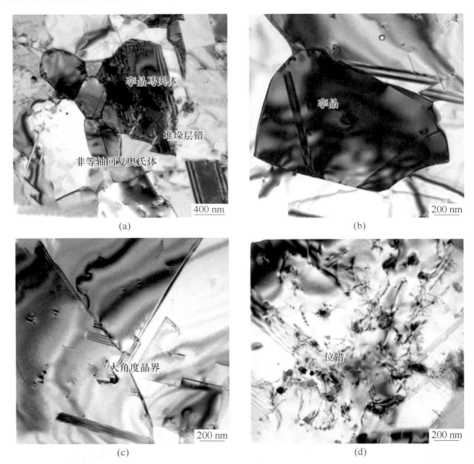

(a)　　　　　　　　　　　(b)

(c)　　　　　　　　　　　(d)

图 5-22　冷变形量为 80% 试样 800 ℃ 退火温度下的 TEM 照片

(a) 奥氏体；(b) 孪晶；(c) 大角度晶界；(d) 位错

图 5-23 为退火温度提升到 850 ℃ 时，晶粒中仍然存在大量的层错和孪晶，位错密度降低，这是由于马氏体逆转变成奥氏体，板条状马氏体含量降低的原因。Misra 等人[156] 认为，奥氏体在马氏体板条的晶界上形核，或者形核发生在板条马氏体的内部，最终形成魏氏体，这些魏氏体平行于 $\{111\}_\gamma$ 和 $\{110\}_\alpha$ 晶面。沿着马氏体板条晶界形核长大的奥氏体为各向等轴形状，如图 5-23（a）所

示。当退火温度达到 900 ℃，如图 5-24 所示，奥氏体晶粒出现粗化现象，层错和孪晶减少，退火温度的升高会导致晶粒尺寸变大，以切变的形式在相对小的温度范围内发生回复，当温度进一步升高时，晶粒进一步长大。

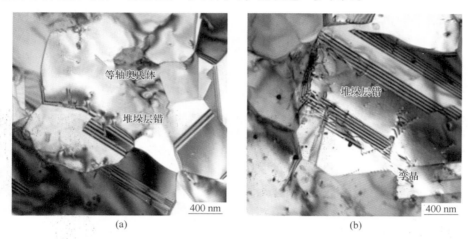

(a)　　　　　　　　　　　　　　　(b)

图 5-23　冷变形量为 80% 试样 850 ℃退火温度下的 TEM 照片

(a) 奥氏体及层错；(b) 层错及孪晶

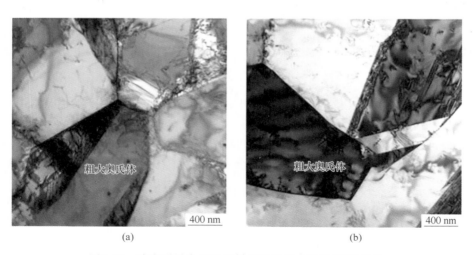

(a)　　　　　　　　　　　　　　　(b)

图 5-24　冷变形量为 80% 试样 900 ℃退火后的 TEM 照片

(a) 粗大奥氏体；(b) 层错及孪晶

5.4　304 奥氏体不锈钢的非均质组织形成机制

图 5-25 (a) 为冷变形量 80% 试样在 700 ℃退火温度下的 TEM 照片，奥氏体

在马氏体板条的边界形核，如图中标注所示，这与 Misra 的研究结果一致。图 5-25（b）为冷变形量 80% 试样在 750 ℃退火温度下的 TEM 照片，奥氏体优先在位错胞型马氏体中形核，这主要是因为高密度位错的位错胞型马氏体更容易为奥氏体逆转变提高形核址。奥氏体逆转变后发生晶粒长大，此时形成非均质结构复合组织，随后奥氏体在板条状马氏体上形核继而形成非均质结构的 304 不锈钢。变形板条状马氏体的边界由位错边界和几何边界组成，但超细晶粒在几何边界优先形核。因此，冷变形后的 304 不锈钢经过退火处理首先在位错型马氏体上形核，然后在板条马氏体的几何边界形核。

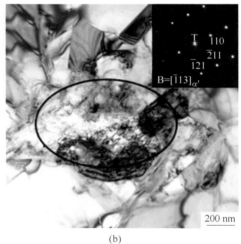

(a)   (b)

图 5-25　不同温度退火后试样的 TEM 微观组织照片

(a) 700 ℃/60 s；(b) 750 ℃/60 s

图 5-26（a）为冷变形量 80% 试样 800 ℃退火温度下的 TEM 照片，冷变形得到的板条状马氏体经过退火转变为奥氏体颗粒，发现奥氏体沿着马氏体板条晶界转变形核，但得到的奥氏体晶粒组织有缺陷，呈不完全等轴形状，这表明此时晶体内的相变已经完成，但奥氏体的再结晶并不完全。退火后的晶粒含有大量的层错、孪晶和位错，由此进一步证明退火后的回复机制为剪切回复机制，因为扩散控制的回复机制需要在低密度的位错下进行奥氏体的形核及长大。孪晶一般不在有缺陷的奥氏体中产生，304 奥氏体不锈钢中的堆垛层错一般在 ｛111｝晶面上产生。800 ℃下的退火结构是混合回复晶粒，图 5-26（a）中包含变形的残余奥氏体晶粒和马氏体板条。图 5-26（b）中退火温度提升到 850 ℃时，晶粒中仍然存在大量的层错和孪晶，通过观察发现晶粒内部位错密度降低，可能是由于马氏体回复成奥氏体，使得板条状马氏体含量降低。Misra 等人认为，奥氏体在马氏体板条的晶界上形核，或者形核发生在板条马氏体的内部，最终形成魏氏体，这

些魏氏体平行于 $\{111\}_\gamma$ 和 $\{110\}_\alpha$ 晶面,沿着马氏体板条晶界形核长大的奥氏体为各向等轴形状。

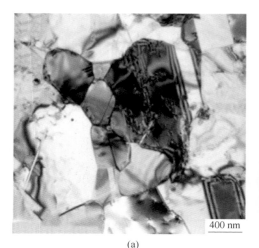 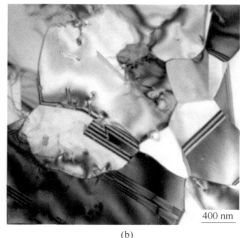

图 5-26 冷变形量为 80% 试样退火后的 TEM 照片

(a) 退火温度为 800 ℃;(b) 退火温度为 850 ℃

5.5 非均质结构 304 奥氏体不锈钢的力学性能

在不同退火温度条件下试样的应力-应变曲线如图 5-27 所示,相关的力学性能数据如图 5-28 所示,其中屈服强度实验误差为 0~4%。综合图 5-27 和图 5-28 可知,经过不同温度退火后试样的应力-应变曲线随着退火温度的升高而发生不同的变化。由图 5-28 可知,随着温度的升高,强度降低,延伸率升高,从 8% 上升到 63%。同时,屈服强度和抗拉强度的差距也随温度的升高而增大。在图 5-28 中,退火温度为 700 ℃ 时,延伸率较小,但仍具有加工硬化现象,这是由于 700 ℃ 下应变诱导马氏体还有大部分未转变成奥氏体。退火温度为 750 ℃ 时,延伸率迅速增大到了 43.3%;与 700 ℃ 的试样相比,其力学性能得到了明显提高,强塑积由 9487 MPa·% 增大到 38234 MPa·%,见表 5-9。这主要是由于退火温度升高,应变诱导马氏体大部分回复成了奥氏体晶粒,并且晶粒尺寸基本处于微米/纳米尺度,从而达到了延伸率增加,且同时具有较高的抗拉强度。当退火温度为 850 ℃ 时,强塑积为 44083 MPa·%,可见升高温度 304 不锈钢的力学性能仍在提高,回复奥氏体含量接近 100%;同时与 750 ℃ 相比,此时的 304 不锈钢具有更好的强塑性结合,其抗拉强度相差不大,但延伸率为 51.2%。

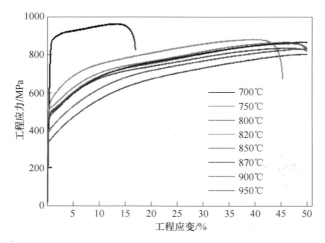

图 5-27　不同退火温度下的应力-应变曲线（保温 60 s）

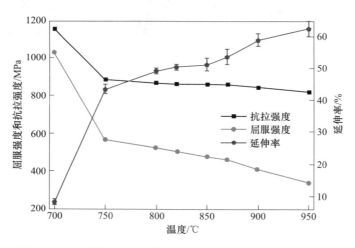

图 5-28　在不同温度下试样的力学性能关系曲线（保温 60 s）

表 5-9　不同退火温度下试样的力学性能（保温 60 s）

温度/℃	σ_t/MPa	σ_y/MPa	延伸率/%	硬度（HV）	σ_t/σ_y	σ_t/硬度	强塑积/MPa·%
700	1157±16	1028±15	8.2±1	376±8	0.89	3.07	9487
750	883±10	562±16	43.3±1.5	255±5	0.64	3.47	38234
800	867±13	522±12	49.0±1	257±7	0.60	3.42	42483
820	865±18	505±20	50.3±1	246±7	0.58	3.51	43510
850	861±14	474±2	51.2±2	237±2	0.55	3.63	44083

续表 5-9

温度/℃	σ_t/MPa	σ_y/MPa	延伸率/%	硬度（HV）	σ_t/σ_y	σ_t/硬度	强塑积/MPa·%
870	860±15	460±7	53.7±2.5	227±5	0.53	3.79	46182
900	843±2	408±16	59.1±2	214±4	0.48	3.94	49821
950	821±10	337±5	62.5±2.5	194±5	0.41	4.24	51313

与固溶处理态的 304 不锈钢相比，冷轧退火后的 304 不锈钢晶粒更加细小，为非均质结构复合组织。综合来看，温度区间为 750~870 ℃ 范围内，抗拉强度降低得较为缓慢，但其延伸率上升得较为显著。对比图 5-27 中 700 ℃、750 ℃、850 ℃ 的应力-应变曲线，发现这种明显细化的非均质复合组织在向高强度和高韧性综合力学性能良好的方向发展，综合性能良好的组织主要是这种非均质结构在起作用。此外，结合退火温度超过 900 ℃ 的 EBSD 分析和 TEM 微观组织分析，此时的屈服强度降低尤为明显，但其延伸率对比温度低于 900 ℃ 的要高出很多。这是由于高温的退火条件会使晶粒明显长大，粗大晶粒在形变时位错容易滑动，从而使材料呈现较好的塑性。

图 5-29 为不同退火条件下试样的硬度曲线。由图可知，随着退火温度的上升，试样的硬度基本呈下降趋势，退火温度低于 750 ℃ 时，硬度（HV）下降较为明显，由 700 ℃ 的 376 迅速降到 750 ℃ 的 255，退火温度在 750~800 ℃ 区间时，硬度曲线出现平台，说明硬度基本没有发生变化，这可能是由于此时的退火温度恰巧使得应变诱导马氏体大部分回复成奥氏体，但此时奥氏体晶粒并没有发

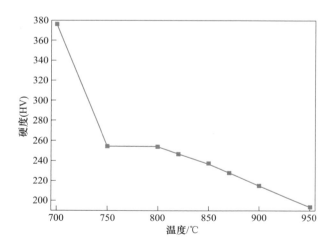

图 5-29　不同退火温度下试样的硬度关系曲线（保温 60 s）

生长大，对硬度没有产生较大的影响，从而呈现试样硬度接近的结果。当退火温度高于 800 ℃时，硬度又发生缓慢的下降，说明奥氏体已经再结晶完成，开始发生晶粒长大，退火温度的升高同时使得晶粒内部的位错密度下降，硬度出现降低。综上所述，这种硬度的变化可能与晶粒内部的位错密度以及晶粒尺寸相关。

5.6　非均质结构 304 奥氏体不锈钢的塑性变形行为

　　对退火温度为 700 ℃试样进行了原位拉伸实验，由于 700 ℃时试样延伸率很低（8.2%），再加上还有 35% 未经回复转变的马氏体，发现试样很快断裂。图 5-30 为 700 ℃原位拉伸变形后取距离裂纹 5~10 μm 处试样进行 EBSD 组成相分析图片，从图中发现奥氏体相在拉伸变形过程中转变为应变诱导马氏体相。

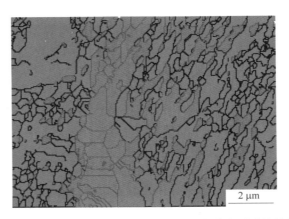

图 5-30　退火温度 700 ℃（保温 60 s）的试样原位拉伸变形裂纹处的 EBSD 照片
（蓝色为奥氏体，红色为 α′马氏体）

　　由于 304 不锈钢的 SFE 值很低，仅有 14.5 mJ/m^2 左右，对比高 SFE 值的金属，304 不锈钢中主要由部分位错作为滑移系分散在晶粒中。如图 5-31（a）所示，一些独立的位错、位错塞积或者无规则排列的位错网出现在奥氏体晶粒中，许多无规则排列的部分位错分布在这些塞积中，这就是说部分位错比全位错更容易在晶粒尺寸超过 2 μm 的晶粒中出现。图 5-31（b）为一列整齐分布的部分位错，说明这些位错平行于 (111)$_\gamma$ 滑移面。图 5-31（c）为平均晶粒尺寸为 2 μm 的晶粒中，许多位错由于部分位错的运动形成了堆垛层错，但这些层错都被小晶粒的晶界阻挡在晶粒外。图 5-31（d）中大角度孪晶出现在晶粒中，这会阻止位错的移动，从而达到增大加工硬化率的效果。查阅文献[162]，可推测此时的形变机制为：γ→形变孪晶→α′。图 5-32 为 870 ℃原位拉伸变形后取距离裂纹 5~10 μm 处进行 EBSD 组成相分析照片。由图可知，ε-马氏体在 α′-马氏体中出现，可推测此时的形变机制为：γ→ε→α′。综上所述，α′-马氏体是由形变孪晶、ε-马氏体或由两者形核而成[162]。

图 5-31 退火温度 870 ℃（60 s）试样原位拉伸变形后的 TEM 照片

（a）无规则分布的部分位错；（b）整齐排列的部分位错；（c）晶界外的堆垛层错；（d）孪晶

图 5-33（a）标注处为 ε-马氏体和形变孪晶，形变孪晶的方向与 ε-马氏体的方向垂直。Li 等人[163]也认为，随着变形量的增加，形变孪晶的方向渐渐与 ε-马氏体的方向垂直。在 fcc 结构的金属中，堆垛层错和形变孪晶会分解成螺旋结构或者 60°的位错。堆垛层错与 fcc 金属的（111）$_\gamma$ 晶面重叠，因而形成了形变孪晶[164]。因为（111）$_\gamma$ 晶面随着形变的增加而发生滑移，（100）$_\varepsilon$ 面刚好也垂直于（111）$_\gamma$ 晶面[165]。因此，认为形变孪晶垂直于 ε-马氏体。如图 5-33（b）所示，晶粒尺寸大约为 2 μm 的晶粒中聚集了大量位错，然而晶粒尺寸大约为

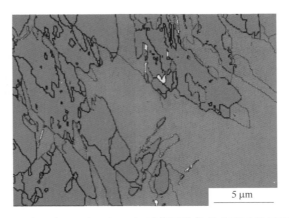

图 5-32　退火温度 870 ℃（60 s）试样原位拉伸变形后的 EBSD 照片

（蓝色为奥氏体，红色为 α′-马氏体，黄色为 ε-马氏体）

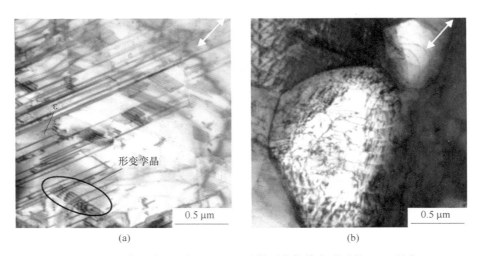

(a)　　　　　　　　　　　　　　　　　(b)

图 5-33　退火温度 950 ℃（60 s）试样原位拉伸变形后的 TEM 照片

（a）ε-马氏体和形变孪晶；（b）位错

500 nm 的晶粒中位错较稀薄，这与 870 ℃的试样相比大不相同。可推断出，粗晶粒较细晶粒更容易产生位错塞积，细晶粒在非均质结构中充当强化相，因此很难打碎。图 5-34 为 950 ℃原位拉伸变形后取距离裂纹 10 ~ 15 μm 处试样进行 EBSD 组成相分析照片。ε-马氏体在 α′-马氏体相中以带状结构存在，可推测此时的形变机制为：γ→ε →α′，即应力诱导相变。

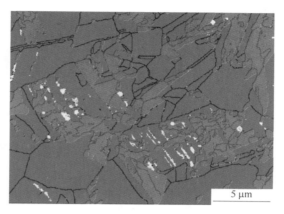

图 5-34　退火温度 950 ℃ （60 s） 试样原位拉伸变形后的 EBSD 照片
（蓝色为奥氏体，红色为 α′-马氏体，黄色为 ε-马氏体）

5.7　本章小结

（1）大变形量在应变诱导马氏体回复成奥氏体的过程中提供更多的形核址，因此选取 80% 大变形量的 304 奥氏体不锈钢试样进行后续的退火处理较为合理。

（2）冷变形量为 80% 的试样经过退火条件 850 ℃/10 s 处理后，冷变形组织的再结晶过程并不完全，部分应变诱导马氏体没有完全回复为奥氏体组织；试样经过 850 ℃/60 s 退火后，得到了体积分数接近 100% 的等轴状奥氏体晶粒，说明此时已发生完全再结晶；当退火温度高于 900 ℃ 时，回复奥氏体晶粒出现明显长大的现象。因此，设定退火温度范围为 700～950 ℃ （60 s）进行后续热处理研究。

（3）经过退火温度 700～950 ℃ （60 s）的退火实验研究得到非均质结构复合组织，马氏体回复成奥氏体，并发现晶粒中有许多的孪晶、位错及亚晶界。

（4）马氏体经晶粒中的剪切带形核而成，大变形量会使板条状马氏体打碎形成位错型马氏体，这两种形态的马氏体对于奥氏体的回复过程都很重要。奥氏体的回复过程主要为剪切回复，在一定时间内 α′→γ 转变过程表现为：奥氏体首先在位错型马氏体上形核，发生晶粒长大，此时形成非均质结构复合组织，随后奥氏体在板条状马氏体上形核继而形成非均质结构复合组织。随着退火温度的升高，强度及硬度下降，延伸率从 8% 上升到 63%。750～870 ℃ （60 s） 范围退火后获得的非均质结构具有良好的综合力学性能。

（5）304 不锈钢在退火温度为 700 ℃，870 ℃，950 ℃ （60 s）下发生原位拉伸变形，发现 700 ℃ 时，试样很快就发生断裂，这与钢的低韧性和其中马氏体的存在相关；在 870 ℃下，钢中主要由部分位错作为滑移系统分散在晶粒中，许多位错由于部分位错的运动形成了堆垛层错，但这些层错都被小晶粒的晶界阻挡在晶粒外。大角度孪晶出现在晶粒中，阻止了位错的移动，从而达到增大加工硬化率的效果，α'-马氏体是由形变孪晶、ε-马氏体或由两者共同形核而成；细晶粒在非均质结构复合组织中充当强化相。

6 202 奥氏体不锈钢的非均质组织调控技术

202 奥氏体不锈钢是一种 Cr-Mn 系奥氏体不锈钢，具有一定的耐酸、耐碱性能，密度高、抛光无气泡、无针孔等特点，广泛应用于建筑装饰、宾馆设施、商场、玻璃扶手、公共设施等场所，其耐腐蚀性和耐酸碱性要低于 316L 和 304 奥氏体不锈钢。但它是一种节 Ni 型奥氏体不锈钢，在价格上具有很大的优势；且由于 N 的固溶强化作用，使之在强度上稍高于 316L 和 304 奥氏体不锈钢，因此非常适合承受较重负荷且对耐蚀性要求不高的设备。前几章详细研究了 316L 和 304 奥氏体不锈钢非均质组织的制备工艺和力学性能。本章立足于 Cr-Mn 系 202 奥氏体不锈钢，研究其非均质组织的制备工艺，拓宽非均质结构奥氏体不锈钢的品种范围。

6.1 202 奥氏体不锈钢的成分设计

本章以低成本 Cr-Mn 系奥氏体不锈钢为基础进行成分设计，第 1 章提到 Cr-Mn 系奥氏体不锈钢比 Cr-Ni 系奥氏体不锈钢具有更高的 M_d 温度，即冷变形过程中更容易发生应变诱导马氏体转变，所以 Cr-Mn 系奥氏体不锈钢可实现不需要剧烈变形就能获得足够体积分数的应变诱导马氏体，从而轻易得到组织比例可控的应变诱导马氏体和变形奥氏体。通常情况下，纳米级或亚微米级晶粒由于具有较高的表面能在较高温度条件下极易长大，从而丧失纳米晶或亚微米晶的组织特征。在以往的研究工作中发现，钢中添加少量微合金元素 Nb 对变形奥氏体的再结晶和晶粒长大有明显阻碍作用。

奥氏体不锈钢中加入 Nb 主要起稳定剂和强化剂两种作用。Nb 可以提高钢的耐腐蚀性、耐高温性、抗蠕变性能和焊接性能；含 Nb 奥氏体不锈钢中加入 Nb 一般为 0.05% ~ 0.2%，多用于核反应堆和飞机用管道，还用于石油化工、造纸工业、食品工业和纺织工业中。此种不锈钢用于承受辐照的核系统构件中，可以较好地克服辐照引起的偏析、点缺陷、脆性断裂、物理畸变等问题。我国早在 2002 年就已成为世界上最大的不锈钢消费国，但是类似含铌 20/25Nb 奥氏体不锈钢 AISL347 和析出强化型 20Nb$_2$ 等早在 20 世纪 80 年代初就已经在发达国家普及的不锈钢在我国却依然很少大规模应用，可以说我国的含 Nb 不锈钢发展相对缓慢。含 Nb 不锈钢具有众多优良性能和广泛的应用，最具代表性的是含 Cr

11.5% 的 409 型和高 Cr（18%）的 AISL 439 型铁素体不锈钢已在发达国家广泛用于汽车发动机的排气系统。由于汽车排气管是汽车上的高温部件，与发动机紧接的排气管的温度甚至达到了 700~1000 ℃，同时内部又是与含有氯离子、硫离子等的浓缩水接触的严苛腐蚀环境。有实验研究了含 Nb 的 0Cr11 铁素体不锈钢组织和性能后发现，Nb 的加入使得组织晶粒得到了明显的细化。因此，Nb 的相关作用给了研究人员一个强烈的启示，该措施也可能用于逆转变退火得到的非均质纳米晶/超细晶组织在较高温度条件下保持良好的组织稳定性，从而拓宽获得非均质组织的退火工艺窗口。

在避免使用过多昂贵合金元素 Ni 和详细研究微合金元素 Nb 对晶粒细化和组织稳定性作用的设计目标下，本章基于低 Ni、中 Mn 加 N 合金体系进行成分设计，通过添加不同含量的合金元素 Nb 进行微合金化，系统性地研究非均质组织的特征及稳定性。本章设计并使用的奥氏体不锈钢成分见表 6-1。该种成分奥氏体不锈钢的主要合金元素和 $M_{d30/50}$ 温度见表 6-2。可以看到，本章设计奥氏体不锈钢的 $M_{d30/50}$ 温度接近室温，而 304 和 316L 奥氏体不锈钢的 $M_{d30/50}$ 温度明显低于室温，说明本章设计的 Cr-Mn 系奥氏体不锈钢具有更大的应变诱导马氏体的转变趋势。

表 6-1   奥氏体不锈钢的实测化学成分   （质量分数,%）

试验钢编号	C	Si	Mn	Cu	Ni	Cr	N	Nb
0Nb 钢	0.095	0.35	10.1	0.90	1.25	13.8	0.14	—
0.02Nb 钢	0.091	0.33	9.98	0.87	1.27	13.1	0.11	0.02
0.05Nb 钢	0.090	0.34	10.0	0.90	1.23	12.9	0.12	0.045
0.2Nb 钢	0.090	0.35	10.5	0.91	1.23	13.2	0.15	0.20

表 6-2   Cr-Mn 系和 Cr-Ni 系奥氏体不锈钢的主要合金元素和 $M_{d30/50}$ 温度

（质量分数,%）

编号	C	Si	Mn	Ni	Cr	N	$M_{d30/50}$/℃
Cr-Mn 系	0.095	0.35	10.10	1.25	13.8	0.14	18
Cr-Ni 系（316LN）	0.030	0.20	1.74	12.1	17.5	0.14	−36
Cr-Ni 系（304）	0.041	0.33	1.71	8.1	18.2	0.054	0

6.2   奥氏体不锈钢的固溶处理和冷轧工艺研究

本节研究的试验钢使用北京科技大学工程技术研究院的真空感应熔炼炉进行冶炼，得到 25 kg 铸坯。随后将铸坯加热到 1200 ℃ 保温 12 h 进行均匀化处理，接着将其锻造成尺寸为 70 mm×70 mm×100 mm 的方坯，用于热轧等后续实验研究。之后从方坯中切取粉末样品，在北京科技大学化学分析中心对 4 种试验钢进行化学成分检测，所得结果见表 6-1。

依据 Themo-Calc 计算得到的平衡相图可以发现，本设计 Cr-Mn 系奥氏体不锈钢的奥氏体单相区约在 1280 ℃ 以下，如图 6-1 所示，因此轧制前需选择合理的温度区间和较长的保温时间。为保证热轧后钢材组织的均匀性和单一性，实验采用了较高的终轧温度，终轧后快速冷却。热轧前将长方体坯料加热到 1200 ℃ 保温 12 h，为了防止轧制过程中生成其他相，将终轧温度控制在 900 ℃ 以上，随后采用穿水冷却的方法快速冷却到 500 ℃ 再空冷至室温。整个热轧过程采用 7 道次轧制，每道次的压下量控制在 25%~30% 之间，最终将钢板厚度控制在 7.2 mm 左右。

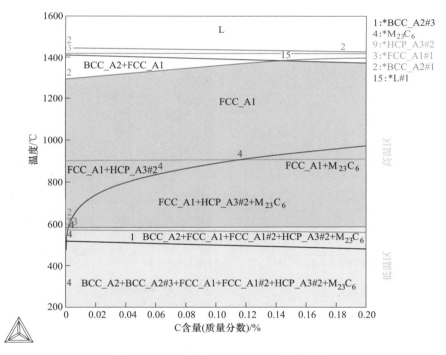

图 6-1　0Nb 试验钢 Thermo Calc 计算相图

（相图的计算具有一定的误差，高温奥氏体相在实际的降温过程中不太容易出现 HCP 相和 BCC 相）

在热轧过程中，钢中发生碳化物的析出，奥氏体晶粒产生畸变。为了得到无畸变的过饱和单相奥氏体组织，必须对热轧后的试验钢进行固溶处理，使得变形组织充分发生再结晶，并将合金元素（特别是 Nb 元素）充分固溶到奥氏体中，避免未溶合金元素对后续的实验产生影响。因此，适宜的固溶温度和保温时间是非常重要的。较高的固溶温度会导致较高的热激活能，促进再结晶过程的发生，再结晶核心的长大本质上是晶界原子的扩散运动，温度对其速率的影响很大；并且试验钢中添加了不同量的强碳化物形成元素 Nb，在钢中易与元素 C、N 形成 Nb(C,N)，其在热轧后期和冷却过程中会发生析出，从而对固溶处理过程中奥氏体晶界的移动产生抑制作用。固溶处理温度越高，保温时间越长，热轧组织的再结晶就越充分。但是过高的固溶温度会造成晶粒的严重粗化，而过低的温度又不利于析出物充分固溶到奥氏体基体中。为了保证 4 种试验钢具有相同的再结晶程度而避免对后续的实验造成影响，因此，本节结合以前的研究经验，选择 1100 ℃作为固溶处理温度，0Nb 钢的保温时间为 15 min，含 Nb 钢的保温时间为 30 min。固溶后水冷至室温，避免冷却过程中碳化物的析出，使 4 种试验钢得到组织均匀且晶粒度适宜的单相奥氏体组织。固溶处理后，试验钢的显微组织如图 6-2 所示，晶粒尺寸等相关参数见表 6-3。经过充分再结晶后，4 种试验钢均得到等轴状单相过饱和奥氏体组织，平均晶粒尺寸分别为 24 μm、22.3 μm、22.1 μm 和 19 μm，晶粒尺寸较为接近。

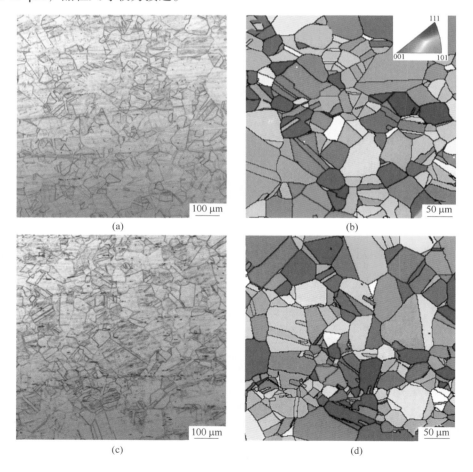

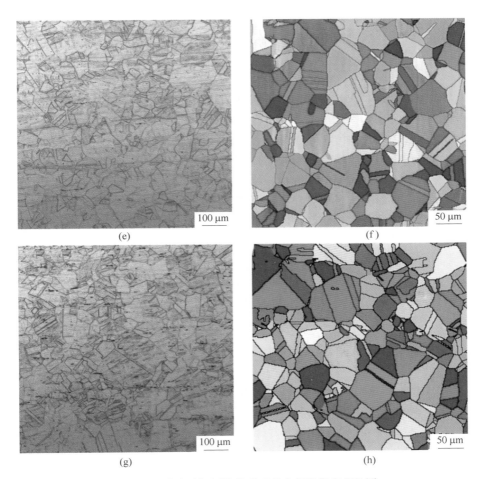

图 6-2 4 种试验钢固溶处理后的金相组织和 IPF 图

（a）（b）0Nb 钢；（c）（d）0.02Nb 钢；（e）（f）0.05Nb 钢；（g）（h）0.2Nb 钢

表 6-3 4 种试验钢固溶处理后的平均晶粒尺寸及各项力学性能

试验钢编号	平均晶粒尺寸 /μm	硬度（HV）	屈服强度 /MPa	抗拉强度 /MPa	总延伸率 /%
0Nb 钢	24.0	215	332	1022	62.6
0.02Nb 钢	22.3	222	337	1058	61.3
0.05Nb 钢	21.1	226	339	1037	61.8
0.2Nb 钢	19.0	233	347	1006	61.6

图 6-3 为 4 种试验钢固溶处理后拉伸变形时的应力-应变曲线。表 6-3 为 4 种

试验钢的各项力学性能参数。从图 6-3 和表 6-3 可知，0Nb 钢固溶处理后的显微硬度（HV）为 215，屈服强度为 332 MPa，抗拉强度为 1022 MPa，总延伸率为 62.6%。随着 Nb 含量的增加，试验钢的显微硬度和屈服强度稍有增加，抗拉强度和总延伸率几乎不变并维持在一定范围内波动。由于 Nb 的添加细化了奥氏体晶粒，使得单位体积内的晶界增多，根据 Hall-Petch 准则，显微硬度和屈服强度会增加。但 4 种实验钢的奥氏体晶粒尺寸变化不明显，所以其硬度和屈服强度增加的幅度不大。抗拉强度和总延伸率之所以随着 Nb 的添加没有呈现出明显的规律性，主要是因为试验钢中的 C、Cr、Ni 和 Mn 这些影响层错能的合金元素含量存在一定的差异性，而层错能直接影响了试验钢塑性变形过程中的变形机制以及加工硬化率，从而决定了抗拉强度和总延伸率几乎不变。但 4 种试验钢中的这些合金含量的差异较小，从而使得抗拉强度和总延伸率的变化不大。

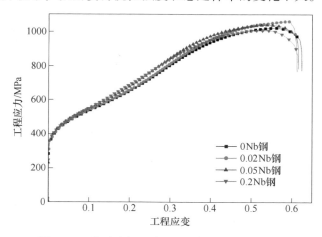

图 6-3　4 种试验钢固溶处理后的应力-应变曲线

随后将固溶处理后的 4 种试验钢进行冷轧变形，使其产生应变诱导马氏体和变形奥氏体，为后续退火处理做好组织差异性准备。不同变形量冷轧后试验钢的金相组织形貌、SEM 组织形貌和 TEM 组织形貌分别如图 6-4~图 6-6 所示，XRD 检测结果如图 6-7 所示。这里以 0Nb 钢和 0.05Nb 钢为代表进行冷轧后的金相组织分析，可以发现，随着变形量的增大，晶粒变形程度加剧，晶粒沿着轧制方向拉长而呈扁平状或者长条状，变形量越大晶粒拉长的程度也越显著。0Nb 钢和含 Nb 钢具有相同的变化特征，如图 6-4（b）和图 6-5（b）所示。当冷轧变形量增加到一定程度时，此时的晶界已变得模糊不清，显微组织呈纤维状，如图 6-4（c）和图 6-5（c）所示。

冷轧过程中，随着变形量的不断增加，奥氏体不断变形并逐渐向马氏体转变，应变诱导马氏体的含量不断增加。当变形量进一步增加时，奥氏体继续发生

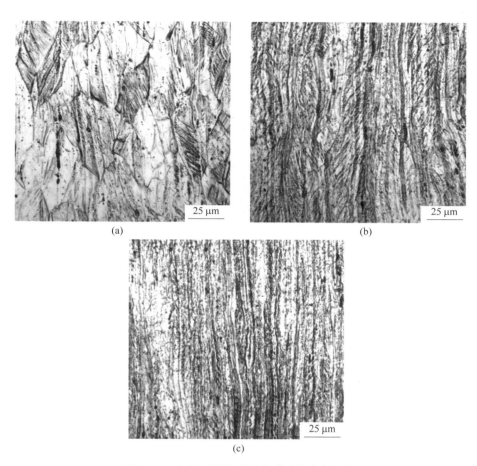

图 6-4　0Nb 钢不同变形量变形后的金相组织
（a）30%；（b）70%；（c）90%

应变诱导马氏体转变而进一步减少，已经转变的马氏体也会发生变形。当变形量为 70% 时，马氏体中的变形带非常明显，与轧制方向近似成 45°角，变形奥氏体整体呈现长条状（三维空间上应该是长片状），如图 6-4（b）所示。冷轧变形初期产生的应变诱导马氏体大多呈板条状，部分奥氏体晶粒在变形中形成大量的位错缠结，位错的缠结不利于板条状马氏体的形成而直接形成位错型马氏体。但当变形量进一步增加时，板条状马氏体会由于较大的应变将板条结构破坏形成位错型马氏体，大量的位错在冷轧过程中相互缠结并最终形成了胞状亚结构，如图 6-6（a）和（b）所示。70% 变形量后试验钢的显微组织主要由位错型马氏体和未发生转变的变形奥氏体组成，并还有少量未被破坏的板条型马氏体和形变孪晶，如图 6-6（d）和（e）所示。位错型马氏体的衍射斑为典型的环型，如图 6-6（c）所示。因此，无论是 TEM 显微组织形貌观察，还是选区衍射斑分析，

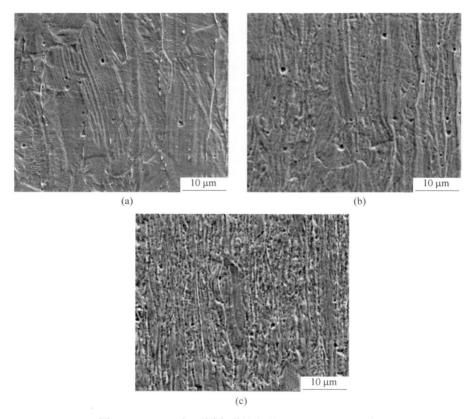

图 6-5　0.05Nb 钢不同变形量变形后的 SEM 组织形貌
（a）30%；（b）70%；（c）90%

冷轧变形后试验钢的应变诱导马氏体具有非常高的位错密度，这些位错型马氏体为后续退火过程中奥氏体晶粒的细化起到了决定性作用。

最终变形后试验钢中应变诱导马氏体和变形奥氏体的相对含量直接决定了后续退火处理后细晶区（来源于应变诱导马氏体逆转变）和粗晶区（来源于变形奥氏体回复再结晶）的相对比例。Wu 等人[128]在研究非均质纳米晶/超细晶组织的粗、细晶相对体积分数时提出，细晶区所占体积分数控制在 80% 左右最有利于塑性变形的协调。在冷轧过程中，过高的变形量产生的大量应变诱导马氏体（>90%）将会造成剧烈的加工硬化而使得冷轧过程较难实现，大规模实际生产的难度较高。所以，本节研究以诱导 80% 左右的马氏体为目的进行冷轧。如 6.1 节中成分设计所述，本节设计的奥氏体不锈钢具有较高的 M_d 温度和较低的层错能。因此，本研究中进行 70% 左右的冷轧变形就能获得 80% 左右的应变诱导马氏体，避免了 Cr-Ni 系奥氏体不锈钢所需的剧烈变形。同时，最终保留的奥氏体变形程

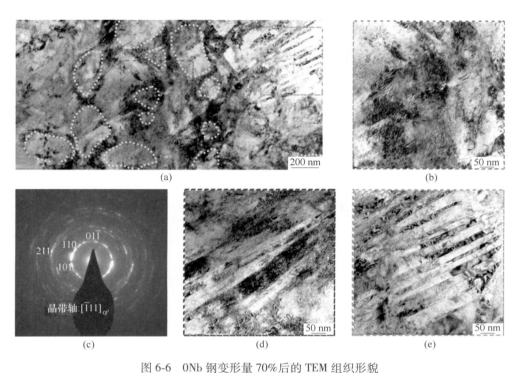

图 6-6   0Nb 钢变形量 70%后的 TEM 组织形貌

（a）整体 TEM 显微组织形貌；（b）位错型马氏体放大图；（c）位错型马氏体的选区电子衍射花样；

（d）板条型马氏体放大图；（e）变形孪晶放大图

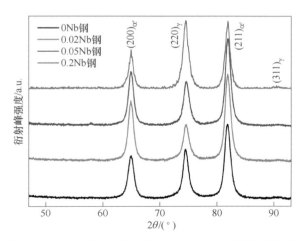

图 6-7   4 种试验钢冷轧变形量 70%后的 X 射线衍射谱图

度并不是非常剧烈，有助于后续退火过程中扩大双峰尺度晶粒的尺寸差。4 种试验钢冷轧变形量 70% 后的应力-应变曲线如图 6-8 所示，冷轧后应变诱导马氏体和变形奥氏体的含量以及各项力学性能参数见表 6-4。可以发现，4 种试验钢冷轧后的组织特征和力学性能较为接近。

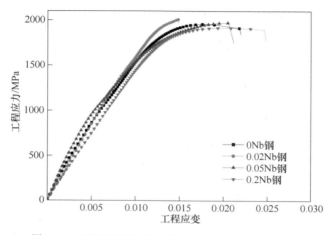

图 6-8　4 种试验钢冷轧变形 70% 后的应力-应变曲线

表 6-4　冷轧后各试验钢的组织比例及力学性能

试验钢编号	马氏体含量（体积分数）/%	奥氏体含量（体积分数）/%	抗拉强度/MPa	总延伸率/%
0Nb	81.4	18.6	1957	2.2
0.02Nb	83.5	16.5	2003	1.5
0.05Nb	82.8	17.2	1973	2.0
0.2Nb	78.2	21.8	1916	2.5

　　冷轧后奥氏体不锈钢的强度非常高，4 种试验钢的抗拉强度整体维持在 1960 MPa 左右，但塑性极差，加工硬化现象显著。关于奥氏体不锈钢加工硬化行为的研究一直以来都是非常重要的课题[15,166-167]，奥氏体不锈钢中应变诱导马氏体转变是其加工硬化行为最重要的影响因素。因为转变得到的应变诱导马氏体本身具有大量位错，且其作为位错滑移的障碍也使得大量位错在奥氏体中堆积，导致位错密度显著增加[100]。随着变形量的进一步增加，应变诱导马氏体与位错的交互作用增加，加工硬化现象异常明显。这与图 6-6 中 TEM 观察到的应变诱导马氏体形成使位错密度增加相一致。另外影响奥氏体不锈钢加工硬化行为的重要因素是孪生变形，由其产生的形变孪晶对位错滑移也有着明显的阻碍作用。随着变形量的增加，形变孪晶不断增多且位错不断增殖，这使得位错与形变孪晶之间

的交互作用更加显著，从而也导致了加工硬化现象的产生。

6.3 退火工艺对非均质双峰组织形成的影响

试验钢在冷轧后获得了80%左右的应变诱导马氏体和20%左右的变形奥氏体。由于组织内部亚结构的不同，应变诱导马氏体比变形奥氏体具有更高的位错密度，且应变诱导马氏体的形变储存能也高于变形奥氏体，这两个因素就导致了在退火过程中，应变诱导马氏体易于转变为细晶粒，而变形奥氏体易于转变为粗晶粒。本节利用不同的退火工艺来研究非均质双峰组织的形成规律，具体退火工艺流程如图6-9所示。本节退火温度设定为700 ℃、800 ℃、900 ℃和1000 ℃四组，退火时间设定为1 s、10 s、60 s、300 s和1000 s五组。加热阶段采用较快的加热速度30 ℃/s，保温后采用50 ℃/s的冷却速度快速冷却到400 ℃，随后空冷到室温。

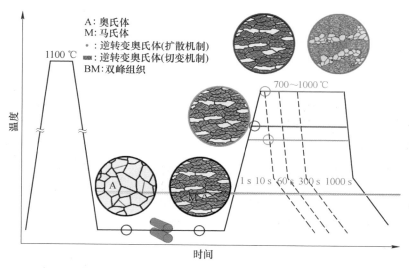

图6-9 退火工艺流程图

0Nb钢在700 ℃退火不同时间后显微组织的衬度图和IPF图如图6-10所示。保温1 s时，逆转变奥氏体晶粒非常细小，如图6-10（a）和（b）所示。有研究表明[168]，应变诱导马氏体在逆转变过程中会受到切变型和扩散型两种逆转变机制控制，其中切变机制的转变速度非常快，逆转变后的奥氏体将保留原应变诱导马氏体的组织特征；而扩散型逆转变恰好相反，由于原子的扩散速度等因素的影响，导致其转变过程非常缓慢，转变后晶粒缺陷很少，取向随机分布。从图6-10（a）和（b）的组织特征中可以发现，逆转变奥氏体遗留了应变诱导马氏体的变形带特征，且大面积区域的取向是相同的，清晰度较低。此外，组织中可见取向随机分布的晶粒，初步判断两种逆转变机制都有发生，其中切变机制占主导作用。同时，应变诱导马氏体的逆转变在 700 ℃退火时仅用 1 s 就基本完成，这种快速转变过程也是逆切变机制的典型特点。随着保温时间的延长，剩余未转变的应变诱导马氏体将继续发生逆转变，已经逆转变的奥氏体和变形奥氏体将发生回复和再结晶。

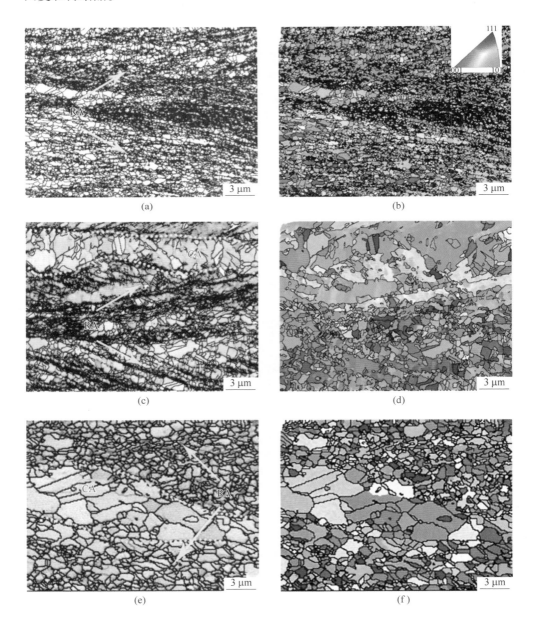

(a)

(b)

(c)

(d)

(e)

(f)

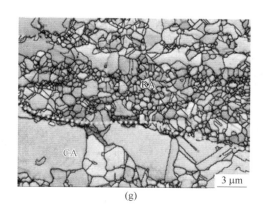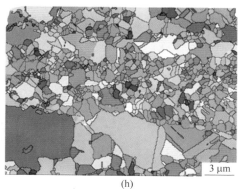

(g)　　　　　　　　　　　　　　　　　(h)

图 6-10　0Nb 钢在 700 ℃退火不同时间后的显微组织

（RA：逆转变奥氏体区；CA：变形奥氏体区）

(a)(b) 1 s；(c)(d) 60 s；(e)(f) 300 s；(g)(h) 1000 s

　　700 ℃保温 60 s 后，应变诱导马氏体逆转变完全，退火后的显微组织如图 6-10（c）和（d）所示。逆转变奥氏体（RA）和变形奥氏体（CA）已在图中标记，可以清楚地看到，此时逆转变奥氏体和变形奥氏体都发生了回复再结晶。与退火时间 1 s 相比，此时的逆转变奥氏体晶粒更清晰，且晶粒取向呈现出多样性，变形奥氏体也表现出类似的特点，再结晶程度相似。更为明显的是，此时逆转变奥氏体的晶粒尺寸要明显小于变形奥氏体，逆转变奥氏体晶粒尺寸大多为纳米级，而变形奥氏体晶粒尺寸大多数为亚微米级和微米级，双峰尺度特征显现。

　　700 ℃保温 300 s 后的显微组织如图 6-10（e）和（f）所示，可以发现此时逆转变奥氏体和变形奥氏体基本上都完成了再结晶，奥氏体晶粒清晰可见并呈等轴状，晶粒取向随机分布，而且组织的双峰特征非常明显，晶粒尺寸分布统计结果如图 6-11（a）所示，细晶区（逆转变奥氏体区）的晶粒尺寸峰值大约为350 nm，粗晶区（变形奥氏体区）的晶粒尺寸峰值约为 0.6 μm。保温 1000 s 后，逆转变奥氏体和变形奥氏体不仅再结晶完全，并且都发生了轻微地晶粒长大现象，但整体组织仍然保持明显的双峰特征，晶粒尺寸分布统计结果如图6-11（b）所示。此时，细晶区的晶粒尺寸峰值约为 450 nm，粗晶区的晶粒尺寸峰值约为 0.75 μm。

　　图 6-12 是 700 ℃退火 1000 s 后 0Nb 钢的 EBSD 组织和对应的 SEM 组织，可以看出，细晶区对应的 SEM 组织仍然保留了原应变诱导马氏体的变形带特征，这些变形带浮凸明显。粗晶区对应的 SEM 组织平整光滑，未见任何变形条带及浮凸特征，这是由于冷轧过程中这部分奥氏体仅发生变形而未发生相变。因此，退火试样的 SEM 组织特点可作为以后 EBSD 选区检测的依据。

　　为了进一步探讨 0Nb 钢试样 EBSD 形貌特征和 SEM 形貌特征的对应关系，

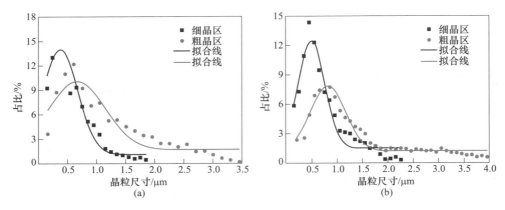

图 6-11　0Nb 钢 700 ℃保温 300 s（a）和 1000 s（b）后显微组织的晶粒尺寸分布

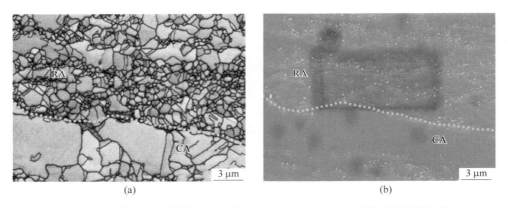

图 6-12　0Nb 钢 700 ℃保温 1000 s 的 EBSD 组织（a）和对应的 SEM 组织（b）
（RA：逆转变奥氏体区；CA：变形奥氏体区）

对 700 ℃保温 300 s 和 1000 s 后的试样进行了低倍 EBSD 和 SEM 组织观察，结果如图 6-13 所示。从 EBSD 低倍组织可以清晰地观察到，粗晶区和细晶区中大部分晶粒都完成了再结晶且呈片层交替分布，这种组织特征与 SEM 低倍组织中片层交替分布的光滑区域和浮凸区域完全相对应。从 SEM 低倍组织观察到，逆转变奥氏体区中的变形带非常明显，这也间接说明了应变诱导马氏体在逆转变过程以切变机制为主，保留有大量的晶体缺陷，使逆转变奥氏体拥有大量的再结晶形核点，显著提高了再结晶的形核率，导致再结晶后产生大量细小的纳米晶粒。

800 ℃退火不同时间后试样的显微组织如图 6-14 和图 6-15 所示。退火后的显微组织分别标记为 BM-1、BM-10、BM-60、BM-300 和 BM-1000，晶粒尺寸分布及统计结果如图 6-16、图 6-17 和表 6-5 所示。从图 6-14 可以发现，在 800 ℃仅退火 1 s 基本上就可以使逆转变奥氏体和变形奥氏体完全再结晶，晶粒清晰可见

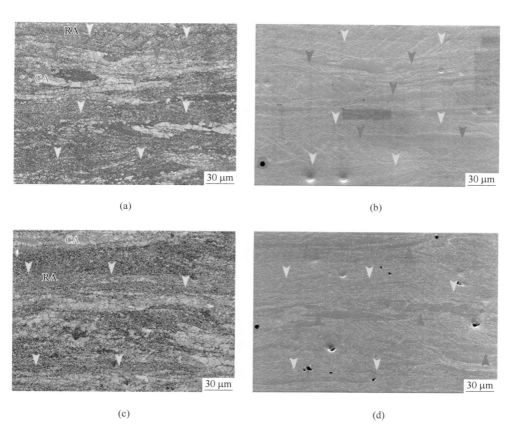

(a)   (b)

(c)   (d)

图 6-13　0Nb 钢 700 ℃不同保温时间后的低倍 EBSD 组织和对应的 SEM 组织

(a)（b）300 s；（c）（d）1000 s

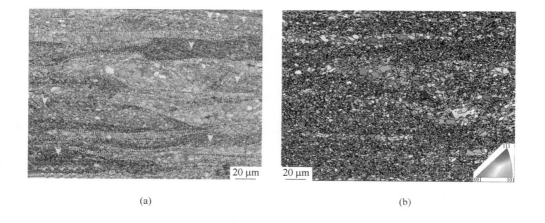

(a)   (b)

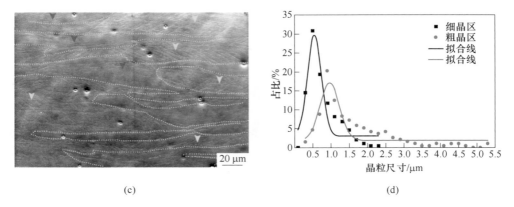

(c)   (d)

图 6-14　0Nb 钢 800 ℃保温 1 s 后的组织形貌与晶粒尺寸分布

（a）（b）EBSD 组织形貌；（c）SEM 组织形貌；（d）粗、细晶区的晶粒尺寸分布

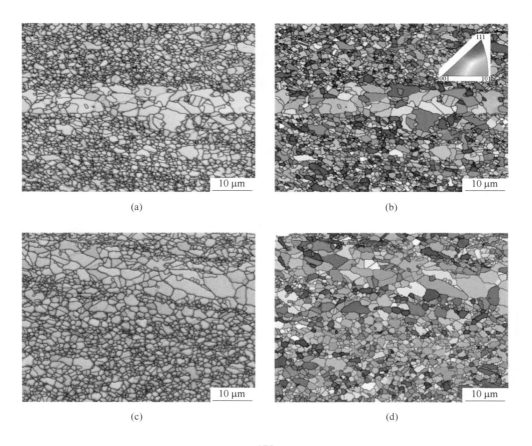

图 6-15　0Nb 钢 800 ℃保温不同时间的显微组织

（a）（b）10 s；（c）（d）60 s；（e）（f）1000 s

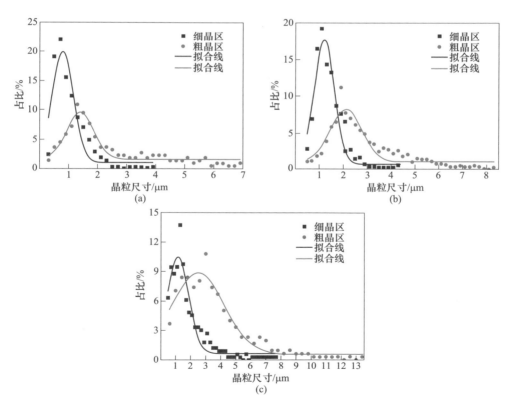

图 6-16　0Nb 钢 800 ℃保温不同时间后显微组织的晶粒尺寸分布

（a）10 s；（b）60 s；（c）1000 s

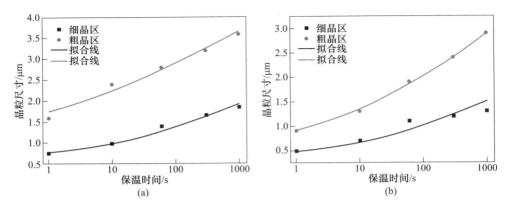

图 6-17 0Nb 钢 800 ℃保温不同时间后显微组织中的平均晶粒尺寸的变化趋势

（a）粗晶区和细晶区晶粒；（b）峰值晶粒

并呈等轴状，而且逆转变奥氏体区的晶粒尺寸明显小于变形奥氏体区的晶粒尺寸。细晶区的奥氏体体积分数为 70%~80%，从三维空间上看，粗、细晶区都呈片层状相互交替无序分布，如图 6-14 中的红色和黄色箭头所示。EBSD 组织特征与 SEM 组织特征的对应关系和前面所述完全相同，光滑平整的片层对应的是变形奥氏体区，浮凸的倾斜变形带区域对应的是逆转变奥氏体区。此时细晶区的奥氏体晶粒尺寸大多是纳米级，平均值和峰值晶粒尺寸分别约为 760 nm 和 500 nm；粗晶区的奥氏体晶粒尺寸大多是亚微米级和微米级，平均值和峰值晶粒尺寸分别约为 1.59 μm 和 0.9 μm，双峰特征明显。

表 6-5　0Nb 钢 800 ℃保温不同时间后细晶区、粗晶区和
整体组织的平均晶粒尺寸和峰值晶粒尺寸　　　　　　（μm）

参数	区域	BM-1	BM-10	BM-60	BM-300	BM-1000
平均晶粒尺寸	细晶区	0.76	0.99	1.39	1.66	1.85
	粗晶区	1.59	2.40	2.80	3.19	3.59
	整体组织	0.96	1.28	1.73	2.03	2.29
峰值晶粒尺寸	细晶区	0.5	0.7	1.1	1.2	1.3
	粗晶区	0.9	1.3	1.9	2.4	2.9

800 ℃退火保温 10 s 后，此时逆转变奥氏体和变形奥氏体再结晶完全，晶粒略有长大，但仍然保持着双峰特征，如图 6-15（a）所示。此时细晶区的峰值和平均晶粒尺寸分别约为 700 nm 和 990 nm，粗晶区的峰值和平均晶粒尺寸分别约为 1.3 μm 和 2.4 μm。与保温 1 s 时相比，其细晶区和粗晶区的晶粒尺寸都略有增大，特别是粗晶区的晶粒尺寸增大更为明显。当保温时间进一步延长到 60 s 和1000 s 时，退火后的组织特征没有发生明显的变化，粗、细晶区的片层交替分布

特征以及双峰特征依旧明显，粗晶区和细晶区的晶粒进一步长大，如图6-15（c）和（e）所示。需要注意的是，随着退火温度升高和时间延长，细晶区中纳米级晶粒逐渐减少，亚微米级和细小的微米级晶粒逐渐增多。为了方便起见，依然用非均质双峰组织对退火后的组织进行命名。

在800℃整个退火阶段，退火后试样的显微组织始终保持着双峰结构，晶粒尺寸由纳米级、亚微米级和微米级组成。从图6-17可以观察到，随着退火时间的延长，粗、细晶区的晶粒逐渐长大。此外，无论是平均晶粒尺寸的长大趋势还是峰值晶粒尺寸的长大趋势都表现出一个非常有意思的现象，就是粗晶区的晶粒长大速度要稍高于细晶区的晶粒长大速度。通常来说，退火过程中奥氏体晶粒的长大与退火的温度和时间有很强的相关性[169]。据此，引入表征奥氏体晶粒长大过程中晶粒尺寸与时间关系的 Beck 方程[170]：

$$(d - d_0)^n = kt \tag{6-1}$$

式中，d 为平均晶粒尺寸；d_0 为初始晶粒尺寸；n 为晶粒长大指数；k 为晶粒长大动力学参数；t 为退火保温时间。

将式（6-1）进行线性变化，两边取对数，得式（6-2）。

$$\ln(d - d_0) = \frac{\ln k}{n} + \frac{\ln t}{n} \tag{6-2}$$

800℃退火不同时间后，将粗、细晶区的 $\ln(d-d_0)$ 和 $\ln t$ 进行线性拟合，结果如图6-18所示，细晶区和粗晶区的 n 值分别为3.6和2.7。一般来说，n 值越大表明晶粒长大受到的阻力越大[171]。细晶区的 n 值明显大于粗晶区的 n 值，这表明800℃退火时，细晶区晶粒长大受到的阻力较大。

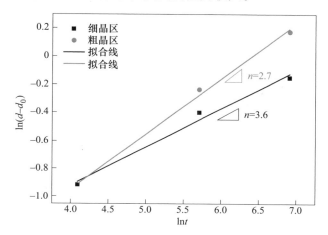

图6-18 0Nb钢800℃退火时 $\ln(d-d_0)$ 与 $\ln t$ 线性拟合结果

众所周知，晶粒的长大过程由驱动力和阻力之间的竞争控制。双峰组织中晶粒长大的驱动力来源于晶粒的界面能，阻力来源于析出物对晶界的钉扎力。Deardo[172]和Gladman[169]在研究多种金属材料的晶粒长大过程中，提出了较为成熟的模型来计算晶粒长大过程中所受到的驱动力F_d和阻力F_p。

$$F_d = \left(\frac{3}{2} - \frac{2}{Z}\right) \times \frac{\gamma}{D} \tag{6-3}$$

$$F_p = \frac{6f\gamma}{\pi r} \tag{6-4}$$

式中，γ为界面能，取$0.8\ \text{J/m}^2$[173]；D为平均晶粒半径；Z为生长晶粒相对基体晶粒的比率，取2；f为析出物的体积分数；r为析出物的半径。

这里以BM-1000试样为代表分析晶粒长大过程中的驱动力和所受到的钉扎力。将粗晶区和细晶区看成是独立单元，利用Image Pro Plus分别对粗、细晶区的$M_{23}C_6$（M代表Cr、Mn和Fe）型析出物进行统计分析，析出物的形貌和尺寸分布分别如图6-19和图6-20所示，各项参数见表6-6。对于奥氏体晶界钉扎而

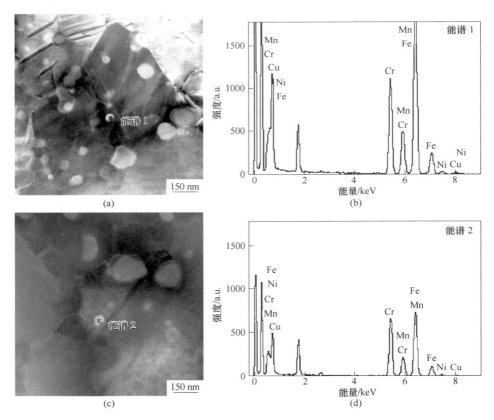

图6-19　0Nb钢800℃退火保温1000 s后析出物形貌及对应的能谱图

（a）（b）细晶区；（c）（d）粗晶区

言，析出物尺寸（半径）小于 50 nm 是较为有效的[174]，所以本研究统计结果是 50 nm 以内的析出物。粗、细晶区析出物的体积分数分别为 0.15% 和 0.413%，细晶区之所以具有如此高体积分数的析出物，是因为细晶区由应变诱导马氏体转变而来，应变诱导马氏体具有大量的位错和晶界等析出物易形核的位置，所以在退火过程中应变诱导马氏体逆转变为奥氏体的同时伴随着大量析出物的生成。式（6-3）和式（6-4）的计算结果如表 6-6 和图 6-21 所示。细晶区中晶粒长大的驱动力为 0.43 MPa，其所受到的阻力为 0.31 MPa。而粗晶区中的晶粒长大驱动力相对较低，为 0.22 MPa，但其所受到的阻力更低，为 0.08 MPa。所以，在 800 ℃退火时，细晶区晶粒的长大速度要低于粗晶区晶粒的长大速度。

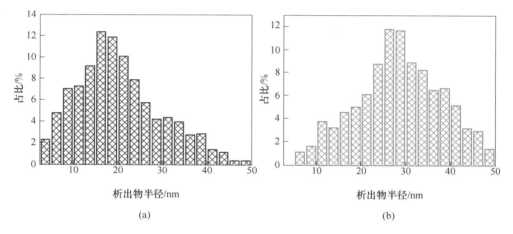

图 6-20　0Nb 钢 800 ℃退火保温 1000 s 后析出物的尺寸分布

（a）细晶区；（b）粗晶区

表 6-6　0Nb 钢 800 ℃退火保温 1000 s 后析出物的体积分数 f、平均半径 r、

晶粒长大驱动力 F_d 及钉扎力 F_p

区域	$f/\%$	r/nm	F_d/MPa	F_p/MPa
细晶区	0.413	20.3	0.43	0.31
粗晶区	0.15	28.5	0.22	0.08

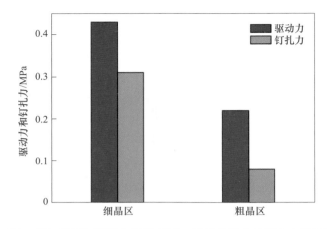

图 6-21 0Nb 钢 800 ℃退火保温 1000 s 后晶粒长大的驱动力及钉扎力

6.4 退火工艺对非均质双峰组织演变的影响

在 6.3 节中成功获得了非均质双峰纳米晶/超细晶组织,研究了非均质双峰组织的形成机制。在获得了非均质双峰组织之后,这种组织能否在更高的退火温度下继续保持双峰特征以扩大退火工艺范围,或者说这种组织的热稳定性如何便成为了紧接着要研究的重点。本节选择将退火温度提高到 900 ℃ 和 1000 ℃,进一步研究这种双峰组织在更高退火温度下的稳定性,即粗、细晶区的晶粒在更高退火温度下的演变特征。

0Nb 钢 900 ℃退火不同保温时间后的显微组织如图 6-22 所示。保温 1 s 时,其显微组织仍表现出粗、细晶片层交替分布的双峰特征,晶粒尺寸分布如图 6-23 和表 6-7 所示。细晶区的峰值晶粒和平均晶粒尺寸分别约为 1.1 μm 和 1.63 μm,粗晶区的峰值晶粒和平均晶粒尺寸分别约为 2.2 μm 和 3.12 μm。保温 10 s 时,显微组织仍然保持着双峰特征,细晶区的峰值晶粒和平均晶粒尺寸分别约为 1.4 μm 和 1.92 μm,粗晶区的峰值晶粒和平均晶粒尺寸分别约为 2.6 μm 和 3.61 μm。

0Nb 钢 900 ℃退火 300 s 后,其显微组织的双峰特征较弱(见图 6-22(e)和(f)),细晶区的平均晶粒和峰值晶粒尺寸分别约为 2.73 μm 和 2.6 μm,粗晶区的平均晶粒和峰值晶粒尺寸分别约为 4.25 μm 和 3.0 μm,两个峰形在逐渐靠拢。1000 s 保温后,显微组织的双峰特征基本消失,粗、细晶区的平均晶粒尺寸差进步缩小。0Nb 钢在 900 ℃整个退火阶段中显微组织粗、细晶区的平均晶粒尺寸变化趋势如图 6-24 所示,可以发现,在保温 1~1000 s 的过程中细晶区的晶粒长大速度要明显快于粗晶区的晶粒长大速度。

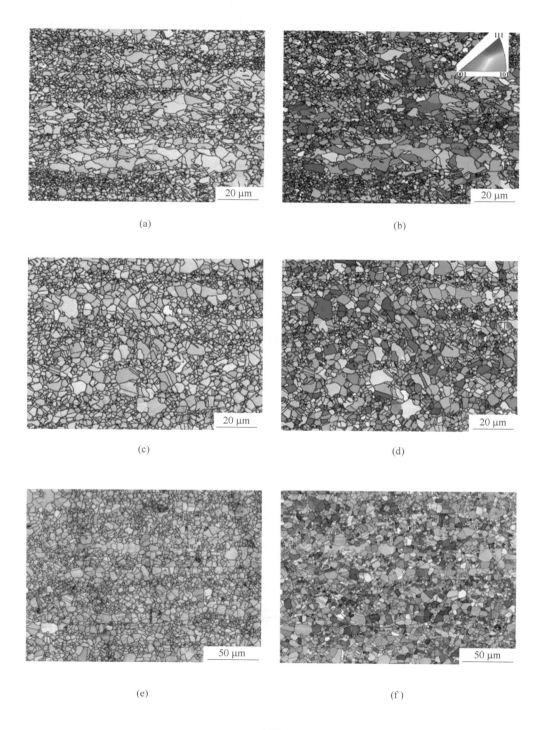

图 6-22　0Nb 钢 900 ℃退火保温不同时间后的显微组织

（a）（b）1 s；（c）（d）10 s；（e）（f）300 s；（g）（h）1000 s

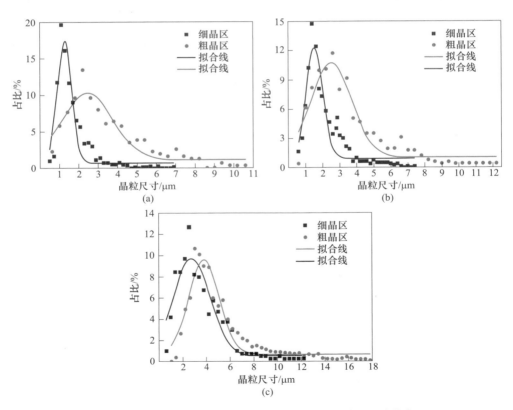

图 6-23　0Nb 钢 900 ℃退火保温不同时间后的晶粒尺寸分布

（a）1 s；（b）10 s；（c）300 s

表 6-7　0Nb 钢 900 ℃退火保温不同时间后细晶区和粗晶区的平均晶粒尺寸

参数	区域	BM-1	BM-10	BM-60	BM-300	BM-1000
平均晶粒尺寸/μm	细晶区	1.63	1.92	2.73	3.91	5.91
	粗晶区	3.12	3.61	4.25	5.35	6.87

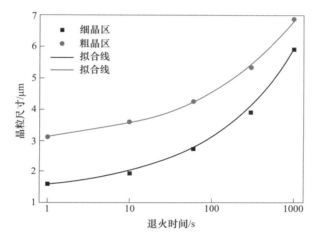

图 6-24　0Nb 钢在 900 ℃整个退火阶段中显微组织粗、细晶区的平均晶粒尺寸变化趋势

　　利用上述 Beck 方程对粗、细晶区的平均晶粒尺寸进行线性拟合，拟合结果如图 6-25 所示。与 800 ℃退火时相比，900 ℃退火时 0Nb 钢的粗、细晶区的 n 值都明显降低，分别为 2.3 和 1.8；这说明粗晶区和细晶区中的晶粒长大受到的阻力都减小，整体的长大速度加快。但是，此时粗、细晶区各自晶粒的长大情况与800 ℃退火时刚好相反。900 ℃退火时，细晶区的 n 值明显小于粗晶区的 n 值，这说明此时细晶区的晶粒长大受到的阻力更小。

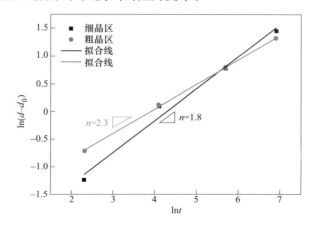

图 6-25　0Nb 钢 900 ℃退火时 $\ln(d-d_0)$ 与 $\ln t$ 线性拟合结果

据此，引入 Deardo[172] 和 Gladman[169] 提出的模型来计算 900 ℃退火时晶粒长大受到的驱动力和阻力。这里以退火 10 s 的试样为代表进行分析，采用与之前相同的方法来统计并计算粗、细晶区各自析出物的体积分数和平均半径，结果如图 6-26 和表 6-8 所示。可以发现，与 800 ℃退火 1000 s 相比，此时的析出物体积分数显著降低，这主要与析出物的稳定性有关。对于不锈钢来说，一般当温度超过 840 ℃时，就会发生 $M_{23}C_6$ 型析出物的回溶。此时的退火温度为 900 ℃，而且加热速度很快，在退火过程中还没等到析出物的充分析出就发生了析出物的回溶和聚集长大，所以析出物的体积分数降低，尺寸增加。式（6-3）和式（6-4）的计算结果如表 6-8 和图 6-27 所示，细晶区中晶粒长大的驱动力为 0.43 MPa，受到的阻力为 0.10 MPa；粗晶区的晶粒长大驱动力为 0.22 MPa，受到的阻力为 0.05 MPa。所以在 900 ℃退火时，细晶区受到的阻力仍然稍高于粗晶区，但是细晶区的驱动力高于阻力的程度相比于粗晶区更大，这也说明 n 值更确切反映的是驱动力和阻力的竞争程度，而不单是反应阻力的大小。因此，900 ℃长时间退火后，细晶区的晶粒快速长大并追赶上来，从而使退火后该钢中显微组织的双峰特征逐渐减弱并使晶粒尺寸逐渐趋于一致。

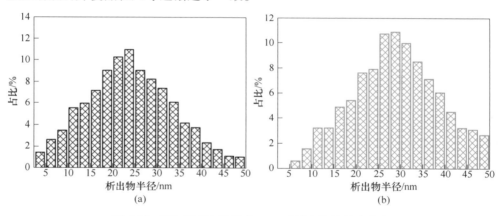

图 6-26　0Nb 钢 900 ℃退火 10 s 后析出物的尺寸分布

（a）细晶区；（b）粗晶区

表 6-8　0Nb 钢 900 ℃退火 10 s 后析出物的体积分数、
平均半径、晶粒长大驱动力及钉扎力

区域	$f/\%$	r/nm	F_d/MPa	F_p/MPa
细晶区	0.163	24.4	0.42	0.10
粗晶区	0.10	28.9	0.22	0.05

当退火温度进一步升高到 1000 ℃时，0Nb 钢在退火不同时间后的显微组织如图 6-28 所示。可以观察到，当退火时间为 1 s 时，显微组织的双峰特征基本完

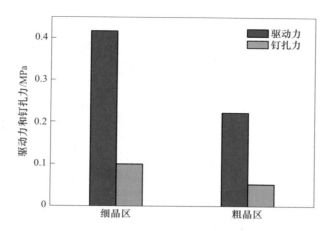

图 6-27　0Nb 钢 900 ℃退火 10 s 后的晶粒长大的驱动力及钉扎力

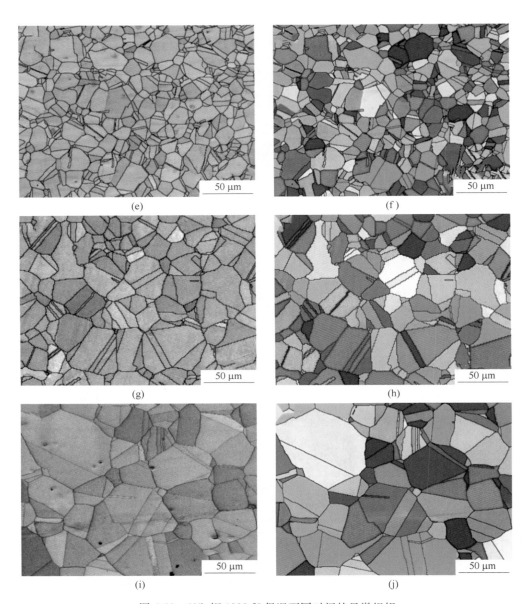

图 6-28　0Nb 钢 1000 ℃保温不同时间的显微组织
(a)（b）1 s；（c）（d）10 s；（e）（f）60 s；（g）（h）300 s；（i）（j）1000 s

全消失。根据前面的讨论可以推断，1000 ℃退火时，由于退火温度更高，析出物的回溶和聚集长大速度更快，其对细晶区晶粒钉扎作用快速减弱，细晶区的驱动力高于阻力的程度会进一步扩大，使得 1000 ℃仅退火 1 s 时，细晶粒快速长大并追赶上粗晶粒，导致晶粒尺寸分布的双峰特征消失，晶粒大小趋于一致。此后，随着保温时间的延长，晶粒尺寸逐渐增加。当保温时间增加到 1000 s 时，此时显微组织的平均晶粒尺寸为 16.8 μm，已接近初始固溶组织的晶粒尺寸。

6.5　Nb 元素对非均质双峰组织形成及演变的影响

6.3 节和 6.4 节详细地研究了 0Nb 钢非均质双峰纳米晶/超细晶组织的形成和演变机制，发现了析出物的热稳定性对双峰组织的形成和演变具有决定性作用。那么，是否可以通过对析出物的调控来使显微组织的双峰特征在高温退火阶段长时间地保持下去便成为了本节研究的内容。

4 种试验钢冷轧后应变诱导马氏体的含量略有不同，因此，退火后利用相对逆转变占比（即逆转变的马氏体占原应变诱导马氏体的比例）来说明马氏体的逆转变情况，700 ℃退火不同时间后马氏体的相对逆转变占比如图 6-29 所示。可以观察到元素 Nb 对逆转变动力学有延迟作用，特别是在 1~10 s 的短时间保温阶段，这种延迟作用最为明显。有研究指出[167]，尽管相变的驱动力比析出物产生的钉扎作用力大得多，但是这种延迟效应仍然是由析出物导致的。

不同 Nb 含量的试验钢在 700 ℃保温 1000 s 后都完成了应变诱导马氏体的逆转变（见图 6-29），显微组织如图 6-30 所示。可以发现，三种含 Nb 钢显微组织的双峰特征明显，粗晶区和细晶区呈片层交替分布，这与 0Nb 钢的组织特征一致。但是，与 0Nb 钢相比，三种含 Nb 钢并没有完全再结晶，随着 Nb 含量的增加，试验钢的再结晶程度有轻微减弱的趋势。这是因为 700 ℃退火 1000 s 过程中Nb(C,N)对位错及亚晶界的移动具有显著的阻碍作用，使再结晶过程发生缓慢，所以含 Nb 钢完成再结晶需要更高的退火温度或者更长的保温时间。

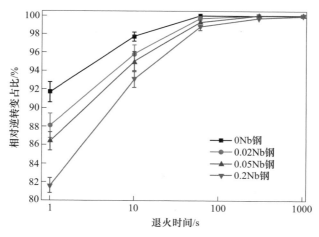

图 6-29　4 种试验钢在 700 ℃退火不同时间后马氏体的相对逆转变占比

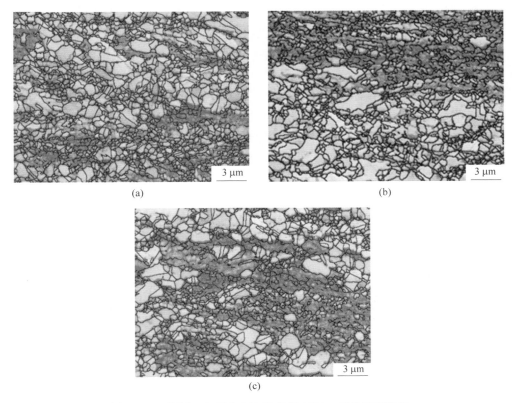

图 6-30   不同含 Nb 钢在 700 ℃保温 1000 s 后的显微组织
(a) 0.02Nb 钢；(b) 0.05Nb 钢；(c) 0.2Nb 钢

800 ℃退火不同时间后含 Nb 钢的显微组织分别如图 6-31 和图 6-32 所示。从图 6-31 可以观察到，0.02Nb 钢在 800 ℃退火短时间保温就得到完全再结晶组织。10 s 退火后显微组织的双峰特征明显，粗晶区和细晶区呈片层状分布。细晶区的平均晶粒和峰值晶粒尺寸分别约为 0.59 μm 和 0.41 μm，粗晶区的平均晶粒和峰值晶粒尺寸分别约为 1.4 μm 和 0.7 μm。随着保温时间的进一步延长，粗晶区和细晶区的晶粒逐渐长大，但是双峰特征依旧明显，如图 6-31 (c)~(f) 所示。60 s 和 1000 s 退火后，整个显微组织的平均晶粒尺寸分别为 1.0 μm 和 1.89 μm。因此，800 ℃的整个退火过程中，0.02Nb 钢显微组织的晶粒尺寸都要小于 0Nb 钢。

当 Nb 含量增加到 0.2% 时，从图 6-32 (a) 和 (b) 中可以观察到，在 800 ℃退火 10 s 时 0.2Nb 钢仍然没有完全再结晶，逆转变奥氏体区的部分晶粒仍然保持着拉长的模糊状态，但是组织的双峰特征非常明显。因此，合金元素 Nb 添加量越多，再结晶过程受到的阻碍作用越大。当退火时间延长到 60 s 时，退火

图 6-31　0.02Nb 钢 800 ℃保温不同时间后的显微组织
（a）（b）10 s；（c）（d）60 s；（e）（f）1000 s

后的显微组织再结晶完全，并同样保持着明显的双峰特征，如图 6-32（c）
和（d）所示，此时整个显微组织的平均晶粒尺寸为 0.69 μm。当退火时间进一
步增加到 1000 s 时，退火后的显微组织特征除了发生晶粒长大以外没有其他显著
的变化，此时整个显微组织的平均晶粒尺寸为 1.44 μm。与 0Nb 钢和 0.02Nb 钢

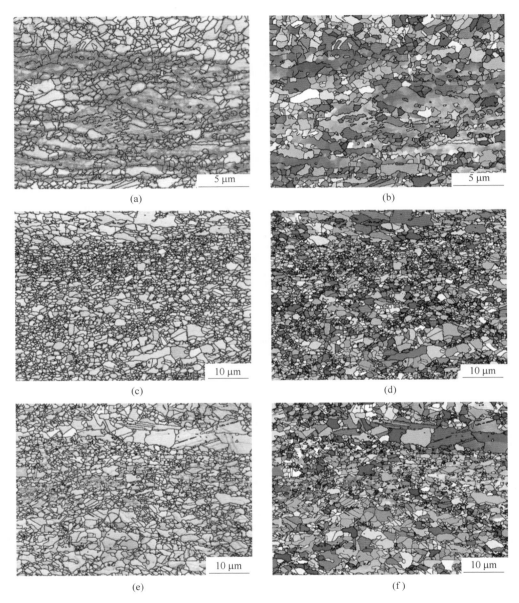

图 6-32　0.2Nb 钢 800 ℃ 保温不同时间后的显微组织
(a) (b) 10 s；(c) (d) 60 s；(e) (f) 1000 s

相比，0.2Nb 钢在 800 ℃ 退火后显微组织进一步细化。所以，随着 Nb 含量的增加，再结晶受阻效果增加，细化组织效果增强，但这不影响退火后晶粒尺寸分布的双峰特征。

900 ℃退火不同时间后含 Nb 钢的显微组织分别如图 6-33 和图 6-34 所示。从中可以发现，此温度下仅退火 1 s 显微组织就再结晶完全，而且双峰特征明显。此后，随着保温时间的延长，晶粒逐渐长大。另外，含 Nb 钢在 900 ℃不同时间退火后的显微组织与 0Nb 钢相比有较大的差异。0.05Nb 钢和 0.02Nb 钢在 900 ℃退火时，直到保温 1000 s 后组织中的晶粒尺寸分布仍然呈现双峰特征。说明合金元素 Nb 的添加显著提高了双峰组织的稳定性，拓宽了获得双峰组织的工艺窗口，使其在 900 ℃长时间保温时仍能得到双峰组织。同时，与 0Nb 钢在相同的退火工艺下相比时，含 Nb 钢在整个退火阶段的显微组织得到了明显细化，如图 6-35 所示。

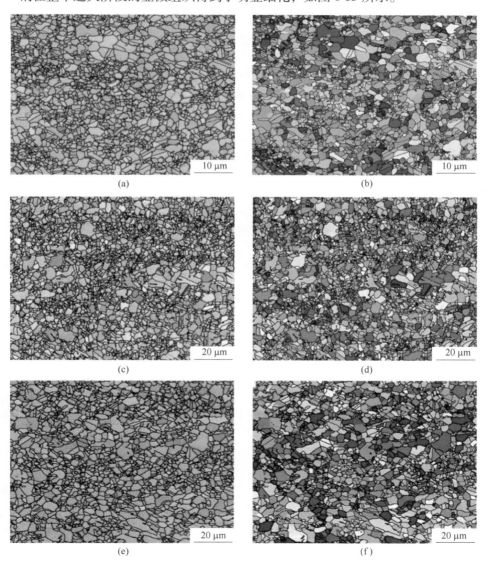

(g)　20 μm　(h)　20 μm

图 6-33　0.05Nb 钢 900 ℃保温不同时间后的显微组织

（a）（b）1 s；（c）（d）10 s；（e）（f）60 s；（g）（h）1000 s

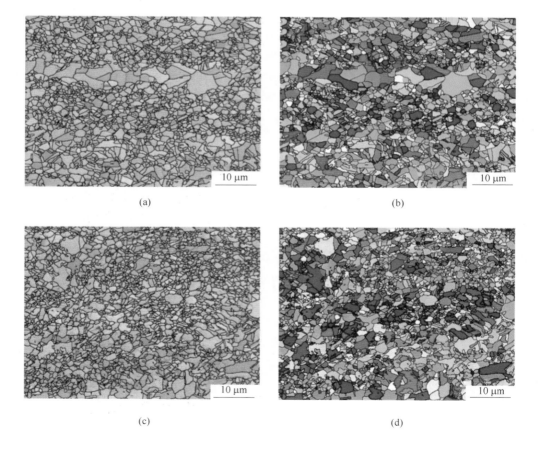

（a）　10 μm　（b）　10 μm

（c）　10 μm　（d）　10 μm

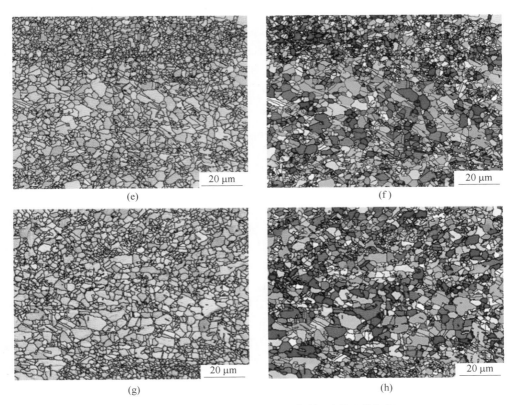

图 6-34 0.2Nb 钢 900 ℃保温不同时间后的显微组织

（a）（b） 1 s；（c）（d） 10 s；（e）（f） 60 s；（g）（h） 1000 s

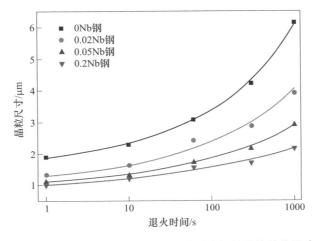

图 6-35 900 ℃不同时间退火后 4 种试验钢的平均晶粒尺寸

由 6.3 节和 6.4 节的分析可知，晶粒尺寸分布的双峰特征之所以在 900 ℃长时间保温后仍稳定存在，主要是由粗、细晶区晶粒长大过程中驱动力和阻力竞争导致的。据此，引入 Deardo[172] 和 Gladman[169] 提出的模型来计算 900 ℃退火时含 Nb 钢粗、细晶区晶粒长大受到的驱动力和阻力。这里选择 0.05Nb 钢在 900 ℃退火 1000 s 后的试样为代表进行分析，该试样细晶区的平均晶粒尺寸为 2.61 μm，粗晶区的平均晶粒尺寸为 4.18 μm。采用与之前相同的方法来统计并计算粗、细晶区各自析出物的体积分数和平均半径，结果见表 6-9。粗、细晶区的析出物体积分数分别为 0.13% 和 0.24%，析出物的平均半径分别为 21.1 nm 和 18.9 nm。与相同退火工艺处理后的 0Nb 钢相比，0.05Nb 钢析出物的体积分数增加，尺寸减小。这主要是由于 Nb 的添加使钢在退火过程中析出大量的 Nb(C,N)，该析出物的热稳定性较好，在 900 ℃退火时能够稳定存在；同样是因为逆转变奥氏体具有大量的位错和晶界等析出物易形核的位置，所以细晶区析出物的体积分数高于粗晶区。式（6-3）和式（6-4）的计算结果如图 6-36 和表 6-9 所示。细晶区中晶粒长大的驱动力为 0.31 MPa，阻力为 0.20 MPa；粗晶区中晶粒长大的驱动力为 0.19 MPa，阻力为 0.09 MPa。可以发现，细晶区中驱动力高于阻力的幅度与粗晶区相当，所以组织的双峰特征在 900 ℃退火时得以长时间保持下去。随着合金元素 Nb 的增加，Nb(C,N) 在粗晶区和细晶区都会增加，对粗、细晶区的晶粒长大都有一定的抑制作用，所以退火后的显微组织逐渐细化。

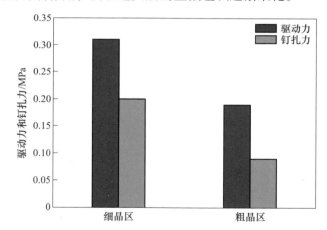

图 6-36   0.05Nb 钢 900 ℃退火 1000 s 后细晶区和粗晶区中晶粒长大的驱动力及钉扎力

表 6-9   **0.05Nb 钢 900 ℃退火 1000 s 后细晶区和粗晶区中析出物的**
体积分数、平均半径、晶粒长大驱动力及钉扎力

区域	$f/\%$	r/nm	F_d/MPa	F_p/MPa
细晶区	0.24	18.9	0.31	0.20
粗晶区	0.13	21.1	0.19	0.09

1000 ℃退火不同时间后含 Nb 钢的显微组织分别如图 6-37 和图 6-38 所示。当保温时间为 1 s 时，0.05Nb 钢和 0.2Nb 钢显微组织的双峰特征基本完全消失；说明在 1000 ℃退火时，含 Nb 钢中细晶区晶粒的长大速度要明显快于粗晶区。这与前面观察到的 0Nb 钢双峰特征消失的原因类似，大量的 Nb(C,N) 在 900 ℃退火时聚集长大较为缓慢，但在更高的温度下退火时，虽然 Nb(C,N) 不易发生回溶，其聚集长大的速度加快，对晶界的钉扎能力显著减弱，这使细晶区的驱动力高于阻力的幅度会大于粗晶区。因此，在退火温度升高到 1000 ℃的过程中，细晶区的晶粒会快速长大，使得组织的双峰特征逐渐消失。

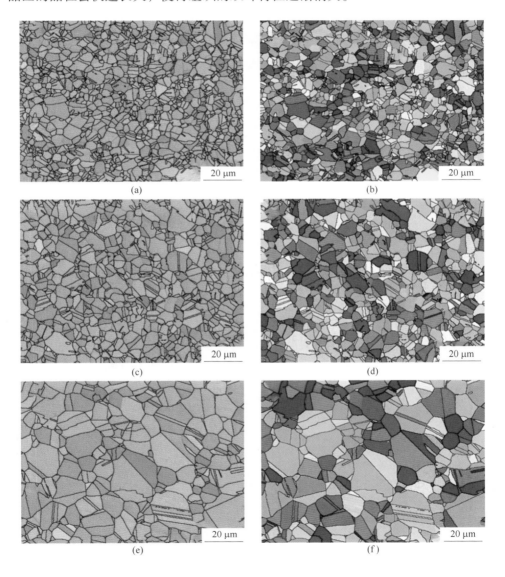

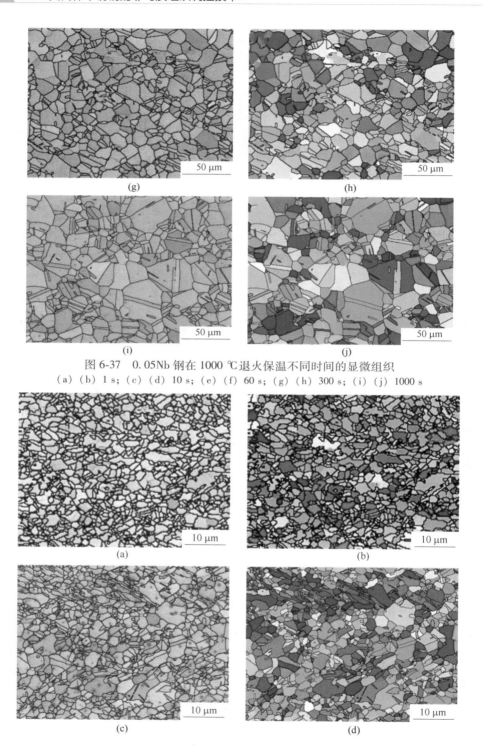

图 6-37　0.05Nb 钢在 1000 ℃退火保温不同时间的显微组织
（a）（b）1 s；（c）（d）10 s；（e）（f）60 s；（g）（h）300 s；（i）（j）1000 s

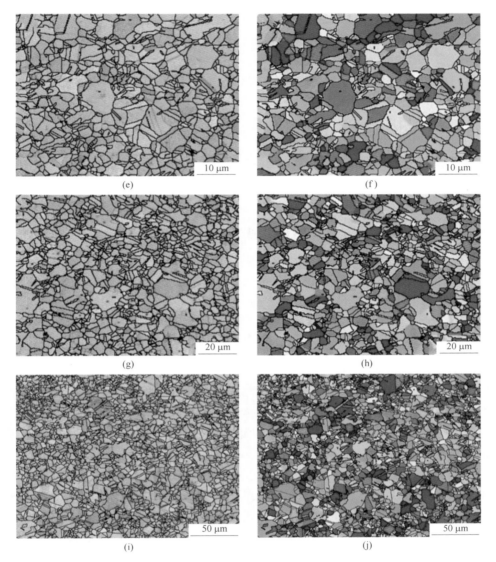

图 6-38 0.2Nb 钢在 1000 ℃退火保温不同时间的显微组织

(a)(b) 1 s；(c)(d) 10 s；(e)(f) 60 s；(g)(h) 300 s；(i)(j) 1000 s

1000 ℃退火不同时间后，含 Nb 钢和 0Nb 钢显微组织的平均晶粒尺寸如图 6-39 所示。可以发现，与 900 ℃退火相比时此时具有相似的变化规律，元素 Nb 的添加对显微组织的细化效果同样非常显著。此退火温度下，0Nb 钢、0.02Nb 钢和 0.05Nb 钢的平均晶粒尺寸对保温时间较为敏感，随着保温时间的延长，这三种试验钢的平均晶粒尺寸都明显增加。但对于 0.2Nb 钢来说，在 1000 ℃保温时仍然具备显著的细化效果，对退火时间的敏感性较弱。

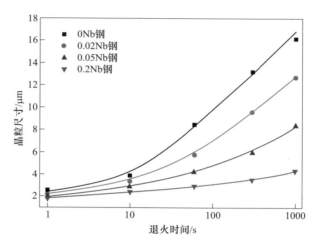

图 6-39 1000 ℃退火不同保温时间后 4 种试验钢的平均晶粒尺寸

6.6 非均质结构 202 奥氏体不锈钢的二次冷轧退火工艺

将粗晶区（片层）和细晶区（片层）分别看成组织均匀的两个独立单元，然后进行第二次冷轧，那么粗晶区和细晶区都会产生应变诱导马氏体和变形奥氏体。紧接着进行合适的退火工艺，使粗晶区和细晶区完成再结晶而得到各自的晶粒尺寸更小的片层更薄的双峰组织，整体组织组合到一起即为一种基于双峰组织的非均质纳米晶/超细晶组织，所得到的钢种即为非均质纳米晶/超细晶钢，简称 H-N/UG 钢。

0Nb 钢 800 ℃退火 10 s 得到的非均质组织（BM-10）具有非常明显的双峰特征，并具备优异的综合力学性能，因此以 BM-10 双峰组织为代表进行第二次冷轧退火研究。在第二次冷轧前期或中期阶段，细晶区中应变诱导马氏体含量会高于粗晶区；但随着冷轧变形量的增加，细晶区加工硬化明显，此时粗晶区将会承受更多的应变而有助于应变诱导马氏体的形成。所以，合适的冷变形工艺可以使粗晶区和细晶区得到各自的应变诱导马氏体和变形奥氏体，工艺流程图和组织演变示意图如图 6-40 所示。首先，将具有 BM-10 双峰组织的 0Nb 钢进行总压下量为 50%的冷轧变形，此压下量可以控制冷轧后应变诱导马氏体的体积分数约为 82.2%。这和第一次冷轧时的目的一样，就是为了使退火后细晶区马氏体体积分数达到 80%左右（即粗晶区马氏体体积分数为 20%）。二次冷轧后试样的 XRD 检测结果和 TEM 显微组织形貌如图 6-41 和图 6-42 所示，可以发现，其显微组织特征与第一次冷轧后的显微组织特征非常相似，大量的位错分布于整个试样中，且多数呈胞状结构。其次，以 30 ℃/s 的加热速度加热到 720 ℃短时停留 1~2 s，接着以 50 ℃/s 的冷速冷却到 400 ℃，随后空冷至室温。该退火温度可以将此时的逆转变奥氏体和变形奥氏体完全再结晶，并且短时的停留会抑制晶粒的长大。

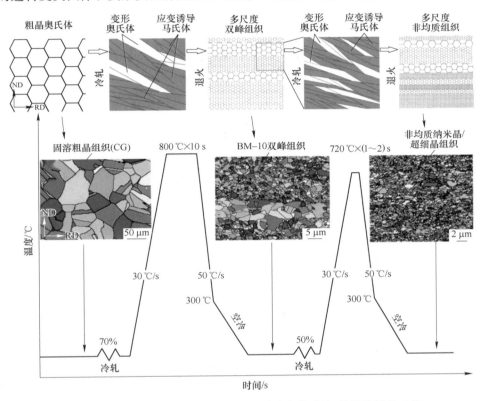

图 6-40　基于 0Nb 钢双峰组织的非均质纳米晶/超细晶钢的制备工艺

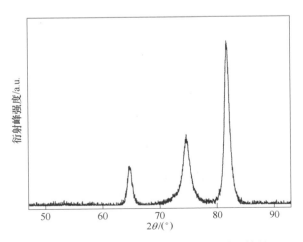

图 6-41　第二次冷轧后试样的 XRD 检测结果

图 6-42　第二次冷轧后试样的 TEM 组织形貌

　　0Nb 钢的 BM-10 双峰组织及其粗、细晶区的晶粒尺寸如图 6-43（a）和（b）所示，H-N/UG 组织如图 6-43（c）所示。第二次退火后，BM-10 双峰组织中粗

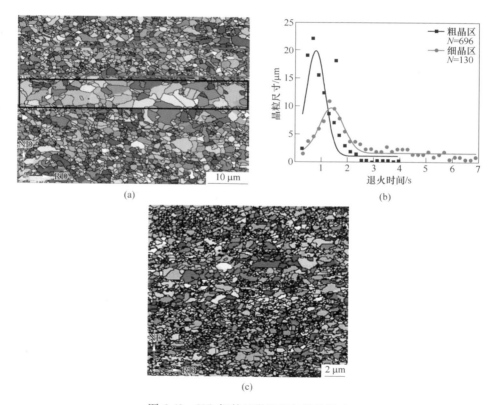

图 6-43　0Nb 钢的显微组织与晶粒尺寸

（a）BM-10 双峰组织；（b）BM-10 双峰组织中粗晶区和细晶区的晶粒尺寸；（c）非均质纳米晶/超细晶组织

晶区和细晶区的变形奥氏体和逆转变奥氏体都完成了再结晶，得到了 H-N/UG 组织；该组织的晶粒尺寸进一步降低，整体组织的晶粒尺寸在 20 nm～2 μm 之间，平均晶粒尺寸约为 0.31 μm；其粗、细晶片层更薄且片层交替更加频繁，整体组织呈现明显的非均质状态；H-N/UG 组织最显著的特点是在整体组织进一步细化的基础上，大幅度增加了粗晶片层和细晶片层的交界面。

6.7　非均质高密度位错结构 202 奥氏体不锈钢的瞬时退火工艺

在非均质双峰钢和非均质纳米晶/超细晶钢的制备过程中，充分利用了应变诱导马氏体逆转变和变形奥氏体再结晶的差异，获得了具有不同晶粒尺度的显微组织，显著提高了双峰钢的综合力学性能，并使非均质钢的综合力学性能获得了极大的突破（见第 7 章）。但是，工艺流程的增加不利于生产成本的降低。那么，能否通过设计简易的工艺来提高该钢种的强韧性呢？近年来，香港大学和北京科技大学的研究人员等[175]在低成本中锰钢中成功将高密度可动位错引入到马氏体基体中，使之获得了超高的强度和优良的塑性。据此，如果能够将非均质纳米晶/超细晶与高密度位错共同结合到奥氏体中，很可能会使奥氏体钢的综合力学性能获得更进一步的突破。据此，本节开展了以下研究工作。

前几节研究应变诱导马氏体逆转变的最低退火温度是 700 ℃，此温度下短时间退火时基本上就使得应变诱导马氏体逆转变完全，而无法获得应变诱导马氏体的详细逆转变行为。应变诱导马氏体的逆转变机制是较为复杂的，而逆转变过程对非均质组织中细晶的制备至关重要。更为细致地研究应变诱导马氏体在 700 ℃以下退火时的逆转变行为就尤为必要，因此，本节将详细地研究应变诱导马氏体在低温退火过程中的逆转变机理，同时为制备具有高密度位错的非均质纳米晶/超细晶奥氏体钢提供参考依据。

6.7.1　低温退火过程中应变诱导马氏体的逆转变机制

在研究低温退火过程中应变诱导马氏体的逆转变行为时，首先分析应变诱导马氏体的逆转变动力学。正如第 6.3 节中也提到，大多数研究中认为应变诱导马氏体的逆转变过程能够以切变和扩散两种形式发生，其中切变型逆转变机制所得到的奥氏体将保留原应变诱导马氏体中大量的亚结构（尤其是密集的位错）；而扩散型逆转变恰好相反，由于扩散型逆转变过程是晶粒的重构，所以转变后晶体缺陷很少[168]。由此认为，加热温度、加热速度和保温时间对这两种逆转变机制都有非常大的影响。

切变型逆转变（逆切变）过程的发生主要取决于马氏体向奥氏体转变时的

吉布斯自由能（$\Delta G^{\alpha' \to \gamma}$，J/mol）。Tomimura 等人[168,176]研究表明，$\Delta G^{\alpha' \to \gamma}$值升高会降低切变机制发生的温度，有利于逆切变的发生。通常，切变机制发生的临界吉布斯自由能为-500 J/mol[48]，越低于此值，切变机制越容易发生，而扩散机制不易发生；高于此值，切变机制不易发生，扩散机制起主导作用。

对于奥氏体不锈钢体系，计算马氏体向奥氏体转变时的吉布斯自由能见式（6-5）[177-178]，该公式涉及的主要元素是 Fe、Cr 和 Ni。由于本节设计的奥氏体不锈钢具有很多其他合金元素，这些合金元素都有稳定奥氏体的作用，因此通常使用式（6-6）和式（6-7）来综合考虑其他合金元素对吉布斯自由能的影响，使用 Ni_{eq}、Cr_{eq}来代替 Ni、Cr[176]。Nb 元素的添加并不会明显地稳定奥氏体，所以 Nb 元素对吉布斯自由能几乎没有影响。根据式（6-5）~式（6-7）计算试验钢 $\Delta G^{\alpha' \to \gamma}$随温度的变化趋势如图 6-44 所示，本节以 0Nb 钢为代表进行研究。当 $\Delta G^{\alpha' \to \gamma} = -500$ J/mol 时，此时的退火温度大约为 634 ℃。当退火温度高于 634 ℃时，此时 $\Delta G^{\alpha' \to \gamma} < -500$ J/mol，有利于切变机制的发生。

$$\Delta G^{\alpha' \to \gamma} = 10^{-2} \Delta G_{Fe}^{\alpha \to \gamma} (100 - Cr_{eq} - Ni_{eq}) - 97.5 Cr_{eq} + 2.02 Cr_{eq}^2 - 108.8 Ni_{eq} +$$
$$0.52 Ni_{eq}^2 - 0.05 Cr_{eq} Ni_{eq} + 10^{-3} T (73.3 Cr_{eq} - 0.67 Cr_{eq}^2 +$$
$$50.2 Ni_{eq} - 0.84 Ni_{eq}^2 - 1.51 Cr_{eq} Ni_{eq}) \tag{6-5}$$

$$Ni_{eq} = Ni + 0.6 Mn + 20 C + 4 N - 0.4 Si \tag{6-6}$$

$$Cr_{eq} = Cr + 4.5 Mo \tag{6-7}$$

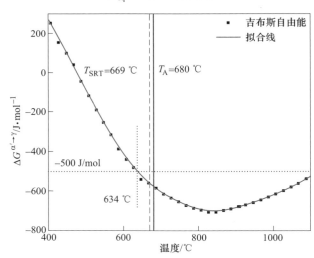

图 6-44　0Nb 钢马氏体向奥氏体转变的吉布斯自由能随温度的变化趋势

本节的退火工艺采用 30 ℃/s 的加热速度，此加热速度下得到的冷轧后试样（70%变形量）的热膨胀曲线如图 6-45 所示。从图 6-45 中可以发现，此加热速度下马氏体向奥氏体转变的开始温度在 669 ℃，结束温度在 720 ℃。这里需要注意的是，在 669 ℃ 之前，应变诱导马氏体已经具备了发生逆切变的条件。但是，实验中由于加热速度很快，设备的灵敏度有限，所以测量的开始逆转变温度稍有滞后。

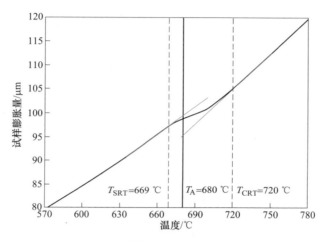

图 6-45 试样的膨胀量与温度的关系

（T_{SRT} 为逆转变开始温度，T_{CRT} 为逆转变完成温度）

根据图 6-44 和图 6-45 的初步分析结果，对 0Nb 钢低温退火（<700 ℃）中的逆转变行为展开更为详细的实验性研究。选取 634 ℃ 和 670 ℃ 这两个具有代表性的温度点进行退火处理，保温时间分别为 1 s、10 s、60 s、300 s 和 1000 s，冷轧工艺、退火过程中的加热和冷却工艺和前几节保持一致。

6.7.2　应变诱导马氏体的逆转变行为及机理

634 ℃ 不同时间的退火工艺处理后，试样的显微组织形貌分别如图 6-46 ~ 图 6-48 所示，每组分为 IPF 图、相图和衬度图。由于 634 ℃ 保温 1 s 时的显微组织形貌没有明显变化，且由于内应力较大，EBSD 识别率非常低，所以这里不做讨论。

634 ℃ 保温 10 s 后，退火组织中有新的细小奥氏体晶粒产生，如图 6-46 所示。仔细观察该图可以发现，这些新晶粒的形核位置大多是位于变形带以及变形带的交汇处，多数晶粒细小等轴，而且衬度图显示晶粒清晰可见；这说明其产生过程是典型的扩散型机制控制，变形带及变形带交汇处的晶体缺陷多、晶格畸变度大且能量高而易于形核。极少部分新的奥氏体晶粒呈片状，在马氏体基体上生成，衬度图显示其较为模糊；这说明少部分奥氏体晶粒是由马氏体切变而来，保留了大量的晶体缺陷而降低了 EBSD 的分辨率。退火后，马氏体相和奥氏体相的含量如图 6-49 所示，奥氏体和马氏体的体积分数分别约为 15.4% 和 67.6%，未

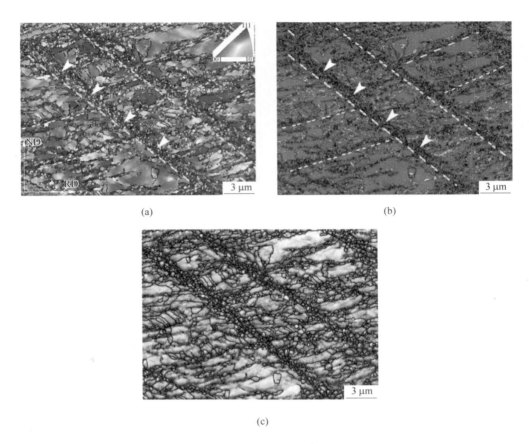

(a)

(b)

(c)

图 6-46　试样在 634 ℃保温 10 s 后的显微组织

（a）IPF 图；（b）相图（红色为 α′-马氏体，蓝色为奥氏体）；（c）衬度图

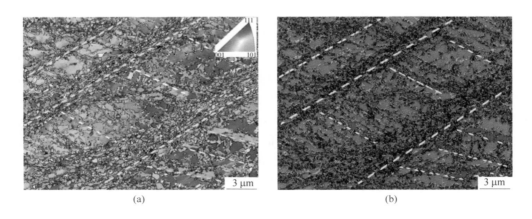

(a)

(b)

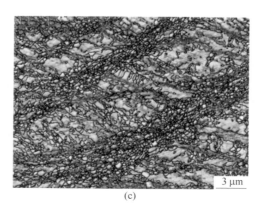

图 6-47 试样在 634 ℃保温 60 s 后的显微组织

（a）IPF 图；（b）相图；（c）衬度图

图 6-48 试样在 634 ℃保温 300 s 后的显微组织

（a）IPF 图；（b）相图；（c）衬度图

识别区占比约为 17%。60 s 保温后，新生成的奥氏体晶粒数目明显增多，并逐渐向马氏体基体延伸长大；新奥氏体晶粒的形核位置不局限于变形条带，变形带之间的马氏体基体上也有新的奥氏体晶粒形成。仔细观察发现，大部分奥氏体晶粒都呈现细小的等轴状，衬度图显示晶粒较为清晰，说明扩散机制仍然占主导作用。此时的奥氏体体积分数明显增多达到 56.4%，如图 6-49 所示。此时的马氏体基本保持片状连接，变形条带仍然清晰可见。随着保温时间进一步延长到300 s，奥氏体晶粒进一步增多，无论是变形带还是变形带之间的马氏体基体都布满了细小的等轴状奥氏体晶粒，如图 6-48 所示。由于大量奥氏体晶粒的形核和长大，使得应变诱导马氏体被大量消耗，这时奥氏体和马氏体的体积分数分别约为 81.8% 和 14.6%，如图 6-49 所示。此外，扩散型逆转变导致大量的奥氏体晶粒是重构而来，原冷轧组织中马氏体的变形带特征逐渐消失。

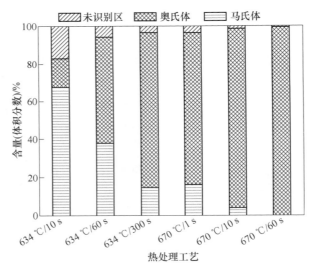

图 6-49　试样在 634 ℃ 和 670 ℃ 退火不同时间后奥氏体和马氏体的含量

670 ℃ 不同时间的退火工艺处理后，试样的显微组织形貌如图 6-50 所示，每组分为 IPF 图和衬度图，衬度图中红色为未转变马氏体。退火后，马氏体相和奥氏体相的含量如图 6-49 所示。从图 6-50（a）和（b）中可以发现，与 634 ℃ 退火后的显微组织相比 670 ℃ 退火后的显微组织具有极大的差异。670 ℃ 仅保温 1 s时，应变诱导马氏体就发生了非常迅速的转变，其体积分数从 81.4% 急剧下降到16.1%，奥氏体体积分数急剧升高到 80.2%，如图 6-49 所示。仔细观察图 6-50（a）可以发现，新生成的奥氏体晶粒取向呈现片区一致性；零星分布有极少数细小等轴晶，取向呈现多样性。从图 6-50（b）中可以明显观察到，逆转变奥氏体的整体形貌仍然呈现条带状，没有改变冷轧组织的形貌特征，且晶粒清晰度很差，而细

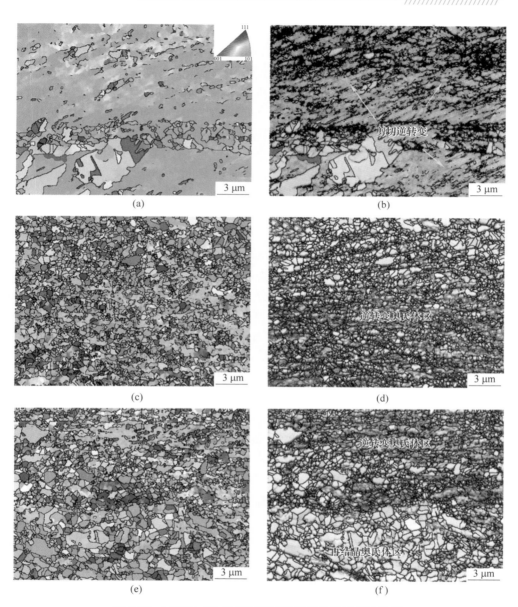

图 6-50　试样在 670 ℃保温不同时间后的显微组织形貌
(a)(b) 1 s；(c)(d) 10 s；(e)(f) 60 s

小的等轴晶粒较为清晰。这些都明确说明了此时的应变诱导马氏体逆转变为奥氏体的过程主要受切变机制的控制，遗传了应变马氏体的相关特征，使得马氏体中高密度位错被保留了下来，降低了 EBSD 组织的分辨率。此外，670 ℃退火时的 $\Delta G^{\alpha' \to \gamma}$ 为 −564 J/mol，与 −500 J/mol 相比它具有很大的富余量，为逆切变的发生提供了充足的驱动力，极少部分应变诱导马氏体不可避免地受扩散机制的控制而逆转变为细小的等轴晶。

10 s 保温时，马氏体含量进一步减少，其体积分数在 4.1%左右，如图 6-50（d）和图 6-49 所示。此外，从图 6-50（c）中可以发现，奥氏体连片出现的区域减少，图片的清晰度增加，说明逆转变奥氏体发生了一定程度的回复。仔细观察图 6-50（c）和（d）的上半部分还可以发现，多数清晰等轴状的奥氏体晶粒呈现微弱的条带状分布，而且这部分晶粒的取向也呈现多样性，说明先前退火得到的逆转变奥氏体发生了再结晶，条带状特征逐渐变得微弱。所以，670 ℃退火 10 s 时不仅大量的应变诱导马氏体逆切变为奥氏体，而且少部分逆转变奥氏体还发生了回复和再结晶。

60 s 保温时，应变诱导马氏体已经完全消失，如图 6-50（f）和图 6-49 所示。此时逆转变奥氏体晶粒变得清晰，晶粒取向呈现出明显的多样性，说明此时更多的逆转变奥氏体发生了回复再结晶。该视场的选取遵循之前的规律，即结合 SEM 形貌特征进行选区观察；该视场上半部分为逆转变奥氏体区，下半部分为变形奥氏体区。可以发现，此时逆转变奥氏体和变形奥氏体都发生一定程度的回复再结晶，变形奥氏体再结晶后的晶粒尺寸明显大于逆转变奥氏体再结晶后的晶粒尺寸，组织的双峰特征初步显现。随着退火时间的进一步延长，显微组织的演变与 6.3 节 700 ℃长时间退火时较为相似，此处不再赘述。

6.7.3　基于高密度位错的非均质组织特征

从 6.6 节的分析中可以得到，切变型逆转变过程极其迅速，而且所得到的逆转变奥氏体的最大特点就是保留了应变诱导马氏体中的高密度位错。6.2 节显示，CG 组织在冷轧变形 70%后，获得了体积分数为 20%左右的变形奥氏体和 80%左右的应变诱导马氏体，TEM 形貌显示，应变诱导马氏体由大量的位错型马氏体构成，密集的位错胞几乎遍及整个应变诱导马氏体。所以说，此冷轧压下量不仅能够为获得非均质纳米晶/超细晶组织做铺垫，而且还为获得具有高密度位错的奥氏体提供了潜在条件。

根据 670 ℃退火过程中的组织演变规律，为了使切变机制充分启动并极大限度将高密度位错保留下来，本试验的逆切变退火工艺采用 680 ℃和 720 ℃瞬时退火 4 s；在这两个温度下退火时，应变诱导马氏体在向奥氏体转变时具有更高的逆切变驱动力，能够使切变机制充分发挥作用。680 ℃瞬时退火主要是基于极大限度地获得高密度位错这一思路设定的，720 ℃瞬时退火主要是基于得到全奥氏体组织的前提下尽可能地获取高密度位错这一思路设定的，瞬时停留可以阻碍逆转变奥氏体发生回复而有利于高密度位错的保留。最后进行 400 ℃低温回火 20 min，一方面使逆转变奥氏体中大量位错胞的胞内位错向胞壁迁移聚集而强化位错胞；另一方面适当地降低组织的残余应力，详细的工艺路线如图 6-51 所示，瞬时退火+回火工艺得到的最终组织主要是由高密度位错的逆转变奥氏体和低密度位错的变形奥氏体（部分晶粒可能发生回复再结晶）组成。由于逆转变奥氏体的位错密度高于变形奥氏体，晶粒尺寸小于变形奥氏体，两种奥氏体不仅晶粒尺度不同，组织中的亚结构也存在较大的差异，所以这里将该钢种命名为基于高密度位错非均质纳米晶/超细晶钢，简称为 D&RT 钢；680 ℃ 和 720 ℃ 瞬时退火+低温回火后得到的组织分别为 D&RT$_{680}$ 和 D&RT$_{720}$ 组织。

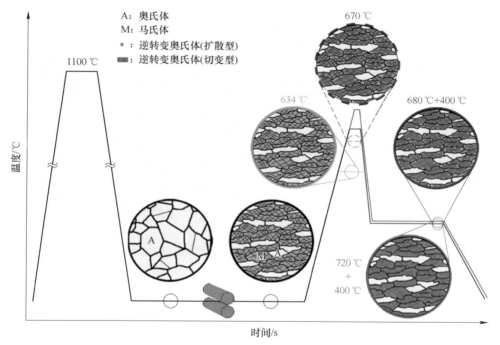

图 6-51　基于高密度位错非均质纳米晶/超细晶钢（D&RT）的制备工艺路线

680 ℃ 瞬时退火得到的 D&RT$_{680}$ 组织如图 6-52 所示，从中可以发现，显微组织主要由大量的逆转变奥氏体（位于图中的上下位置）和少量的变形奥氏体组成（位于图中的中间位置），微量的回火马氏体弥散分布于逆转变奥氏体中，逆转变奥氏体和变形奥氏体的层状分布特征不变。仔细观察还可以发现，逆转变奥氏体继承了冷轧组织的条带状形貌，晶粒清晰度较低，而变形奥氏体无此特征。从晶粒特征看，部分逆转变奥氏体有轻微的回复现象，部分变形奥氏体的回复再结晶较为明显，晶粒更为清晰。从晶粒尺寸看，逆转变奥氏体主要由亚微米级和纳米级晶粒组成，变形奥氏体主要由细小的微米晶组成。根据 EBSD 数据统计出 D&RT$_{680}$ 组织的平均晶粒尺寸为 0.63 μm。此外，考虑到 EBSD 是微区分析的结果，利用 XRD 对各相的相对比例进行辅助计算，XRD 的检测结果如图 6-53 所示，计算得到奥氏体

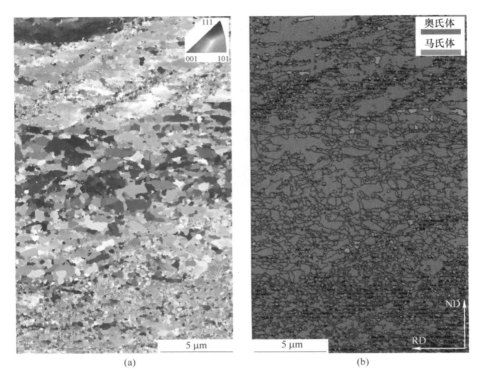

图 6-52　680 ℃瞬时退火得到的 D&RT$_{680}$组织

（a）IPF 图；（b）相图

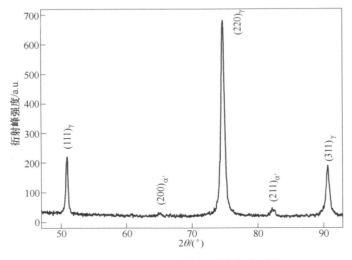

图 6-53　D&RT$_{680}$组织的 X 射线衍射谱图

的体积分数约为 90%，回火马氏体的体积分数约为 10%。90% 的奥氏体中变形奥氏体大约占 20%，逆转变奥氏体大约占 70%。虽然该组织中含有马氏体相，由于含量较少、分布弥散，因此在命名上仍然称为奥氏体不锈钢。

为了更加细致地研究 D&RT$_{680}$ 组织的晶粒特征和位错组态，对试样进行 TEM 分析，分析结果如图 6-54 和图 6-55 所示。可以很清楚地观察到，逆转变奥氏体中有大量的位错，且基本上都以位错胞的形式呈现；胞壁聚集着大量的位错，而胞内位错很少，位错胞与位错胞之间相互连接，这充分说明逆切变没有改变应变诱导马氏体的微观亚结构。仔细观察这些位错胞发现，其尺寸存在明显的差异，由纳米级（见图 6-54（a））、亚微米级（见图 6-54（c））和微米级（见图 6-54（d））组成。

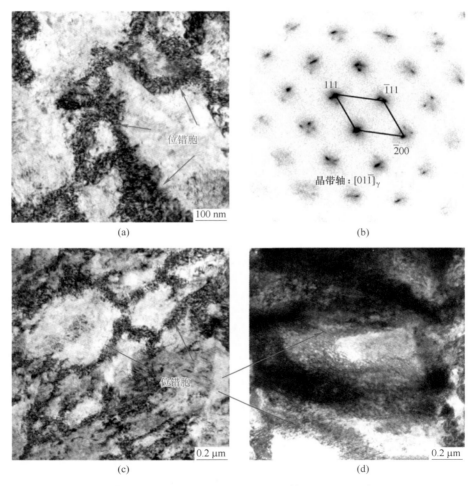

(a)   (b)

(c)   (d)

图 6-54   D&RT$_{680}$ 组织中逆转变奥氏体的位错胞形貌

（a）纳米级位错胞；（b）图（a）中纳米级位错胞的衍射斑；（c）亚微米级位错胞；（d）微米级位错胞

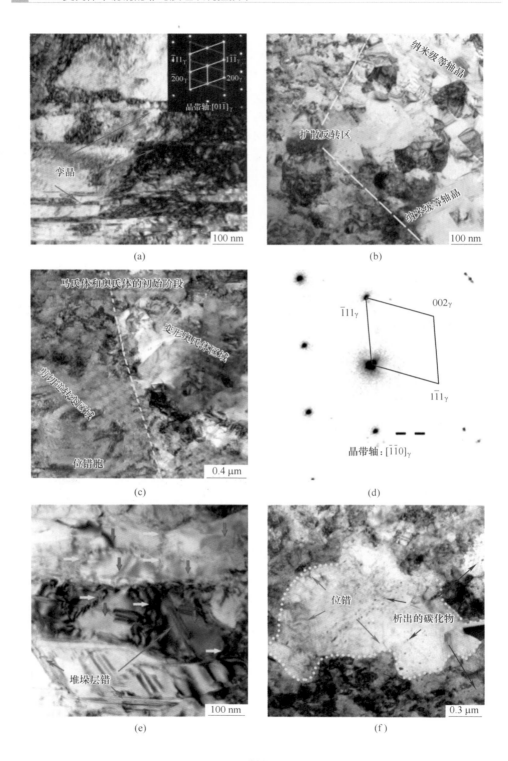

(a)

(b)

(c)

(d)

(e)

(f)

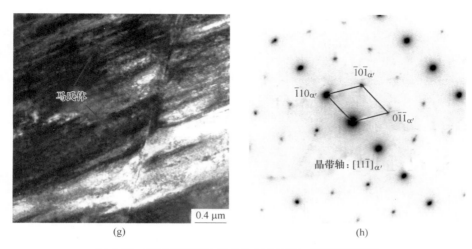

图 6-55 基于高密度位错非均质 $D\&RT_{680}$ 显微组织形貌

（a）纳米孪晶和所选区域的衍射斑；（b）扩散型逆转变奥氏体中细小的纳米晶粒；
（c）同一个视场中的逆转变奥氏体和变形奥氏体；（d）变形奥氏体的选区衍射斑；
（e）变形奥氏体中的亚晶粒；（f）变形奥氏体中的粗晶粒；（g）剩余未发生逆转变的马氏体；
（h）回火马氏体的选区衍射斑

逆转变奥氏体中除了有密集位错胞的存在，还发现了少量细小的纳米级孪晶（见图 6-55（a）），孪晶与位错相互交错缠结；从形貌特征上看，这些应该是冷变形产生的形变孪晶在瞬时退火过程中保留下来的。680 ℃瞬时退火时，虽然切变机制起主导作用，但极少部分应变诱导马氏体的逆转变仍然受扩散机制的控制，得到了细小的纳米级等轴晶，如图 6-55（b）所示，这些晶粒缺陷很少且形状规则。图 6-55（c）为同一个视场中的逆转变奥氏体和变形奥氏体，可以非常明显地观察到原先应变马氏体与变形奥氏体的相界面（黄色虚线），其中逆转变奥氏体区域存在着大量的位错胞，变形奥氏体区域有回复再结晶现象，晶粒中的位错缺陷有所降低；在部分变形奥氏体中也观察到了亚晶粒的产生，如图 6-55（e）所示，其中亚晶界十分明显（黄色箭头处），由亚晶界分割出的亚晶粒如图 6-55（e）中的红色箭头处。退火后的变形奥氏体宏观上呈层状分布，有些变形奥氏体的粗晶粒被逆转变奥氏体的细晶粒包围，其微观形貌如图 6-55（f）所示，粗晶中的位错明显少于周围的细晶并有少量的析出物产生；同时，也正是因为粗晶中位错不多，析出物才能较容易被观察到（见图 6-55（f）），而在逆转变奥氏体中大量位错的存在使析出物不容易被观察到。剩余未转变的回火马氏体形貌如图 6-55（g）所示，可以发现，这些回火马氏体仍然呈现近似的板条状并伴随着大量位错的聚集。

为了确定 $D\&RT_{680}$ 组织中位错密度，使用 XRD 对各衍射峰的半高宽

（FWHM）进行测量。检测时采用步进式扫描，步长 0.02°，间隔 1 s，扫描角度 30°~140°，检测结果如图 6-56 所示。同时采用无晶粒细化、无应力、无畸变完全退火态的硅-640 作为标准样品，利用其衍射峰曲线制作半高宽补正曲线，用于解卷积过程，即对仪器本身起到扣背底的作用。

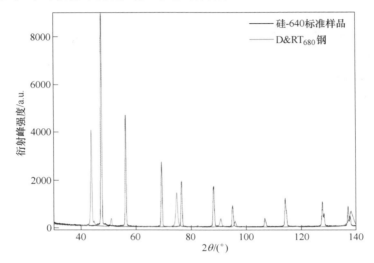

图 6-56　D&RT$_{680}$试样和硅-640 标准样品的步进式 XRD 检测结果

金属材料位错密度的计算通常采用 Williamson 和 Hall[179] 提出的微应变引起的衍射峰宽化模型。对于 D&RT$_{680}$组织来说，由于大量位错的存在，会导致倒易球增大，使衍射峰加宽。一般来说，晶粒尺寸大于 100 nm 时，不考虑晶粒尺寸对衍射峰宽化的影响。从 EBSD 统计数据和 TEM 显微组织形貌来看，D&RT$_{680}$组织中的晶粒尺寸基本上都大于 100 nm，所以本研究计算中忽略晶粒尺寸对衍射峰宽化的影响。微应变导致的衍射峰宽化遵循如下关系[179]：

$$\varepsilon = \frac{FWHM}{2\tan\theta} \tag{6-8}$$

因此，D&RT$_{680}$组织中的位错密度根据得到的微应变利用式（6-9）求得。

$$\rho = k\frac{\varepsilon}{b^2} \tag{6-9}$$

式中，k 为几何常数，对于面心立方结构的奥氏体相，$k = 16.1$；b 为柏氏矢量，对于面心立方结构的奥氏体相，$|b| = \frac{\sqrt{2}}{2}a$ ，

$$\frac{1}{d} = \frac{h^2 + k^2 + l^2}{a^2} \tag{6-10}$$

式中，h，k，l 为各衍射峰的密勒指数；d 为各衍射峰的晶面间距。

使用 JADE 软件对 XRD 数据进行处理并拟合得到微应变（斜率），结果如图 6-57 所示。利用 Williamson-Hall 方法计算得到 $D\&RT_{680}$ 钢的位错密度高达 1.12×10^{15} m^{-2}，而 CG 钢的位错密度仅仅为 5×10^{12} m^{-2}。$D\&RT_{680}$ 钢中如此高的位错密度完全得益于冷轧和逆切变工艺的结合，这一级别的位错密度在奥氏体相中是不太容易获得的。

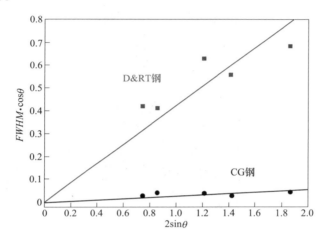

图 6-57 $D\&RT_{680}$ 组织和固溶粗晶组织的微应变拟合结果

基于得到全奥氏体组织的前提下尽可能地获取高密度位错，同时进行了 720 ℃ 瞬时退火+低温回火工艺，该工艺下得到基于高密度位错的非均质纳米晶/超细晶组织（$D\&RT_{720}$），如图 6-58 所示。从 EBSD 组织特征上可以观察到，此时应变诱导马氏体逆转变完全，显微组织由全奥氏体组成；其形貌特征与 $D\&RT_{680}$ 组织较为相似，逆转变奥氏体和变形奥氏体仍然保持着层状交替分布，且逆转变奥氏体的条带状特征保持不变。从晶粒特征上看，$D\&RT_{720}$ 组织中逆转变奥氏体和变形奥氏体晶粒的清晰度增加，说明与 $D\&RT_{680}$ 组织相比，其发生回复的晶粒增多；从晶粒尺寸看，逆转变奥氏体仍然由亚微米级和纳米级晶粒组成，变形奥氏体由细小的微米晶组成，根据 EBSD 数据统计出 $D\&RT_{720}$ 组织的平均晶粒尺寸约为 0.64 μm。此外，TEM 组织形貌显示，$D\&RT_{720}$ 的 TEM 组织特征与 $D\&RT_{680}$ 也较为相似，逆转变奥氏体中充满了大量的位错胞，位错胞之间相互连接，如图6-58（e）所示。由扩散机制获得的纳米级逆转变奥氏体等轴晶如图 6-58（f）所示，变形奥氏体组织形貌如图 6-58（g）所示，逆转变奥氏体片层和变形奥氏体片层的交替分布如图 6-58（h）所示。这些微观结构特征都进一步说明 $D\&RT_{720}$ 组织特征与 $D\&RT_{680}$ 相比变化不大，最明显的差异在于马氏体逆转变完全且组织的回复程度稍有增加。

同样采用 Williamson-Hall 方法来计算 $D\&RT_{720}$ 组织中的位错密度，利用 JADE

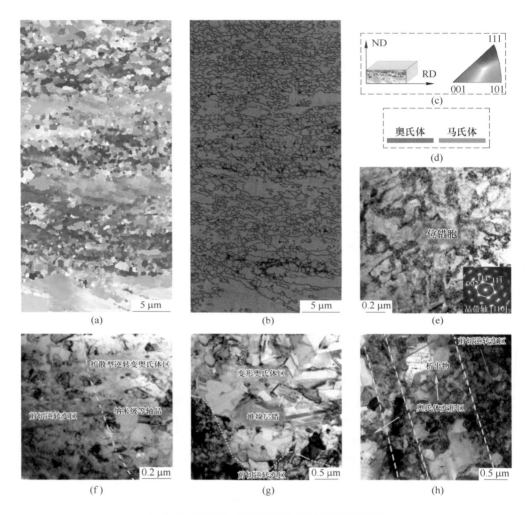

图 6-58 D&RT$_{720}$组织 EBSD 形貌和 TEM 形貌

（a）IPF 图；（b）相图；（c）试样观察面在三维空间中的位置；
（d）指代相图（b）中红色和绿色区域分别为奥氏体和马氏体；（e）逆转变奥氏体中的位错胞；
（f）扩散型逆转变奥氏体中的纳米晶；（g）同一个视场中的逆转变奥氏体和变形奥氏体；
（h）逆转变奥氏体片层和变形奥氏体片层交替分布

软件对 XRD 数据进行处理并拟合得到微应变（斜率）如图 6-59 所示，可以发现 D&RT$_{720}$钢的微应变要低于 D&RT$_{680}$钢，计算后得到 D&RT$_{720}$钢的位错密度为 8.9×10^{14} m^{-2}。固溶后水冷至室温，避免冷却过程中碳化物的析出，使 4 种试验钢得到组织均匀且晶粒度适宜的单相奥氏体组织。

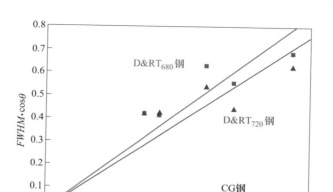

图 6-59 D&RT$_{720}$钢、D&RT$_{680}$钢和 CG 钢的微应变拟合结果

6.7.4 Nb 元素对非均质高密度位错组织的影响

6.7.3 节的研究结果可知，D&RT 钢具有密集的位错，这些位错除了能够显著强化奥氏体基体以外还是析出物天然有利的形核点。如果将这些密集的位错充分用于析出物的析出，那么析出强化效应就会被充分激发，很可能实现 D&RT 钢的进一步强化。基于此思路，以 0.2Nb 钢为研究对象，将瞬时退火+低温回火的工艺进行适当调整，采用 60 ℃/s 的加热速度瞬时加热并快速冷却，然后大幅度延长低温回火时间至 3 h；较长的回火时间可以使含 Nb 析出物大量析出，较低的回火温度能够尽可能地降低逆转变奥氏体中密集位错。合金元素 Nb 的添加对应变诱导马氏体的逆转变有阻碍作用，0.2Nb 钢逆转变开始温度和完成温度都分别提高到 688 ℃ 和 751 ℃。所以，基于得到全奥氏体组织的前提下尽可能地获得高密度位错，采用 760 ℃ 瞬时退火工艺、400 ℃ 保温 3 h 的低温长时间回火工艺来制备具有高密度位错和密集析出物的非均质纳米晶/超细晶组织（D&RT$_{760}$组织），详细的工艺流程如图 6-60 所示，简要的组织演变示意图也结合在其中。

D&RT$_{760}$显微组织如图 6-61 所示，可以观察到，D&RT$_{760}$组织形貌与 D&RT$_{720}$组织形貌较为相似，应变诱导马氏体逆转变完全，逆转变奥氏体和变形奥氏体仍然保持着层状交替分布，且逆转变奥氏体的条带状特征保持不变。从晶粒特征看，变形奥氏体和逆转变奥氏体的晶粒清晰度减弱，说明元素 Nb 的添加对逆转变奥氏体和变形奥氏体的回复有阻碍作用；从晶粒尺寸看，晶粒尺寸变化不大，逆转变奥氏体也是由亚微米级和纳米级晶粒组成，变形奥氏体由细小的微米晶组成。根据 EBSD 数据统计出 D&RT$_{760}$组织的平均晶粒尺寸约为 0.63 μm。此外，TEM 组织形貌显示，D&RT$_{760}$组织的逆转变奥氏体中同样充满了大量的位错胞，

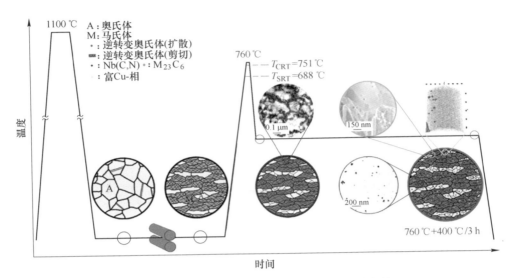

图 6-60　基于高密度位错 D&RT$_{760}$ 的制备工艺流程

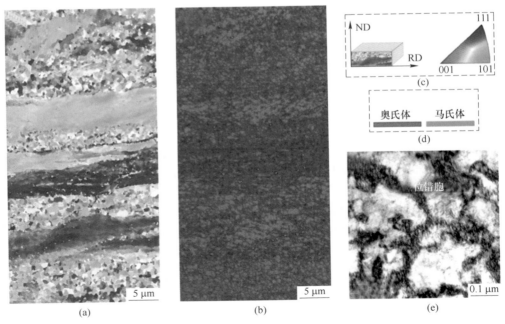

图 6-61　D&RT$_{760}$ 组织的 EBSD 和 TEM 形貌

（a）IPF 图；（b）相图；（c）试样观察面在三维空间中的位置；

（d）图（b）中红色和绿色区域分别为奥氏体和马氏体；（e）逆转变奥氏体中的位错胞

位错胞之间相互紧密连接，如图 6-61（e）所示。采用 Williamson-Hall 方法来计算 D&RT$_{760}$ 组织的位错密度，利用 JADE 软件对 XRD 数据进行处理并拟合得到微应变（斜率）如图 6-62 所示，可以发现 D&RT$_{760}$ 组织的微应变要高于 D&RT$_{720}$ 组织，计算后得到 D&RT$_{760}$（0.2Nb）组织和 CG（0.2Nb）组织的位错密度分别约为 1.01×10^{15} m^{-2} 和 5.77×10^{12} m^{-2}。这说明即使瞬时退火温度升高到 760 ℃，由于 Nb 元素对 D&RT$_{760}$ 组织的回复有明显阻碍作用，所以，Nb 元素的添加有助于高密度位错的保留。

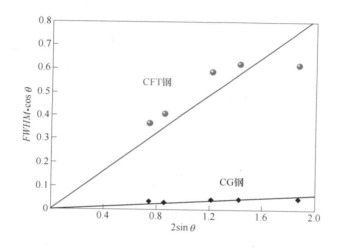

图 6-62　D&RT$_{760}$（0.2Nb）组织和 CG（0.2Nb）组织的微应变拟合结果

400 ℃长时间回火使得 D&RT$_{760}$ 组织中有大量的析出物产生，析出物的种类、形貌、大小和分布分别如图 6-63～图 6-65 所示；统计计算后，各析出物的平均直径和体积分数见表 6-10。可以发现，M$_{23}$C$_6$ 型析出物在组织中弥散分布，形状主要是椭圆形和圆形，其面扫结果显示，该析出物即是 Cr$_{23}$C$_6$。Nb（C，N）析出物也呈现弥散分布，主要由圆形和类四边形构成，其面扫结果显示，Nb（C，N）中 C 元素占比较少，N 元素占比较多。此外，在逆转变奥氏体中还观察到了少量的纳米级富 Cu 相，大多数呈现椭圆状；由于尺寸太小，在投射电镜下不易被观察到，3DAP 可以很清楚地将其分布、形貌和大小展现出来，如图 6-65 所示；Themo-Calc 计算的相图显示，该钢在平衡状态下几乎没有富 Cu 相析出，这里很可能是因为逆转变奥氏体中密集的位错促使了富 Cu 相的形核；图 6-65 显示近似椭圆状的 Cr$_{23}$C$_6$ 析出物及其原子结构放大图。综上所述，在 0.2Nb 钢中采用瞬时退火、低温长时间回火工艺成功地将非均质组织、高密度位错和密集析出物三者组合到一起。

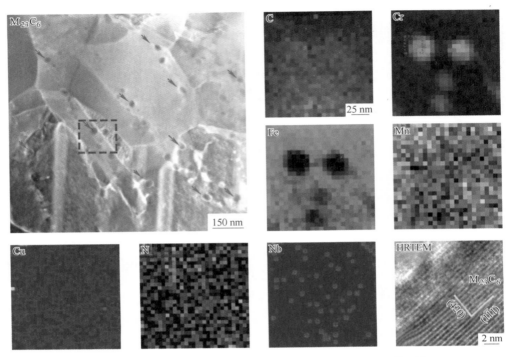

图 6-63 $M_{23}C_6$析出物形貌和对应的能谱面扫结果及其高分辨图像

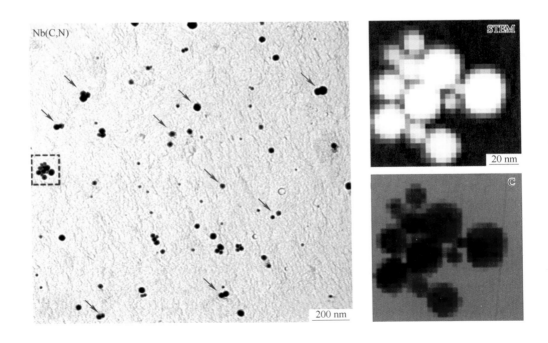

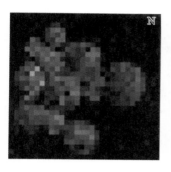
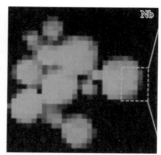

图 6-64　Nb(C,N) 析出物形貌和对应的能谱面扫结果及其高分辨图像

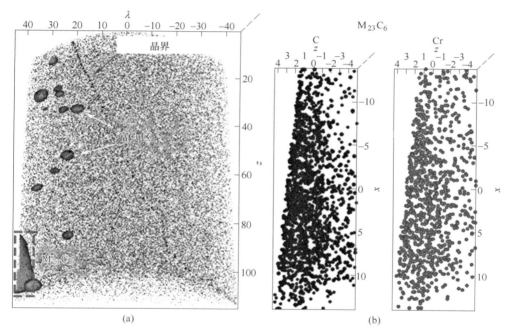

图 6-65　D&RT$_{760}$组织中富 Cu 相（a）和 Cr$_{23}$C$_6$的 APT 重构图（b）

（图（b）为 Cr$_{23}$C$_6$中 C、Cr 原子的分布）

表 6-10　各析出物的平均直径和体积分数

析出物	M$_{23}$C$_6$	Nb(C,N)	富 Cu 相
平均直径/nm	19	11.6	4
体积分数/%	0.4	0.21	0.11

6.8 本章小结

（1）在避免使用过多昂贵合金 Ni 以及细化研究 Nb 元素对组织稳定性影响的设计目标下，以 Mn+N 代 Ni 的合金化思路设计了具有较高的 M_d 温度以及较低的 SFE 低成本 Cr-Mn 系奥氏体不锈钢，并添加了不同含量的 Nb 元素进行微合金化。固溶处理后，4 种钢都得到了单一的过饱和奥氏体组织。70%冷轧变形量后，4 种钢获得 80%左右体积分数的应变诱导马氏体，实现了不需要剧烈变形就能获得大量的应变诱导马氏体。

（2）0Nb 钢在 700~800 ℃整个退火过程中，利用应变诱导马氏体的逆转变和变形奥氏体的再结晶成功获得了 BM 钢。细晶区由应变诱导马氏体转变而来，在退火过程中有更多的 $M_{23}C_6$ 析出，导致细晶区中驱动力与阻力的差值低于粗晶区，使得细晶区晶粒的长大速度要低于粗晶区。900 ℃长时间退火后，$M_{23}C_6$ 的热稳定性较低，在退火过程中还没等到充分析出就发生了回溶和聚集长大，对晶界的钉扎能力减弱，使得细晶区中驱动力与阻力的差值高于粗晶区，导致细晶快速长大而使双峰特征逐渐减弱直至消失。含 Nb 钢中，由于 Nb(C,N) 的热稳定性较好，使得细晶区中的晶粒没有足够的长大优势达到粗晶区，导致 900 ℃长时间退火时仍能得到 BM 组织。因此，合金元素 Nb 的添加极大地拓宽了获得 BM 组织的工艺窗口。

（3）运用二次冷轧退火工艺，在 BM 钢的基础上得到了 H-N/UG 钢。H-N/UG 组织最大的特点：一是晶粒尺寸显著降低，晶粒尺寸在 20 nm~2 μm 范围之间；二是粗、细晶片层变薄，片层界面显著增多。

（4）详细计算了本章设计的 Cr-Mn 系奥氏体不锈钢中应变诱导马氏体的逆转变动力学，研究了应变诱导马氏体的逆转变行为。在 634 ℃退火时，应变诱导马氏体的整个逆转变过程主要受扩散机制的控制；在 670 ℃退火时，应变诱导马氏体的逆转变过程主要受切变机制的控制，非常重要的是其高密度位错被保留下来。

（5）680 ℃瞬时退火+400 ℃低温回火工艺得到了具有高密度位错特征的非均质组织，其位错密度高达 $1.12×10^{15}$ m^{-2}。$D\&RT_{680}$ 组织主要由大量的逆转变奥氏体和少量变形奥氏体组成，逆转变奥氏体由密集的位错胞构成。变形奥氏体的晶粒主要由细小的微米晶组成，逆转变奥氏体的晶粒主要由亚微米晶和纳米晶组成。此外，720 ℃瞬时退火+400 ℃低温回火工艺得到的 $D\&RT_{720}$ 组织与 $D\&RT_{680}$ 组织较为相似，逆转变奥氏体仍然由密集的位错胞组成，逆转变奥氏体和变形奥氏体的回复程度有所增加，总体的位错密度稍有降低，约为 8.9×10^{14} m^{-2}。760 ℃瞬时退火+400 ℃低温长时间回火工艺在 0.2Nb 钢中得到的 D&RT$_{760}$组织与 D&RT$_{720}$组织相比，逆转变奥氏体中同样充满了大量的位错胞，Nb 元素的添加有助于高密度位错的保留，且在 0.2Nb 钢中成功地将非均质组织、高密度位错和密集析出物三者组合到一起。

7 非均质结构 202 奥氏体不锈钢的力学性能和塑性变形行为

在第 6 章中，详细研究了非均质双峰组织奥氏体不锈钢的形成和演变规律，并探讨了合金元素 Nb 对双峰组织形成和演变的影响，成功拓宽了获得双峰组织的退火工艺窗口。在双峰组织的基础上研发了二次冷轧退火工艺，获得了一种非均质结构奥氏体不锈钢。最后，提出了一种"一次冷轧+瞬时退火+回火"的制备技术，使得应变诱导马氏体通过逆切变方式将高密度位错保留到逆转变奥氏体中，获得了位错密度高达 10^{15} m^{-2} 的非均质奥氏体组织。

在成功制备多种非均质结构奥氏体不锈钢之后，其力学性能如何便是本章的研究重点。本章的主要研究内容是：三种非均质结构奥氏体不锈钢的力学性能以及 Nb 元素对其力学性能的影响；探究非均质结构奥氏体不锈钢的塑性变形行为，明确非均质结构奥氏体不锈钢的强韧化机制；基于多晶体微观几何形态的混乱度（组织熵）探讨力学性能与组织熵的关系模型。

7.1 非均质结构 202 奥氏体不锈钢的力学性能

0Nb 钢在 700 ℃退火 60~1000 s 时形成了明显的双峰组织，拉伸过程中的应力-应变曲线如图 7-1 所示，各项力学性能见表 7-1。可以发现，三条曲线所对应的双峰钢都具备了出色的综合力学性能，屈服强度在 781~1050 MPa 范围内，总延伸率在 45.8%~47.9% 范围内，抗拉强度维持在 1200 MPa 左右；仔细观察曲线的变化趋势可以发现，保温时间由 60 s 延长到 300 s 时，屈服强度降低的较为明显，延伸率升高。当保温时间延长到 1000 s 时，屈服强度略有降低，延伸率基本保持不变。这主要归因于退火 60 s 后其双峰组织并没有完全再结晶，部分组织仍然处于畸变状态，保留了较多的位错等晶粒缺陷，所以贡献了较高的屈服强度。保温时间延长到 300 s 后，显微组织再结晶完全，位错密度大幅度降低，使屈服强度降低。但是，由于退火后的组织细化明显，即使延长退火时间，细晶强化作用仍然突出，使屈服强度依然保持在 846 MPa 的较高水平。

0Nb 钢在 800 ℃退火 1~1000 s 时，所形成的组织仍然呈现明显的双峰特征，拉伸过程中的应力-应变曲线如图 7-2 所示，各项力学性能指标见表 7-1。可以发现，此时的双峰钢同样具备非常优异的综合力学性能，屈服强度在 715 MPa 左右

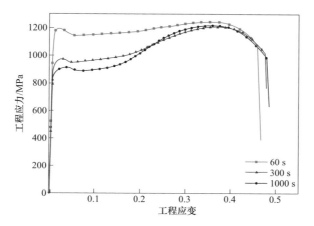

图 7-1 0Nb 钢 700 ℃退火不同时间的应力-应变曲线

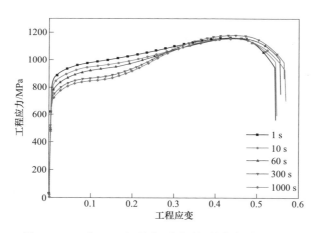

图 7-2 0Nb 钢 800 ℃退火不同时间的应力-应变曲线

表 7-1 0Nb 钢不同退火工艺下的力学性能

退火工艺		屈服强度/MPa	抗拉强度/MPa	总延伸率/%
温度/℃	时间/s			
700	60	1050	1242	45.8
700	300	846	1215	47.5
700	1000	781	1206	47.9
800	1	775	1165	54.3
800	10	738	1162	54.5
800	60	717	1163	55.6
800	300	684	1183	56.5
800	1000	658	1157	56.7

波动，抗拉强度保持在 1170 MPa 左右，均匀延伸率保持在 45% 左右，总延伸率在 54.3%～56.7% 范围内。800 ℃ 退火的整个阶段，其抗拉强度和延伸率的变化幅度较小，随着退火时间的延长，屈服强度稍有降低。与 700 ℃ 退火相比，800 ℃ 退火后双峰钢的屈服强度轻微降低，延伸率稍有增加。这主要是因为退火温度的升高和保温时间的延长，使得双峰组织中无论是粗晶区还是细晶区的晶粒都发了轻微地长大，细晶强化作用的减弱导致了屈服强度的轻微降低。

7.2 Nb 元素对非均质结构 202 奥氏体不锈钢力学性能的影响

4 种试验钢在 700 ℃ 退火 300 s 后得到了双峰组织，拉伸过程中的应力-应变曲线如图 7-3 所示，各项力学性能参数见表 7-2。从图中可以看出，随着 Nb 元素的不断添加，试验钢的屈服强度增加明显，抗拉强度增加相对缓慢，总延伸率逐渐降低。含 Nb 钢的性能表现与 0Nb 钢在 700 ℃ 保温 60 s 时的情况相似，都具有非常高的屈服强度，这与第 6 章中含 Nb 钢的组织特征明显保持一致。含 Nb 钢的整体组织并没有完全再结晶，少部分组织仍处于再结晶前的回复状态，位错等晶体缺陷较多，内应力较大，从而使其具有较高的屈服强度；随着 Nb 含量的增加，未再结晶组织增多，导致屈服强度逐渐增加。此外，元素 Nb 的添加，对晶粒具有明显的细化作用，从而也促进了屈服强度的提高。

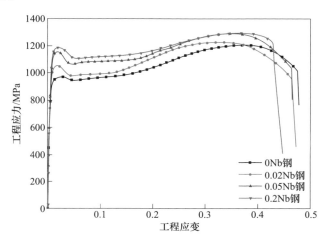

图 7-3 4 种试验钢 700 ℃ 退火保温 300 s 时的应力-应变曲线

4 种试验钢在 800 ℃ 退火 60 s 后的显微组织同样具有明显的双峰特征，拉伸过程中的应力-应变曲线如图 7-4 所示，各项力学性能参数见表 7-2。可以观察到，随着合金元素 Nb 的添加，屈服强度和抗拉强度都逐渐增加，总延伸率逐渐降低，但是相对来说变化幅度都较小。由第 6 章可以知道，4 种试验钢在 800 ℃ 退火 60 s 时已经完全再结晶，且随着 Nb 含量的添加，晶粒逐渐细化，析出物增多。因此，800 ℃ 退火 60 s 时得到的双峰钢位错强化的差异很小，细晶强化及析出强化导致了屈服强度逐渐增加。800 ℃ 退火后的双峰钢与其他各类具有代表性的先进高强钢的力学性能相比结果分别如图 7-5[95,103,180-189] 和图 7-6[176,180-182,190-195] 所示。可以很清晰地观察到，双峰钢在与其他先进高强钢相比时综合力学性能具有明显的优势。

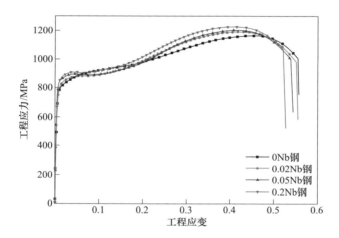

图 7-4　4 种试验钢 800 ℃ 退火 60 s 后的应力-应变曲线

表 7-2　4 种试验钢不同退火工艺下的各项力学性能

钢种	退火工艺		屈服强度/MPa	抗拉强度/MPa	总延伸率/%
	温度/℃	时间/s			
0Nb 钢	700	300	846	1215	47.5
0.02Nb 钢	700	300	927	1225	46.5
0.05Nb 钢	700	300	995	1288	46.4
0.2Nb 钢	700	300	1047	1295	43.1
0Nb 钢	800	60	717	1163	55.6
0.02Nb 钢	800	60	729	1191	55.4
0.05Nb 钢	800	60	761	1200	53.9
0.2Nb 钢	800	60	772	1223	52.2

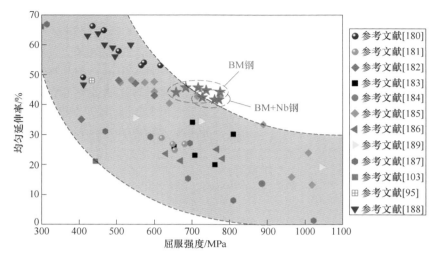

图 7-5　试验钢和各类先进高强钢屈服强度与均匀延伸率的对比

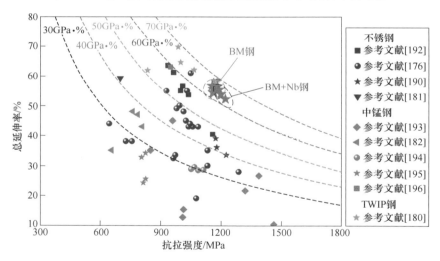

图 7-6　双峰钢和各类先进高强钢抗拉强度与总延伸率的对比

7.3　非均质结构 202 奥氏体不锈钢的强化机理

众所周知，显微组织的改变会直接导致钢中各强化机制的变化。所以，为了更加细致地研究双峰钢的强化机理，采用定量化的方法来研究各项强化机制对屈服强度的贡献。这里以 800 ℃退火 10 s 得到的双峰钢（BM-10）为代表，以固溶粗晶钢（CG）作为对比，来进行详细的研究和计算。如前所述，BM-10 和 CG 钢的屈服强度分别为 738 MPa 和 332 MPa，增加了 406 MPa，屈服强度的增加量利用式（7-1）和式（7-2）进行计算[196]。

$$\sigma_{BM-10} = \Delta\sigma + \sigma_{CG} \tag{7-1}$$

$$\Delta\sigma = \Delta\sigma_{ss} + \Delta\sigma_{fg} + \Delta\sigma_p + \Delta\sigma_d + \Delta\sigma_b \tag{7-2}$$

式中，σ_{BM-10} 和 σ_{CG} 分别为 BM-10 钢和 CG 钢的屈服强度；$\Delta\sigma$ 为 BM-10 钢屈服强度与 CG 钢相比的增加量；$\Delta\sigma_{ss}$ 为固溶强化的变化量；$\Delta\sigma_{fg}$ 为细晶强化的变化量；$\Delta\sigma_p$ 为析出强化的变化量；$\Delta\sigma_d$ 为位错强化的变化量；$\Delta\sigma_b$ 为双峰组织特征所引起的背应力。

与 CG 钢相比，BM-10 钢的组织明显细化，所以 $\Delta\sigma_{fg}$ 是 $\Delta\sigma$ 的主要贡献之一，利用 Hall-Petch[196]公式进行计算如下：

$$\Delta\sigma_{fg} = k(d_{BM}^{-\frac{1}{2}} - d_{CG}^{-\frac{1}{2}}) \tag{7-3}$$

式中，d_{BM} 和 d_{CG} 为 BM-10 钢和 CG 钢的平均晶粒尺寸，分别为 1.28 μm 和 24 μm；k 为常数。

为了避免显微组织的双峰特征对常数 k 的影响，这里使用高温退火后的均匀组织来计算 k 值。1000 ℃退火不同时间的显微组织以及屈服强度与平均晶粒尺寸负二分之一次方的关系拟合曲线如图 7-7 所示，所得到的 k 值为416 MPa·μm$^{1/2}$。因此，$\Delta\sigma_{fg}$ 的计算结果为 283 MPa。

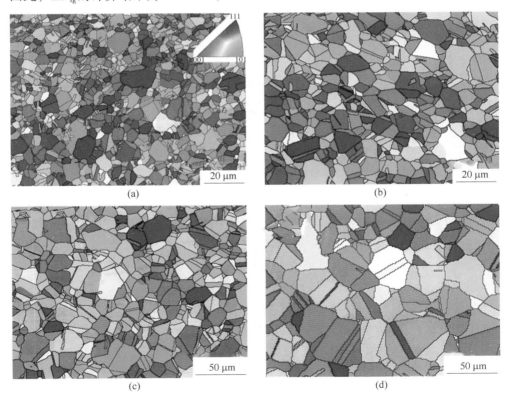

(a)　(b)

(c)　(d)

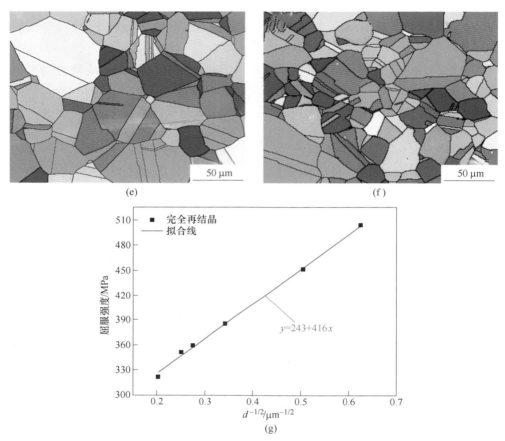

图 7-7　1000 ℃退火不同时间后的显微组织

((a) 1 s；(b) 10 s；(c) 60 s；(d) 300 s；(e) 1000 s；(f) 固溶态)

以及屈服强度与平均晶粒尺寸负二分之一次方的关系拟合曲线 (g)

在第 6 章中观察 BM-10 显微组织时发现有 $M_{23}C_6$ 型析出物产生，所以 $\Delta\sigma$ 有析出强化（$\Delta\sigma_p$）的贡献，并利用 Ashby-Orowan[197] 公式进行计算，如下所示：

$$\Delta\sigma_p = \left(\frac{0.538Gbf^{1/2}}{X}\right)\ln\left(\frac{X}{2b}\right) \tag{7-4}$$

式中，G 为剪切模量，取 77 GPa[198]；b 为位错的柏氏矢量，取 0.25；f 为析出物的体积分数，取 0.12%；X 为析出物的平均直径，取 42 nm。

因此，$\Delta\sigma_p$ 的计算结果为 38 MPa。与 CG 钢相比，尽管 BM-10 钢的显微组织发生了明显的变化，但是两种钢的成分保持不变。虽然析出物的产生会造成固溶强化的降低，即 $\Delta\sigma_{ss}$ 为负值，但 BM-10 钢中析出物的量较少，对 $\Delta\sigma_{ss}$ 的影响是非常微弱的。为了简化计算，这里认为 CG 钢和 BM-10 钢的固溶强化保持不变，即 $\Delta\sigma_{ss}$ 近似为 0。此外，CG 钢和 BM-10 钢的显微组织都是由无畸变的等轴晶组成，再结晶充分且完全。所以，位错强化对 $\Delta\sigma$ 的影响可以忽略，即 $\Delta\sigma_d$ 为 0。综上可以发现，细晶强化、析出物强化、固溶强化和位错强化对 $\Delta\sigma$ 的贡献量（$\Delta\sigma_{ss}+\Delta\sigma_{fg}+\Delta\sigma_p+\Delta\sigma_d \approx 321$ MPa）并没有达到 406 MPa，因此，存在额外的屈服强度贡献来源。

　　BM-10 钢的显微组织是由片层状的粗、细晶区交替排列组成，粗晶区被细晶区包围。在拉伸载荷的不断施加下，由于粗晶粒的塑性变形临界应力小于亚微米级和纳米级细晶粒，所以粗晶粒首先发生塑性变形[63]。但是，粗晶区被仍然处在弹性变形阶段的细晶区约束，从而导致变形发生机械不相容性，并在粗、细晶区交界面附近的粗晶一侧产生应变梯度，而应变梯度的产生需要几何必要位错来协调[48]。因此，粗、细晶区的界面被认为是通过产生和累积几何必要位错来协调不均匀塑性变形的桥梁[52]。随着加载的持续进行，几何必要位错不断在粗、细晶区的界面附近增殖和堆积，从而在界面附近的粗晶中产生了一种长程应力场，即背应力[63]。背应力产生后使位错很难继续在粗晶粒中移动，直到附近的细晶粒在更高的应力作用下也发生塑性变形时，粗晶粒中的位错才能继续滑移，从而使整个试样发生塑性变形。因此，受到细晶约束的粗晶比不受约束的粗晶要坚固得多[63]。杨等人[52]利用循环加载实验成功估算出了背应力大小，循环加载实验的应力-应变曲线表明，由于背应力的存在使得卸载重新加载过程中会产生应力滞回环，计算模型如图 7-8 所示。

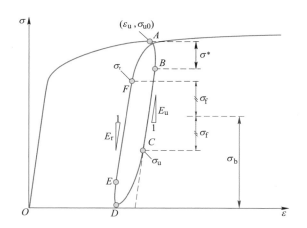

图 7-8　BM-10 钢中背应力计算模型

（σ_u 和 σ_r 分别为卸载屈服应力和重新加载屈服应力；σ_f 和 σ_b 分别为摩擦应力和背应力；

E_u 和 E_r 分别为有效卸载弹性模量和有效重新加载弹性模量；

σ_{u0} 为卸载开始时的初始应力；σ^* 为黏性应力）

BM-10钢的循环加载应力-应变曲线如图7-9所示，可以发现曲线中出现了明显的应力滞回环。由于$R_{p0.2}$所对应的应变量较小，很难准确估算出背应力的大小。当拉伸应变为0.02时，采用上述方法估算得到背应力σ_b约为146 MPa，因此，可以推断出BM-10钢中背应力对屈服强度的贡献量略小于146 MPa。综上所述，$\Delta\sigma_{fg}$、$\Delta\sigma_p$和$\Delta\sigma_b$共同贡献了BM-10钢中屈服强度的增加量406 MPa。

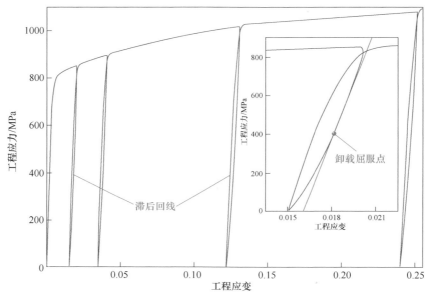

图7-9 BM-10钢的循环加载应力-应变曲线

7.4 非均质结构202奥氏体不锈钢的力学性能

将得到的H-N/UG钢进行了力学性能检测，并与之前得到的BM-10双峰钢和CG钢的力学性能进行了对比，其结果如图7-10所示。可以发现，H-N/UG钢具有高达1221 MPa的超高屈服强度，并且抗拉强度高达1376 MPa，更为重要的是其仍然具有优异的延伸率，其均匀延伸率为37.8%，总延伸率为45.3%。相比于BM-10双峰钢来说，其屈服强度得到了更进一步的提高，并且延伸率没有大幅度损失。与CG钢相比，其屈服强度是CG钢的3.7倍，表现出非常优越的综合力学性能。同时，将0Nb钢进行90%的冷轧变形，紧接着在800 ℃退火10 s，制备了无非均质晶粒特征的纳米晶/超细晶钢（N/UG）进行对比。90%冷变形后，冷轧组织基本上都由应变诱导马氏体构成（>95%），且剩余的奥氏体变形剧烈，退火后逆转变奥氏体区和变形奥氏体区的再结晶晶粒尺寸无明显差异，都是由纳米晶和少量的亚微米晶构成，并无非均质特征，平均晶粒尺寸为200 nm左右。

其应力-应变曲线如图 7-10 所示，可以观察到，虽然 N/UG 钢的屈服强度和 H-N/UG 钢相当，但是延伸率大幅度降低，不利于综合力学性能的提升。

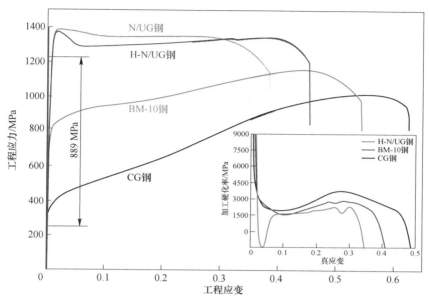

图 7-10　CG 钢、BM-10 双峰钢和 H-N/UG 钢的应力-应变曲线
（插图为 3 种钢的加工硬化率曲线）

图 7-10 显示，3 种钢都具备较高的加工硬化率，表明它们的加工硬化能力都较强。在应力-应变曲线中，即使 H-N/UG 钢基体组织是完全的奥氏体，但仍然观察到了屈服点现象，很可能是位错增殖速率降低的原因。图 7-11 是各类先进高强钢屈服强度和均匀延伸率的关系对比[95,103,176,185-187,189-193]，可以非常清楚地发现，与各类先进高强钢相比，H-N/UG 钢具有非常明显的性能优势，在超高屈服强度下仍然保持着良好的延伸率，这种级别的综合力学性能在此前很少被报道过。

为了更加细致地研究 H-N/UG 钢的强化机理，同样采用定量化的方法来研究各项强化机制对 H-N/UG 钢屈服强度的贡献。CG 钢的屈服强度为 332 MPa，H-N/UG 钢与之相比增加了 889 MPa，屈服强度的增加量利用式（7-5）和式（7-6）进行计算[196]。

$$\sigma_{\text{H-N/UG}} = \Delta\sigma + \sigma_{\text{CG}} \tag{7-5}$$

$$\Delta\sigma = \Delta\sigma_{\text{ss}} + \Delta\sigma_{\text{fg}} + \Delta\sigma_{\text{p}} + \Delta\sigma_{\text{d}} + \Delta\sigma_{\text{b}} \tag{7-6}$$

式中，$\sigma_{\text{H-N/UG}}$ 和 σ_{CG} 分别为 H-N/UG 钢和 CG 钢的屈服强度；$\Delta\sigma$ 为 H-N/UG 钢的屈服强度与 CG 钢相比的增加量；$\Delta\sigma_{\text{ss}}$ 为固溶强化的变化量；$\Delta\sigma_{\text{fg}}$ 为细晶强化的

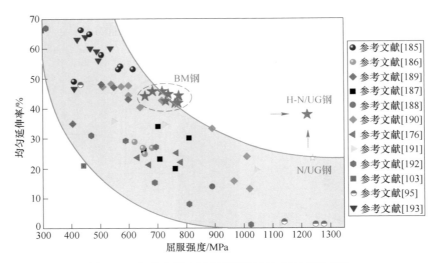

图 7-11　各类先进高强钢屈服强度与延伸率的对比

变化量；$\Delta\sigma_p$ 为析出强化的变化量；$\Delta\sigma_d$ 为位错强化的变化量；$\Delta\sigma_b$ 为 H-N/UG 组织特征所引起的背应力。

如前所述，与 CG 组织相比，H-N/UG 组织更进一步细化，所以 $\Delta\sigma_{fg}$ 也是 $\Delta\sigma$ 的主要贡献之一。利用 Hall-Petch[196]公式进行计算如下：

$$\Delta\sigma_{fg} = k(d_{\text{H-N/UG}}^{-\frac{1}{2}} - d_{\text{CG}}^{-\frac{1}{2}}) \tag{7-7}$$

式中，$d_{\text{H-N/UG}}$ 和 d_{CG} 分别为 H-N/UG 钢和 CG 钢的平均晶粒尺寸；k 为 416 MPa·μm$^{1/2}$。

根据 EBSD 数据的统计结果，$d_{\text{H-N/UG}}$ 和 d_{CG} 分别为 0.31 μm 和 24 μm。因此，$\Delta\sigma_{fg}$ 的计算结果为 662 MPa，这说明在 H-N/UG 钢中细晶强化效应更加显著。

第二次退火过程中虽然会增加 $Cr_{23}C_6$ 的析出量，但第二次退火温度不高，且时间较短，对析出量的影响较小。所以，这里近似认为析出物大小和含量与第一次退火后相比变化不大，即 BM-10 和 H-N/UG 钢的 $\Delta\sigma_p$ 近似相等（为 38 MPa）。同样，由于析出物的总体含量不高，这里也认为 $\Delta\sigma_{ss}$ 近似为 0。H-N/UG 钢是完全再结晶组织，所以位错强化对 $\Delta\sigma$ 的影响也可忽略。

各强化机制对 H-N/UG 钢和 BM-10 钢与 CG 钢相比屈服强度增加量的贡献见表 7-3。BM-10 钢在应变 0.02 的应变量下所测得的背应力约为 146 MPa，$R_{p0.2}$ 应变量所对应的背应力略小于 146 MPa，观察 $\Delta\sigma - (\Delta\sigma_{ss} + \Delta\sigma_{fg} + \Delta\sigma_p + \Delta\sigma_d)$ 的结果可以发现，这个值是合理的。同理观察 H-N/UG 钢的 $\Delta\sigma - (\Delta\sigma_{ss} + \Delta\sigma_{fg} + \Delta\sigma_p + \Delta\sigma_d)$ 结果可以推断出，H-N/UG 钢的背应力明显高于 BM-10 钢。这说明了在 H-N/UG 钢中增加粗、细晶片层的交界面有助于提升背应力的强化效果。

表 7-3　各强化机制对 H-N/UG 钢和 BM-10 钢与 CG 钢相比屈服强度增加量的贡献

钢种	各强化机制/MPa						
	$\Delta\sigma$	$\Delta\sigma_{fg}$	$\Delta\sigma_p$	$\Delta\sigma_d$	$\Delta\sigma_{ss}$	$\Delta\sigma-(\Delta\sigma_{fg}+\Delta\sigma_p+\Delta\sigma_d+\Delta\sigma_{ss})$	$\Delta\sigma_b$
BM-10 钢	460	283	38	0	约0	85	<146
H-N/UG 钢	889	662	38	0	约0	189	≫146

7.5　高密度位错非均质结构 202 奥氏体不锈钢的力学性能

　　在详细研究了 D&RT 钢的微观结构之后，对其进行了力学性能检测，应力-应变曲线如图 7-12 所示，各项力学性能参数见表 7-4。从中可以发现，D&RT$_{680}$钢的力学性能得到了极大的提升，其屈服强度高达 1324 MPa，抗拉强度高达 1401 MPa；尤其是其屈服强度比 CG 钢的屈服强度提高了将近 1 GPa，是 CG 钢的 4.1 倍（这里需要补充说明的是，由于本研究实验量很大，CG 钢前后使用了多条钢板来保证所有实验的顺利完成，各钢板之间的性能有微弱的差异）。同时，这种钢的均匀延伸率仍然保持在 34.7% 的理想水平，总延伸率也达到了 45.9%。与 D&RT$_{680}$钢相比，D&RT$_{720}$钢的屈服强度略有降低，延伸率增加明显。

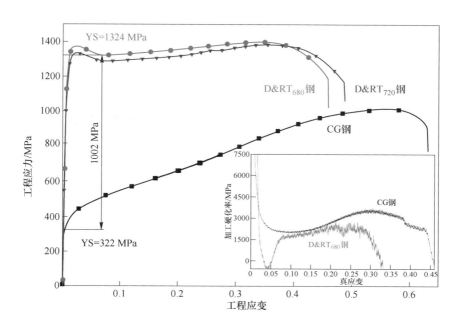

图 7-12　D&RT 钢的工程应力-应变曲线和加工硬化率曲线

表 7-4　非均质结构不锈钢的各项力学性能

钢种	屈服强度 /MPa	抗拉强度 /MPa	均匀延伸率 /%	总延伸率 /%	强塑积 /GPa·%
D&RT$_{680}$	1324	1401	34.7	45.9	64.3
D&RT$_{720}$	1285	1382	35.2	48.6	67.2
CG	322	1017	56.1	63.1	64.2

在详细研究了 0.2Nb 钢的 D&RT$_{760}$ 和 CG 组织特征之后，对其进行了力学性能检测，其应力-应变曲线如图 7-13 所示。可以轻易地发现，D&RT$_{760}$ 钢的力学性能成功得到了更进一步的提升，其屈服强度甚至达到了 1436 MPa，抗拉强度达到 1491 MPa；其屈服强度比 CG 钢的屈服强度提高了将近 1.1 GPa。此外，D&RT$_{760}$ 钢的均匀延伸率也仍然保持在 35.3% 的理想水平，总延伸率也达到了 46.1%。与 D&RT$_{720}$ 钢相比，D&RT$_{760}$ 钢的屈服强度和抗拉强度增加明显，总延伸率稍有降低，但均匀延伸率保持在同等水平。

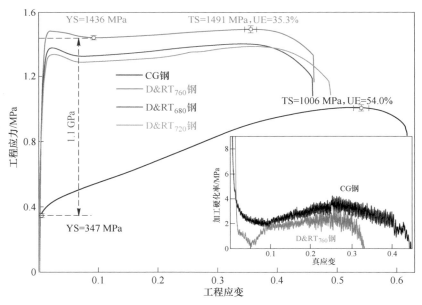

图 7-13　D&RT$_{760}$（0.2Nb）钢和 CG（0.2Nb）钢的
工程应力-应变曲线和加工硬化率曲线（插图）

这里同样将 D&RT 钢与最近报道的各类先进高强钢以及 H-N/UG 钢的力学性能进行对比，结果分别如图 7-14[95,103,181,183-189,199-203] 和图 7-15[36,185-186,194-196,204-213] 所示。可以很明显地发现，与各类先进高强钢相比，D&RT 钢的综合力学性能优势进一步扩大。与 H-N/UG 钢相比，在均匀延伸率没有明显损失的情况下大幅度提高了其屈服强度。通常强塑积这一指标被用来衡量高强钢的综合力学性能，例如 TWIP 钢就因具备优异的强塑积而激发了广大学者的研究兴趣，但是其很难在具备高强塑积的同时拥有超高屈服强度。D&RT 钢的强塑积达到甚至超过了部分 TWIP 钢，同时其具有的屈服强度达到甚至超过了部分以 BCC 相为主要组织的纳米贝氏钢和 QP 钢。所以，D&RT 钢的综合力学性能成功获得了更加明显的突破，进一步拓宽了香蕉图中新的领域。

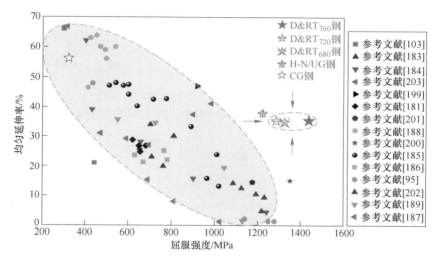

图 7-14 D&RT_{760} 钢与其他各类先进高强钢屈服强度和均匀延伸率的对比

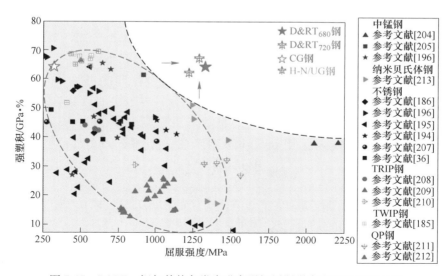

图 7-15 D&RT_{760} 钢与其他各类先进高强钢屈服强度和强塑积的对比

为了更加细致地研究 D&RT 钢的强化机理，也采用定量化的方法来研究各项强化机制对 D&RT 钢屈服强度的贡献。与 CG 钢相比，D&RT 钢屈服强度增加量（$\Delta\sigma$）计算如下[196]：

$$\sigma_{D\&RT} = \Delta\sigma + \sigma_{CG} \tag{7-8}$$

$$\Delta\sigma = \Delta\sigma_{ss} + \Delta\sigma_{fg} + \Delta\sigma_{p} + \Delta\sigma_{d} + \Delta\sigma_{b} \tag{7-9}$$

式中，$\sigma_{D\&RT}$ 和 σ_{CG} 分别为 D&RT 钢和 CG 钢的屈服强度；$\Delta\sigma_{ss}$ 为固溶强化的变化量；$\Delta\sigma_{fg}$ 为细晶强化的变化量；$\Delta\sigma_{p}$ 为析出强化的变化量；$\Delta\sigma_{d}$ 为位错强化的变化量；$\Delta\sigma_{b}$ 为 D&RT 组织所引起的背应力。

与 CG 组织相比，D&RT 组织明显细化且具有极高的位错密度，所以 $\Delta\sigma_{fg}$ 和 $\Delta\sigma_{d}$ 都是 $\Delta\sigma$ 的主要贡献之一。利用 Hall-Petch[196] 公式计算 $\Delta\sigma_{fg}$ 如下：

$$\Delta\sigma_{fg} = k\left(d_{D\&RT}^{-\frac{1}{2}} - d_{CG}^{-\frac{1}{2}}\right) \tag{7-10}$$

式中，$d_{D\&RT}$ 和 d_{CG} 分别为 D&RT 钢和 CG 钢的平均晶粒尺寸；k 为常数，取 416 MPa·μm$^{1/2}$。

$\Delta\sigma_{d}$ 采用泰勒硬化定律[214] 计算如下：

$$\sigma_{y} = M\alpha\mu b\sqrt{\rho} \tag{7-11}$$

$$\Delta\sigma_{d} = \sigma_{yD\&RT} - \sigma_{yCG} = M\alpha\mu b\left(\sqrt{\rho_{D\&RT}} - \sqrt{\rho_{CG}}\right) \tag{7-12}$$

式中，M 为泰勒因子，取 3[205]；α 为常数，大约为 0.26[215]；μ 为剪切模量，取 77 GPa[216]；b 为 Burgers 矢量，取 0.25 nm[217]；ρ 为位错密度。

D&RT$_{680}$ 钢的退火温度不高，退火时间也较短，其析出物应少于 BM-10 钢；但低温回火又会适当增加析出量，所以这里认为 D&RT$_{680}$ 钢的析出情况与 BM-10 钢保持接近，即 $\sigma_{pD\&RT680}$ 为 38 MPa。对于 D&RT$_{760}$ 钢来说，组织中具有密集的析出物，所以此时的 $\sigma_{yD\&RT760}$ 也是 D&RT$_{760}$ 钢 $\Delta\sigma$ 的主要贡献之一；位错在摆脱析出物的阻碍时有两种作用机制，一种是绕过机制即 Orowan 模型[197]，另一种是切过机制即 APB 模型[213]。通常对于尺寸较大的且与基体呈非共格关系的析出物来说，位错基本上是以绕过机制来摆脱其束缚；对于尺寸较小的且与基体呈共格关系的析出物来说，位错基本上是以切过机制来摆脱其束缚[206]。所以，$Cr_{23}C_6$ 和 Nb(C,N) 产生的析出强化采用 Orowan 模型[197] 进行计算，公式如下：

$$\Delta\sigma_{p} = \frac{0.538Gbf^{1/2}}{X} \times \ln\frac{X}{2b} \tag{7-13}$$

式中，G 为剪切模量，取 77 GPa[198]；b 为位错的柏氏矢量，取 0.25；f 和 X 分别为析出物的体积分数和平均直径。

富 Cu 相产生的析出强化采用 APB 模型[213] 进行计算，公式如下：

$$\sigma_{p} = 1.18Ge^{3/2}f^{1/2}\left(\frac{X}{2b}\right)^{5/6} \tag{7-14}$$

式中，G 为剪切模量，取 77 GPa[198]；e 为富 Cu 相和基体的共格应变量，取 0.5%[207]；b 为位错的柏氏矢量，取 0.25；f 和 X 分别为富 Cu 相的体积分数和平均直径。

所以，$D\&RT_{760}$ 钢的三种析出物产生的析出强化量总和为：$\Delta\sigma_{pCr_{23}C_6} + \Delta\sigma_{pNb(C,N)} + \Delta\sigma_{pCu}$。各强化机制对 D&RT 钢、H-N/UG 钢和 BM-10 钢屈服强度与 CG 钢相比增加量的贡献见表 7-5。D&RT 钢的背应力强化之所以降低，很可能是因为粗晶奥氏体在变形之前就已存在较多位错，拉伸加载时会对几何必要位错的产生和堆积造成影响，从而弱化了背应力的强化效应。在 $D\&RT_{760}$ 钢中发现 $\Delta\sigma - (\Delta\sigma_{fg} + \Delta\sigma_p + \Delta\sigma_d + \Delta\sigma_{ss})$ 为负值，这主要是因为大量析出物的产生对 $D\&RT_{760}$ 钢的固溶强化损失较大。这里近似认为，$D\&RT_{760}$ 钢和 $D\&RT_{680}$ 钢的背应力接近，且 $D\&RT_{680}$ 钢的 $\Delta\sigma_{ss}$ 近似为 0，那么 $D\&RT_{760}$ 钢中的 $\Delta\sigma_{ss}$ 近似为 -97 MPa，即（56+41）MPa，故 $D\&RT_{760}$ 钢中固溶强化大约损失了 97 MPa。

表 7-5 各强化机制对 D&RT 钢、H-N/UG 钢和 BM-10 钢屈服强度与 CG 钢相比增加量的贡献

钢种	各强化机制/MPa						
	$\Delta\sigma$	$\Delta\sigma_{fg}$	$\Delta\sigma_p$	$\Delta\sigma_d$	$\Delta\sigma_{ss}$	$\Delta\sigma - (\Delta\sigma_{fg} + \Delta\sigma_p + \Delta\sigma_d + \Delta\sigma_{ss})$	$\Delta\sigma_b$
BM-10钢	406	283	38	0	约0	85	<146
H-N/UG钢	889	662	38	0	约0	189	≫146
$D\&RT_{680}$钢	1002	439	38	469	约0	56	≪146
$D\&RT_{760}$钢	1089	429	260	441	约-97	-41	≪146

☐ 主要强化手段　　☐ 辅助强化手段

综上所述，$D\&RT_{760}$ 钢由于成功地将非均质组织、高密度位错和密集析出物组合到一起，所产生的强化效应在覆盖固溶强化损失的基础上为屈服强度贡献了将近 1.1 GPa。

7.6 非均质双峰结构 202 奥氏体不锈钢的塑性变形行为

从双峰钢的力学性能可以得到，其具备出色的综合力学性能，得到了较高的强度和良好的延伸率。800 ℃退火不同时间后得到的双峰钢真应力-真应变曲线和加工硬化率曲线如图 7-16 所示，可以发现，其加工硬化率整体保持在较高水平。

本节仍然以 BM-10 钢为代表，采用定变形量实验来详细研究这种钢拉伸过程中的塑性变形行为，所设定的变形量为 2%、4%、13% 和 25%。

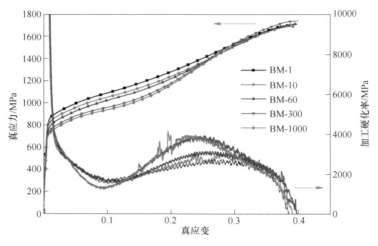

图 7-16　0Nb 钢 800 ℃退火不同时间后的真应力-真应变曲线和加工硬化率曲线

　　BM-10 钢拉伸变形 2% 后的显微组织如图 7-17 所示，从 EBSD 组织上没有观察到明显的变化，细晶区和粗晶区都仍然由等轴晶组成，组织呈明显的双峰特征，有大量的亚微米晶及纳米晶存在。随后进行了更加微观的 TEM 观察，如图 7-17 所示。可以发现，与 EBSD 显微组织的观察结果一致，细晶区和粗晶区的晶粒都呈等轴状，并未发生明显的拉长现象，且细晶区的晶粒尺寸非常细小，如图 7-17（c）所示，并在晶内和晶界上都有析出物产生（$Cr_{23}C_6$，见图 7-17（c）中黄色箭头所指处）。图 7-17（d）为被细晶束缚的粗晶，可以明显地观察到有位错和层错的生成，且位错有明显的由晶内向晶界堆积现象，这些位错主要是为了协调粗、细晶区界面的应变梯度。此外，从图 7-17（d）中还可以观察到，粗、细晶中都有析出物的产生。图 7-17（e）为未被细晶区约束的粗晶，可以发现，晶内有大量的层错产生和一定量的析出物存在，且部分层错发生了重叠现象。仔细观察还可以发现，析出物对层错的生长有明显的阻碍作用，如图 7-17（e）黄色虚线框所示，这说明被细晶束缚粗晶组织的变形方式与未被束缚粗晶组织的变形方式存在明显的不同。上述分析也可以得出这样的结论，即并不是所有粗晶组织都得到了强化，在粗、细晶区的界面处产生的应变梯度是几何必要位错生成的根本原因，也是导致背应力的根本原因。图 7-17（f）为 BM-10 钢在初始变形阶段的整体变形行为示意图，占整体组织大多数的细晶区中亚微米晶及纳米晶几乎不发生变形，被约束的粗晶组织主要由几何必要位错的滑移控制，未被约束的粗晶组织主要以产生层错的形式进行变形。因此，变形初期阶段 BM-10 钢的位错增殖速率较低，使得加工硬化率逐渐降低。

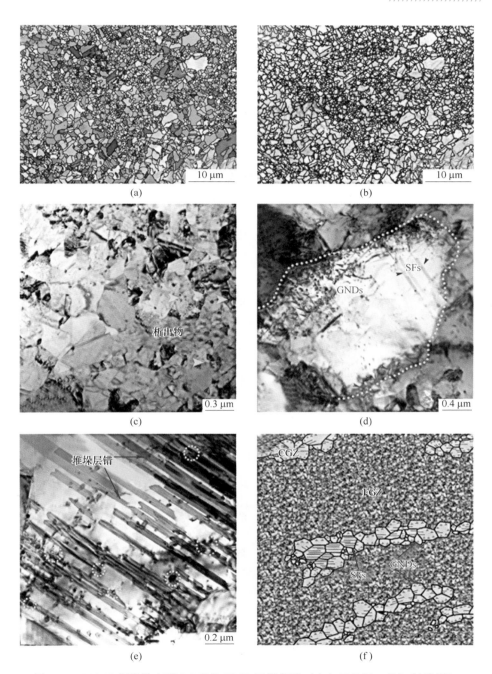

图 7-17　BM-10 钢拉伸变形 2%后的 EBSD 显微组织 ((a) IPF 图; (b) 衬度图)、

TEM 显微组织 ((c)~(e)) 和此变形量下整体组织的

变形示意图 (f) (CGZ—粗晶区; FGZ—细晶区; SFs—层错; GNDs—几何必要位错)

BM-10 钢拉伸变形 4% 后的显微组织如图 7-18 所示，从 EBSD 组织上可以看

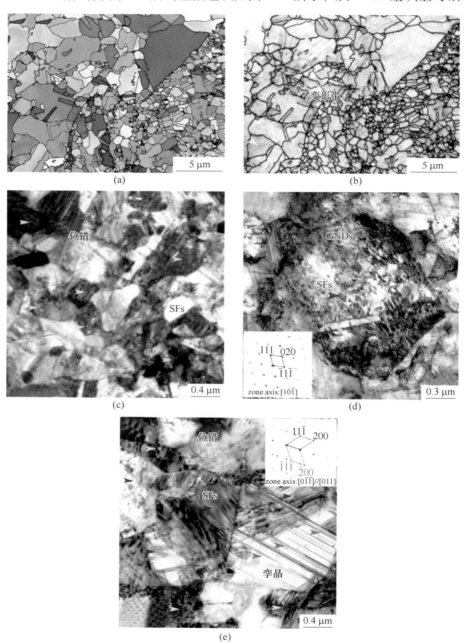

图 7-18　BM-10 钢拉伸变形 4% 后的 EBSD 显微组织（（a）IPF 图；（b）衬度图）
和 TEM 显微组织（（c）细晶组织；（d）被细晶约束的粗晶组织；
（e）未被细晶约束的粗晶组织；（d）和（e）中的插图分别为层错和孪晶的衍射斑）

出，此时细晶区中晶粒仍未观察到明显的变化特征，继续保持着等轴状。双峰组织中的粗晶粒发生了明显的变化，出现了大量的变形带，如图 7-18 （b） 中黄色箭头所示，但是没有相变的发生。随后进行 TEM 观察发现，细晶区中晶粒虽然呈现等轴状，但是晶粒中已经产生大量的位错和层错（图 7-18 （c）），这说明细晶区中的晶粒已经发生了塑性变形。图 7-18 （d） 为被细晶束缚的粗晶，可以清晰地看到，晶粒中位错和层错明显增多，位错在晶界处的堆积更加明显，周围的细晶粒同样有大量的位错和层错产生。图 7-18 （e） 为未被细晶束缚的粗晶，可以发现，层错和位错进一步增多，并且新生成了大量细小而密集的形变孪晶 （TWIP 效应），孪晶彼此之间相互平行排列，呈现纳米尺度；从而可以得到，此时 800 ℃/10 s 退火后的塑性变形主要受位错滑移和孪生机制的共同控制。位错和孪晶的大量生成，减缓了该钢加工硬化率曲线的下降速度，如图 7-16 所示。

ONb 钢在 800 ℃/10 s 退火后拉伸变形 13%时的显微组织如图 7-19 所示。从 EBSD 组织特征上可以发现，粗、细晶区都发了明显的变化，IPF 图的分辨率变低，如图 7-19 （a） 所示。从衬度图上可以观察到，细晶区中有 α'-马氏体产生 （TRIP 效应），如图 7-19 （b） 中红色区域所示，零星地分布着极少量的 ε-马氏体 （图中的黄色区域），说明 α'-马氏体大多数都是由奥氏体直接转变得到，极少数是通过中间相 ε-马氏体转变而来。此时粗晶区中产生的马氏体是极少的，要明显少于细晶区，这意味着此钢中粗晶组织比细晶组织具有更强的机械稳定性。仔细观察马氏体存在的位置可以发现，细晶区中大多数马氏体在晶界上形核并向晶内延伸，而粗晶区中的马氏体在晶内和晶界上都有形核。本研究结果和 Kisko 等人[218] 的研究结果相一致，在亚微米级及纳米级晶粒 （<1 μm） 中，应变诱发的马氏体倾向于在奥氏体晶界处成核，并在整个晶粒中扩展。在微米级的细晶粒 （1~5 μm） 中，应变诱发的马氏体更容易在晶粒边界和晶粒内部的变形带处 （包括位错堆积处和层错束集处） 形核。在微米级的粗晶粒 （>5 μm） 中，马氏体易于在形变带、形变孪晶和 ε-马氏体上发生形核，因此具有密集晶界的细晶区要比粗晶区更容易激发马氏体转变。粗晶区在变形早期具有较强的机械稳定性而不易发生马氏体转变，主要是因为没有足够的有利形核位置[218]。TEM 观察结果与 EBSD 的检测结果一致，图 7-19 （c） 清楚地表明，细晶组织中有大量的位错产生并在晶界处聚集，马氏体在晶界形核并延伸到晶内 （图中的绿色圆框）。从图 7-19 （e） 中可以发现，粗晶组织中产生了大量的位错和孪晶，位错相互缠结现象明显，部分位错在晶界聚集，部分位错在晶内聚集成变形带，马氏体在变形带上 （图中的绿色方框） 和晶界处 （图中的绿色圆框） 形核。正是由于应变诱导马氏体的产生，从而改变了加工硬化率曲线的走势，使加工硬化率止降回升，如图 7-16 所示。

图 7-19　0Nb 钢 800 ℃/10 s 退火后拉伸变形 13% 时的 EBSD 显微组织和 TEM 显微组织

（a）EBSD 显微组织，IPF 图；（b）EBSD 显微组织，添加了马氏体相的衬度图
（红色为 α'-马氏体；黄色为 ε-马氏体）；（c）TEM 显微组织中的细晶组织；（d）图（c）中马氏体的衍射斑；
（e）TEM 显微组织中的粗晶组织；（f）图（e）中马氏体的衍射斑

0Nb钢800 ℃/10 s退火后拉伸变形25%时的显微组织如图7-20所示，组织的变形程度进一步增加，细晶区中的马氏体含量继续增多，此时，粗晶区中越来越多的奥氏体晶粒也转变为马氏体，这种由应变引起的连续马氏体相变可轻松维持较高的加工硬化率（见图7-16），从而获得良好的延伸率。双峰钢奥氏体晶粒的非均质特征可以在不同的变形阶段触发不同的塑性变形机制，尤其是TWIP效应和两阶段TRIP效应可以有效地提高双峰钢在不同变形阶段的加工硬化率，因此，塑性变形过程中能够承受较高的应变。

 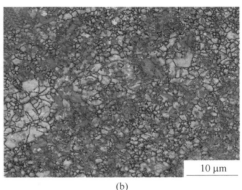

(a)　　　　　　　　　　　　　　　　(b)

图7-20　0Nb钢在800 ℃/10 s退火后拉伸变形25%时的EBSD显微组织

（a）IPF图；（b）添加了马氏体相的衬度图（红色为α′-马氏体；黄色为ε-马氏体）

综上所述，非均质双峰结构不锈钢由于大量纳米晶的存在，显著提高了其屈服强度；而且部分粗晶组织由于塑性变形过程中机械不相容性的存在，使粗晶中产生了应变梯度，从而导致几何必要位错的产生，额外增加了背应力。在塑性变形的早期阶段，粗晶组织较容易发生变形，其变形过程主要受位错滑移和TWIP效应的控制，正是由于形变孪晶的大量产生，减缓了加工硬化率曲线的下降速度。另外，粗晶的存在不会使细晶中显微裂纹过早产生，从一定程度上弥补了亚微米晶及纳米晶对位错储存能力弱的缺点。此时，纳米晶由于晶界密集，变形抗力较大，变形并不显著。在塑性变形中期，随着应变的进一步增加，细晶区中发生了明显的马氏体相变，TRIP效应显著，加工硬化率也随之增加。在塑性变形中后期，无论是粗晶区还是细晶区都产生了大量的马氏体，TRIP效应更加显著，并使得加工硬化率继续保持在较高水平。正是由于在不同应变水平下，TWIP和TRIP效应起主导作用的先后顺序不同，从而使得材料能够持续的塑性变形，具备了出色的综合力学性能。

7.7 非均质结构 202 奥氏体不锈钢的塑性变形行为

7.6 节中提到 H-N/UG 钢不仅具有超高的强度，而且同时拥有良好的塑性，本节为了探究 H-N/UG 钢的塑性变形行为，对 H-N/UG 钢进行了不同变形量的定变形实验，同时将 CG 钢作为对比进行了相同的定变形实验，变形量分别为 2%、4%、13%。H-N/UG 钢在不同变形量变形后的显微组织如图 7-21 所示。从 H-N/UG 钢的 TEM 组织中可以发现，其晶粒得到了极大的细化，晶界的大量增加，使得细晶强化非常显著。在拉伸加载过程中，由于 H-N/UG 钢中具有片层厚度更小且相互交替更加频繁的粗晶片层和细晶片层，其变形也存在机械不相容性。相比于 BM-10 钢来说，这种机械不相容性除了发生在原 BM-10 组织中粗、细晶区的界面处外，粗、细晶区内部更薄的粗、细晶片层界面处也存在着机械不相容性。因此，H-N/UG 钢在拉伸加载过程中的机械不相容性显著增强，由此导致更强的应变梯度则需要更多的几何必要位错来协调，图 7-21（a）为 H-N/UG 钢在拉伸变形 2% 后粗晶的 TEM 显微组织形貌。大量几何必要位错在晶界处的堆积又产生了更强的背应力。综上所述，具有晶粒尺寸更小、片层更薄且粗、细晶片层交替更加频繁的 H-N/UG 钢的屈服强度远大于 BM-10 钢和 CG 钢。

拉伸变形量 2% 后，由于细晶的变形滞后于粗晶，所以周围的细晶变化不明显，仅有少量的位错产生，如图 7-21（a）所示。当拉伸变形量增加到 4% 时，在粗晶中观察到了相互平行排列的细小形变孪晶（TWIP 效应），如图 7-21（b）所示，形变孪晶和退火孪晶的交互作用清晰可见，晶粒有轻微的拉长现象，正是大量孪晶的出现阻止了加工硬化率的降低。此时，在细晶中产生了大量的位错和层错，少量的形变孪晶也开始出现，细晶整体上仍然保持着等轴状，如图 7-21（c）所示。当拉伸变形量进一步增加到 13% 时，发生了明显的应变诱导马氏体转变（TRIP 效应），马氏体呈现典型的板条状，如图 7-21（d）中的白色圆框所示。

图 7-22 显示不同变形量下 H-N/UG 钢的 XRD 检测结果。通过对比可以发现，XRD 的检测结果与 TEM 的观察结果一致。当拉伸变形量为 2% 和 4% 时，XRD 谱图基本上全部由奥氏体峰 $(111)_\gamma$、$(200)_\gamma$、$(220)_\gamma$ 和 $(311)_\gamma$ 组成，而马氏体峰 $(110)_{\alpha'}$、$(200)_{\alpha'}$、$(211)_{\alpha'}$、$(100)_\varepsilon$ 和 $(101)_\varepsilon$ 非常微弱甚至不存在。随着变形量增加到 13% 时，α'-马氏体峰变得非常明显，如图 7-22 中的实线框所示；而此时的 ε-马氏体的峰仍然非常的微弱，如图 7-22 中的虚线框所示。这说明 H-N/UG 钢中应变诱导马氏体转变发生在变形的中后期阶段，且 α'-马氏体大多数是由奥氏体基体直接转变得到，很少是由中间相 ε-马氏体过渡得到。为了得到变形后各相的相对比例，利用 JADE 软件对 XRD 检测结果进行拟合分析，并

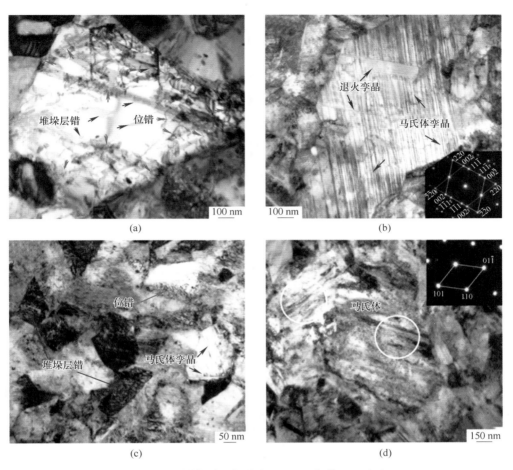

图 7-21 不同变形量变形后 H-N/UG 钢的 TEM 组织

（a）2%；（b）（c）4%；（d）13%

用如下公式进行计算[219]：

$$I_i^{hkl} = \frac{KR_i^{hkl}V_i}{2\mu} \qquad (7-15)$$

式中，I_i^{hkl} 为 i 相（hkl）晶面的积分强度；i 分别为 α'、γ 和 ε；R_i^{hkl} 为材料的捕捉因子；K 为设备因子；V_i 为 i 相的体积分数；μ 为线性吸收系数。

$$I_\varepsilon^{hkl} = \frac{KR_\varepsilon V_\varepsilon}{2\mu}, \quad I_{\alpha'}^{hkl} = \frac{KR_{\alpha'}V_{\alpha'}}{2\mu}, \quad I_\gamma = \frac{KR_\gamma V_\gamma}{2\mu} \qquad (7-16)$$

$$V_\varepsilon + V_{\alpha'} + V_\gamma = 1 \qquad (7-17)$$

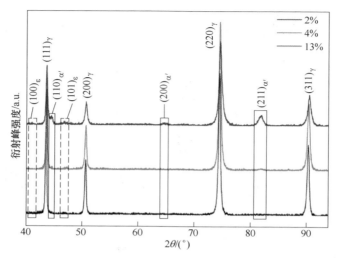

图 7-22　H-N/UG 钢在不同变形量变形后的 X 射线衍射谱图

$$
V_i = \frac{\dfrac{1}{n}\displaystyle\sum_{j=1}^{n}\dfrac{I_i^j}{R_i^j}}{\dfrac{1}{n}\left(\displaystyle\sum_{j=1}^{n}\dfrac{I_\gamma^j}{R_\gamma^j} + \displaystyle\sum_{j=1}^{n}\dfrac{I_{\alpha'}^j}{R_{\alpha'}^j} + \displaystyle\sum_{j=1}^{n}\dfrac{I_\varepsilon^j}{R_\varepsilon^j}\right)}
\tag{7-18}
$$

式中，n 为检测到的峰数；$K/2\mu$ 为 X 射线扫描中恒定参数。

因此，通过计算分析后得到此时应变诱导马氏体的体积分数为 15.9%。由于大量应变诱导马氏体的产生，使得 H-N/UG 钢的加工硬化率保持在较高的水平，这种 TWIP 效应和 TRIP 效应在不同变形阶段的响应机制使得 H-N/UG 钢拥有良好的延伸率。

与 H-N/UG 钢不同的是，CG 钢的整个塑性变形过程都是受 TRIP 效应的控制并直至断裂，如图 7-23 所示。在塑性变形刚开始时，剪切带逐渐形成。当拉伸变形量为 4% 时，形成了大量近似平行的剪切带，并且部分剪切带相互交叉，如图 7-23（a）所示。此外，可以非常清晰地观察到，ε-马氏体以剪切带和晶界为形核位置优先在奥氏体的（111）晶面上形成，而 α′-马氏体没有被观察到，如图 7-23（b）所示。图 7-24 显示不同变形量变形后 CG 钢的 XRD 检测结果，可以发现 XRD 的检测结果与 EBSD 的观察结果一致，只有 ε-马氏体峰的出现，没有 α′-马氏体峰的出现，其中（101）$_\varepsilon$ 峰最为明显，此时马氏体的体积分数约为 4.9%。

随着拉伸变形量增加到 13% 时，α′-马氏体也大多在剪切带的位置形成，而且可以明显地观察到，大量 α′-马氏体产生的位置总是伴随着 ε-马氏体的存在，如图 7-23（c）所示，说明大部分 α′-马氏体主要是由 ε-马氏体转变而来（γ→ε→α′）。同时，还有一些红色区域是单独存在的，说明部分 α′-马氏体是由奥氏

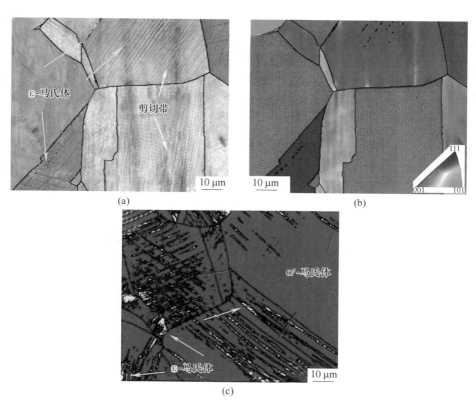

图 7-23　不同变形量变形后 CG 钢的 EBSD 组织形貌

（a）（b）变形量 4%时的衬度图和对应 IPF 图；（c）变形量 13%时的相图

（黄色为 ε-马氏体；红色为 α′-马氏体；蓝色为奥氏体）

体基体直接转变而来（γ→α′），这与前人关于应变诱导马氏体转变的研究结果较为相似[36,95]。当拉伸变形量为 13%时，XRD 的检测结果显示 ε-马氏体峰的强度增加，α′-马氏体的相关峰位也越发明显（见图 7-24），此时马氏体的体积分数约为 17.1%。综上所述，H-N/UG 钢和 CG 钢中应变诱导马氏体的形成机制有较大的差异，并受晶粒尺寸的影响较大。这种差异主要是因为在 H-N/UG 组织中，由于存在大量晶界和变形初期产生的形变孪晶，有助于促进 α′-马氏体的形核，而不利于 ε-马氏体形核[220]。同时，较小的晶粒尺寸也使得堆垛层错能和奥氏体的稳定性增加，ε-马氏体的形成受到抑制。相反，在固溶粗晶组织中，ε-马氏体很容易在剪切带上形核，并且由粗晶引起层错能的减少也促进了 ε-马氏体形核[221-222]。

　　奥氏体晶粒尺寸的差异对拉伸过程中应变诱导马氏体形成的难易程度也有显著的影响。当晶粒尺寸在微米级范围内时，晶粒尺寸的降低不利于应变诱导马氏体的形成[95]。因此，与 CG 钢中粗大的微米晶相比，H-NUG 钢中细小的微米晶具有较强的机械稳定性。而 CG 钢中粗大的微米晶在较小的变形量下便得到了体积分数 4.9% 的马氏体，其加工硬化率此时也保持在较高的水平。但当晶粒尺寸进一步降低到纳米级别时，其应变诱导马氏体的形成能力又会急剧提升[218]，也就是说微米级细晶的 TRIP 效应滞后于微米级粗晶，而微米级粗晶的 TRIP 效应滞后于纳米晶。

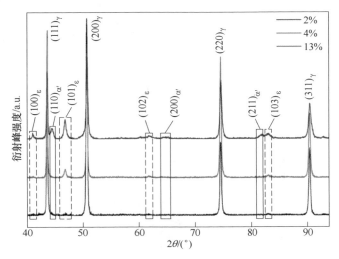

图 7-24　CG 钢在不同变形量变形后的 X 射线衍射谱图

　　如前所述，H-N/UG 钢的粗晶区比细晶区更容易发生塑性变形，粗晶区在变形前期比细晶区承受了更多的应变。而 H-N/UG 钢粗晶区的粗晶尺寸小于 CG 钢的粗晶尺寸，导致在变形前期，H-N/UG 组织的应变诱导马氏体形成能力要低于 CG 组织。所以，在低应变阶段，H-N/UG 钢中应变诱导马氏体的转变量很少，这也是 H-N/UG 钢加工硬化率在低应变条件下较低的原因。随着变形的持续进行，当拉伸变形量达到足够高的水平时，由于大量的纳米晶开始发生塑性变形，H-N/UG 钢中应变诱导马氏体的转变速率迅速提高。当拉伸变形量为 13% 时，其马氏体体积分数（15.9%）已经非常接近于 CG 钢中马氏体体积分数（17.1%），此时，加工硬化率迅速增加。在拉伸变形过程中，H-N/UG 钢的非均质特征导致的应变配分使得粗晶区和细晶区具有优异的协调变形能力，并使得 TRIP 效应延后发生，导致 TWIP 效应和 TRIP 效应在不同的应变水平下启动，可以使 TWIP 效应和 TRIP 效应之间产生很好的衔接作用。因此，与 CG 钢相比，H-N/UG 钢的延伸率没有大幅度损失；与 N/UG 钢相比，其更不容易发生塑性失稳，从而能够承受更多的塑性变形。

　　拉伸实验后，H-N/UG 钢和 CG 钢的断口形貌如图 7-25 所示。可以观察到，两种钢的断口存在大量的韧窝，显现出经典的塑性断裂行为。同时两种钢的断口形貌也具有非常大的差异，在 CG 钢中，断口表面的韧窝就像蜂窝一样均匀分布，如图 7-25（a）所示；其韧窝的深度要明显深于 H-N/UG 钢，韧窝的尺寸也明显更大，如图 7-25（b）所示。H-N/UG 钢断口中的韧窝非常细小，且非常有意思的是还观察到了许多近似平行的条纹，如图 7-25（c）黑色箭头所示。从图 7-25（d）的放大图中可以发现，条纹下方由相互并排连接的韧窝组成（黑色箭头处），且条纹中韧窝的尺寸明显大于周围韧窝的尺寸。此外，在 BM-10 钢中也观察到了同样的现象，如图 7-26 所示。因此，晶粒尺寸的大小及其分布特征能够对断口形貌产生显著的影响。

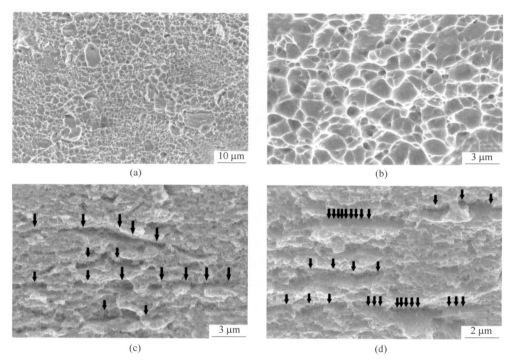

图 7-25　H-N/UG 钢的断口形貌和 CG 钢的断口形貌
（a）（b）H-N/UG 钢的断口形貌（（b）为放大图）；（c）（d）CG 钢的断口形貌（（d）为放大图）

　　众所周知，形核点的数量决定了韧窝的数量，而晶界是韧窝首选的有利形核位置。因此，H-N/UG 钢和 BM-10 钢断口中的韧窝数量要明显多于 CG 钢，且两种钢中细晶区的韧窝数量也明显多于粗晶区。奥氏体不锈钢的断裂行为主要受其塑性变形过程中的变形机理和应力-应变状态所控制[223]，晶粒尺寸通过影响变形机制而进一步影响了断口形貌。此外，Misra 等人[18]在研究不锈钢的断口形貌时也观察到了由空隙相互连接形成的条纹，并得出结论：这些条纹是

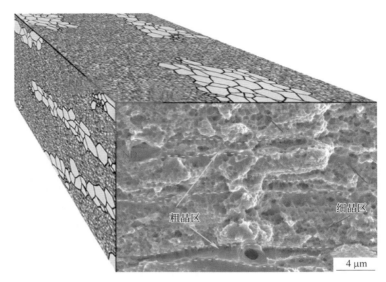

图 7-26　BM-10 双峰钢的断口形貌

（RD 为轧向；TD 为横向；ND 为法向）

由孪生变形机制导致的。在 H-N/UG 钢和 BM-10 钢的变形过程中，TWIP 效应起主导作用是在塑性变形的前中期；在塑性变形后期以及临近断裂的阶段，两种钢的塑性变形都主要受 TRIP 效应控制。因此，TWIP 效应可能不是产生平行条纹的主要原因。本研究认为，粗、细晶区在三维空间中的分布特征是产生平行条纹的主要原因。这里为了便于分析，简要绘制了断口处的三维示意图，如图 7-26 所示；粗晶区横向尺度要明显大于法向尺度，在粗晶区和细晶区的界面（晶界）处是有利于韧窝形核的。韧窝形核后，在细晶区一侧，由于形核位置众多，且这些形核位置在横向和法向没有明显的区别，大量的韧窝形核后立即相互连接，即形成了无序分布的密集孔洞。但是，在粗晶区一侧，由于晶粒尺寸较大，韧窝在彼此相遇之前会向四周扩展，因此众多空隙在横向上的扩展和相互连接导致了条纹的形成。由于大多的粗晶区在横截面上的分布近似平行，所以各条纹之间也近似平行。在 CG 钢中，由于其晶粒分布在三维空间上是无规律的均匀分布，且晶粒尺寸粗大，韧窝在形核后的扩展距离相对前两种钢来说较大。所以，断裂后的韧窝像蜂窝一样均匀分布。此外，基于条纹在断口截面的分布面积发现，条纹在断口截面中所占比例与粗晶区所占比例非常接近。因此，可以进一步证实，这些近似相互平行的条纹是由众多粗晶片层转变而来。

7.8　高密度位错非均质结构 202 奥氏体 不锈钢的塑性变形行为

7.5 节详细研究了 D&RT 钢的力学性能，剖析了这种钢具备超高强度的来源。此外，D&RT 钢同时具备优异的延伸率，加工硬化率一直处于较高水平，所以探索其塑性变形行为就显得尤为重要。这里以 D&RT$_{680}$ 钢为代表进行详细的研究，同样采用定变形实验，变形量分别为 2%、5.5%、15% 和 29%，变形后的显微组织如图 7-27 和图 7-28 所示，变形后试样的 XRD 检测结果如图 7-29 所示。

(a)　　　　　　　　　　　　(b)

(c)　　　　　　　　　　　　(d)

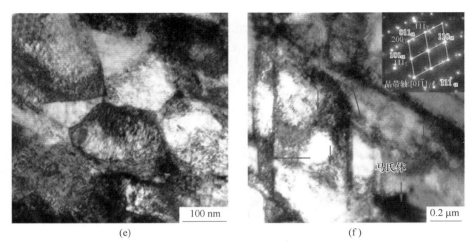

图 7-27　D&RT$_{680}$钢在不同变形量变形后的 TEM 组织形貌

(a) 2%；(b)~(f) 5.5%

((c) (d) 中的插图为孪晶衍射斑；(f) 中的插图为马氏体和奥氏体共存衍射斑)

拉伸变形量为 2% 时可以发现，变形奥氏体粗晶中有较多的层错（绿色箭头处）和位错（红色箭头处）产生，如图 7-27 (a) 所示；这里的位错有先前已存在位错（静态存储位错）以及变形过程中由应变梯度导致的几何必要位错，这些位错向晶界滑移并逐渐堆积；此时，逆转变奥氏体无明显变化。

当变形量增加到 5.5% 时可以发现，逆转变奥氏体中大量相互制约的位错胞被拉长，部分位错胞被破坏（黄色箭头处）；位错胞被破坏后，胞壁上致密的位错被释放，位错胞之间的相互制约变弱，导致了拉伸应力的降低[175]。由于逆转变奥氏体中密集的位错胞是非均质的，所以位错胞的破坏不是集体爆发式的，而是循序渐进的，尺寸较大的位错胞较容易被拉长和破坏（见图 7-27(b)），从而使得拉伸应力的降低并不显著。这里比较有意思的是，三种 D&RT 钢屈服之后并没有出现屈服平台，这很可能是溶质原子在位错上偏聚的量远远小于位错总量，因此，溶质原子对位错的钉扎作用并不显著[208]。试样屈服后的塑性变形除了受位错滑移控制外，还受明显的 TWIP 效应控制，图 7-27 (c) 中逆转变奥氏体中的位错胞（红色箭头处）和图 7-27 (d) 中粗晶奥氏体在变形时都伴随着形变孪晶的产生，这些形变孪晶彼此相互平行且与位错相互缠结。相对于逆转变奥氏体中细小的纳米晶及亚微米晶来说，这些粗晶的存在更有利于位错的存储且能够容纳更多的形变孪晶，对优异延伸率的保持至关重要[26]；由扩散机制逆转变得到的纳米晶奥氏体中产生了新的位错，但无形变孪晶产生，等轴状晶粒被轻微拉长，如图 7-27 (e) 所示。此外，在逆转变奥氏体中还产生了少量的应变诱导马氏体（TRIP 效应，见图 7-27 (f)），由图 7-28 的检测结果可以得到，新产生的应变诱导马氏体的体积分数约为6%；仔细观察还可以发现，这些应变诱导马氏体是在被破坏掉的位错胞上形核，应变诱导马氏体与逆转变奥氏体基体呈现Kurdjumov-Sachs（K-S）取向关系。所以，拉伸变形量为5%时，逆转变奥氏体中大量形变孪晶（TWIP效应）和少量应变马氏体（TRIP效应）的产生以及它们与位错的交互作用阻止了拉伸应力的降低，并使得加工硬化率曲线止降回升。

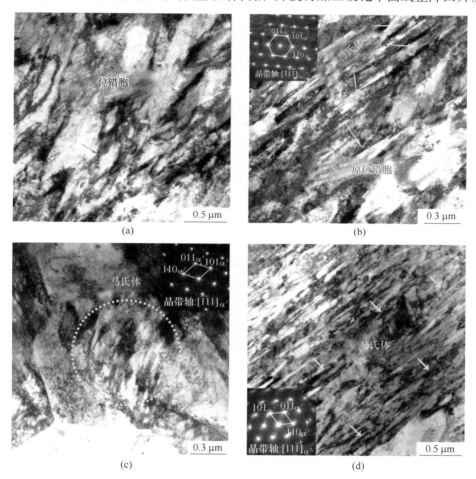

图7-28　D&RT$_{680}$钢在不同变形量变形后的TEM组织形貌

（插图都为马氏体的衍射斑）

（a）~（c）15%；（d）29%

当变形量增加到15%时，位错胞被进一步剧烈拉长（红色箭头处），大量的位错胞被破坏（黄色箭头处），如图7-28（a）所示；随着大量位错胞的严重变形，诱发了大量应变诱导马氏体形成，马氏体板条和被拉长破坏的位错胞缠结在

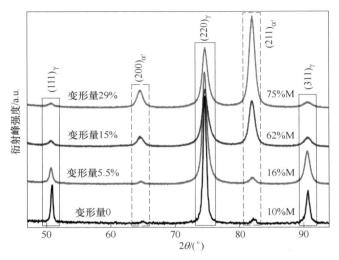

图 7-29　D&RT$_{680}$ 钢在不同变形量变形后的 X 射线衍射谱图

（M 代表马氏体）

一起，如图 7-28（b）所示。同时，在粗晶奥氏体中也观察到了应变诱导马氏体的产生，这些应变诱导马氏体也呈板条状，如图 7-28（c）所示。但粗晶奥氏体中应变诱导马氏体量明显少于逆转变奥氏体，这说明粗晶奥氏体的 TRIP 效应比较滞后。此时，马氏体在整个组织中的体积分数急剧增加到 62%，大量马氏体的产生显著增加了拉伸应力，并使加工硬化率处于较高水平，这对于良好延伸率的获得是非常关键的。在奥氏体的微观结构中，晶粒尺寸和位错对其 TRIP 效应有着直接影响[209,218]。有学者认为，奥氏体中预先存在的位错可能会阻碍马氏体相变过程中所需的原子协调运动，从而锁定相界，这种现象称为机械稳定性，尤其是缠结的不可动位错可以钉扎或减慢相界的移动[210]。然而，有相反的观点认为，大量预存在位错可以在运动的相界面前侧通过剪切弛豫来适应相变应变，高度不匹配的弹性应力可以有效地驱动位于相界面前侧的预存在位错，从而在塑性变形过程中促进马氏体的形核[211]；同时，高密度位错引起的高应力场和弹性应变可以有效地减少马氏体的形核壁垒，增加相变驱动力[212]。因此，从能量学和运动学的观点来看，大量位错的存在可以促进马氏体相变。到目前为止，尚不清楚哪种影响起主导作用。然而，在本次研究中，D&RT 钢中的密集位错胞在被拉伸破坏之前是相互限制的，这会通过阻碍原子所需的协调运动来锁定相界，而不利于相边界的移动。当拉伸变形量较大时，位错胞被大量破坏，密集的位错被释放以适应相变应变并促进马氏体的形核，且位错大量释放引起的高应力场可以增强马氏体相变的驱动力。因此，马氏体相变得到了极大的促进，从而使得拉伸变形15%后，应变诱导马氏体的体积分数急剧升高到62%。在粗晶奥氏体中，应变诱导马氏体在晶粒内部的变形带处（包括位错堆积处和层错束集处）或形变孪晶上形核，塑性变形前中期这些有利的形核点位不充足，所以变形奥氏体中 TRIP 效应的诱发滞后于逆转变奥氏体。随着拉伸应变增加到29%，板条马氏体在变形奥氏体和逆转变奥氏体中进一步增多（见图7-28（d）），马氏体的体积分数已增加到75%，这使得 D&RT$_{680}$ 钢的加工硬化率持续保持在较高的水平，也获得了优异的延伸率。

随后对 D&RT$_{720}$ 钢也做了相似的定变形实验研究，变形量分别为6%、15%和31%，变形后的显微组织如图7-30所示，变形后试样的 XRD 检测结果如图7-30（e）所示。可以发现，D&RT$_{720}$ 钢的塑性变形行为与 D&RT$_{680}$ 钢的相一致，在前期变形过程中逆转变奥氏体的密集位错胞被拉长，如图7-30（a）所示；且和变形奥氏体中都有形变孪晶的产生（TWIP 效应），分别如图7-30（b）和（c）所示。塑性变形中后期逆转变奥氏体中的大量位错胞被剧烈拉长和破坏，同样诱发了大量的马氏体产生（见图7-30（f）和（g）），逆转变奥氏体和变形奥氏体的变形除了受 TWIP 效应控制以外，还受到显著的 TRIP 效应控制。相比于 D&RT$_{680}$ 钢来说，D&RT$_{720}$ 钢多出体积分数约10%的逆转变奥氏体，具有更加持续的 TRIP 效应，能够承受更多的塑性变形，所以提高了其延伸率。

对于具有超高屈服强度的金属和合金来说，高加工硬化率对于获得优异的塑性是必不可少的[48,111]。具有超高屈服强度的奥氏体不锈钢通常具有很强的基体组织。因此，少量的马氏体或孪晶的形成不足以促进塑性变形过程中加工硬化率的增加。在这项研究中，正是由于高密度位错的存在，才在变形中后期极大地促进了应变诱导马氏体的形成。密集位错滑移、TWIP 效应和 TRIP 效应的良好结合有助于在不同变形阶段持续保持着较高的加工硬化率，因此，高密度位错和非均质组织的搭配，使 D&RT 钢的综合力学性能获得了极大的突破。

(a)   (b)

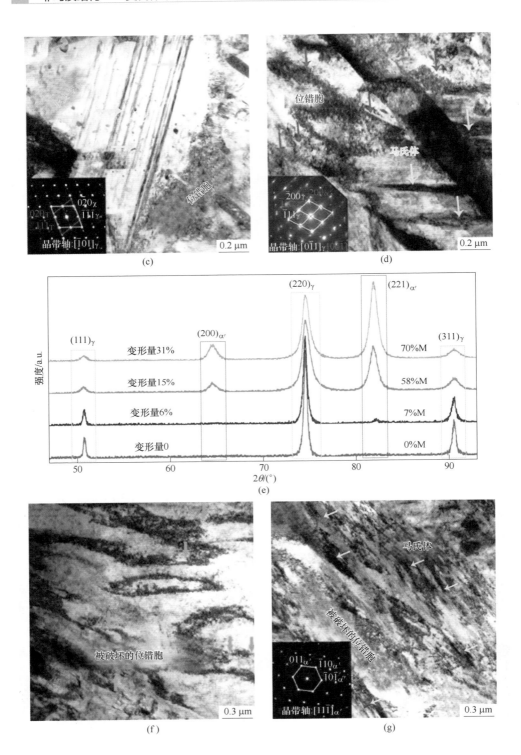

(c)

(d)

(e)

(f)

(g)

图 7-30 D&RT₇₂₀钢在不同变形量下变形后的 TEM 组织形貌和 XRD 检测结果

（a）6%，变形的位错胞；（b）(c) 6%，逆转变奥氏体和变形奥氏体中的形变孪晶；
（d）6%，逆转变奥氏体中少量的应变诱导马氏体；（e）变形后试样的 XRD 检测结果（M 代表马氏体）；
（f）15%，剧烈变形的位错胞；（g）15%，逆转变奥氏体中大量的应变诱导马氏体；
（h）15%，变形变奥氏体中少量的应变诱导马氏体；（i）31%，变形奥氏体中大量的应变诱导马氏体；
（j）31%，逆转变奥氏体中密集的应变诱导马氏体

7.9　本章小结

（1）BM 钢获得了非常优异的综合力学性能，其屈服强度保持在 715 MPa 左右波动，均匀延伸率保持在 45%左右，总延伸率维持在 54.3%~56.7%范围内。

随着 Nb 含量的增加，BM 钢的强度逐渐增加，延伸率稍有降低。与其他先进高强钢相比，BM 钢具有明显的力学性能优势。此外，利用 Berdichevsky 提出的晶粒自相似演变模型得到了结论：BM 钢的屈服强度和组织熵的负二分之一次方呈明显的线性关系。

（2）与 CG 钢相比，由于 BM 钢大量纳米晶的存在，显著提高了屈服强度；且粗、细晶片层界面处由于塑性变成过程中机械不相容性的存在，使界面处的粗晶中产生了应变梯度，从而导致几何必要位错的产生，额外增加了背应力。在塑性变形的早期阶段，粗晶组织的变形较为明显，变形过程主要受位错滑移和 TWIP 效应控制。在塑性变形中期阶段，细晶区中发生了明显的马氏体相变，而粗晶区的机械稳定性较强，此时 BM 钢的变形行为额外受到显著的 TRIP 效应的控制，加工硬化率随之增加。在塑性变形中后期，无论是粗晶区还是细晶区都产生了大量的马氏体，TRIP 效应更加显著。正是由于在不同变形量水平下，TWIP 效应和两阶段 TRIP 效应起主导作用的先后顺序不同，从而使得 BM 钢具备了出色的综合力学性能。

（3）H-N/UG 钢具有高达 1221 MPa 的超高屈服强度，同时仍然具有 37.8% 的均匀延伸率和 45.3% 的总延伸率，其综合力学性能得到了进一步的提升。H-N/UG 钢晶粒的显著细化大幅度提高了细晶强化效果，更多的粗、细晶片层界面使其在拉伸加载过程中总体的机械不相容性增强，由此导致更强的应变梯度产生了更高的背应力，从而也提高了屈服强度。

（4）H-N/UG 钢在塑性变形前期主要受位错滑移的控制，且细晶组织的塑性变形滞后于粗晶组织。塑性变形中后期，TWIP 效应和 TRIP 效应主导着塑性变形。H-N/UG 钢的非均质特征导致的应变配分使粗晶区和细晶区具有优异的协调变形能力，并使得粗晶 TRIP 效应延后发生，导致 TWIP 效应和 TRIP 效应之间产生很好的衔接作用，从而使 H-N/UG 钢具备理想的延伸率。

（5）D&RT$_{760}$钢的屈服强度甚至达到了 1436 MPa，且均匀延伸率也仍然保持在 35.3% 的理想水平，总延伸率也达到了 46.1%。与各类先进高强钢相比，其综合力学性能也成功获得了进一步的突破，拓宽了力学香蕉图中新的领域。D&RT 钢在整个变形过程中加工硬化率一直处于较高水平，在塑性变形前期，逆转变奥氏体中大量相互制约的位错胞被拉长甚至破坏，胞壁上致密的位错被释放，导致了拉伸应力的降低；此时，D&RT 钢的塑性变形除了受位错滑移控制外，还受明显的 TWIP 效应和轻微的 TRIP 效应控制。在塑性变形中期，随着大量位错胞的严重变形，诱发了大量的应变诱导马氏体形成，并使加工硬化率处于较高水平；由于晶粒尺度的原因，粗晶奥氏体的 TRIP 效应比较滞后。在塑性变形后期，逆转变奥氏体和粗晶奥氏体中的应变诱导马氏体进一步增多，使得加工硬化率持续保持在较高的水平。正是由于高密度位错的存在，才在塑性变形中后期极大地促进了应变诱导马氏体的形成。密集位错滑移、TWIP 效应和 TRIP 效应的良好结合有助于在不同变形阶段持续保持着优异的加工硬化率，使 D&RT 钢的综合力学性能获得了极大的突破。

8 非均质结构奥氏体不锈钢的组织熵和生物相容性

8.1 非均质结构奥氏体不锈钢的组织熵

本章研究非均质结构奥氏体不锈钢的显微组织呈双峰尺度特征，是具有一定混乱度（组织熵）的非均匀组织，而目前关于组织熵与材料力学性能关系的研究很少。2008年Berdichevsky[224]提出，多晶体微观几何形态的混乱程度与晶粒体积V相关的指数分布，这种指数分布与晶粒自相似长大的实验数据相符；晶粒体积在相空间的动力学方程与晶粒自相似演变相结合，得到了晶粒体积在相空间的动力学方程[159]。设定$\rho(t, v)$为晶粒体积密度，$\rho(t, v) \cdot \Delta v$为$[v, v+\Delta v]$区间内的晶粒个数，$\rho(t, v)$满足晶粒体积密度方程式（8-1）。

$$\frac{\partial \rho}{\partial t} + \frac{\partial}{\partial v}(V(t,v)\rho) = 0 \tag{8-1}$$

式中，$V(t, v)$为相空间流动的速率，是关于晶粒体积v的线性函数。

由Hillert理论最大修正，满足方程：

$$V(t,v) = \frac{1}{v^{2/3}(t)}[v - \bar{v}(t)] \tag{8-2}$$

因此式（8-1）将演变成：

$$\frac{\partial \rho}{\partial t} + \frac{\partial}{\partial v}\left[\frac{1}{v^{2/3}}(v - \bar{v})\rho\right] = 0 \tag{8-3}$$

晶粒数符合式（8-4）：

$$N = \int_0^{|v|} \rho(t,v)\,\mathrm{d}v \tag{8-4}$$

保温时间对晶粒数N和平均晶粒体积$\bar{v}(t)$都有明显的影响，$\bar{v}(t)$满足方程：

$$\bar{v}(t) = \frac{|V|}{N(t)} \tag{8-5}$$

整体组织的平均晶粒体积为：

$$\bar{v} = \frac{|V|}{N(t)} = \frac{|V_c| + |V_f|}{N_c + N_f} \tag{8-6}$$

式中，V_c、V_f分别为粗晶区和细晶区中的晶粒体积；N_c、N_f分别为粗晶区和细晶区中的晶粒数量。

晶粒体积的概率分布$f(t,v)$为：

$$f(t,v) = \frac{1}{N(t)}\rho(t,v) = \frac{\rho(t,v)}{\int_0^{|v|}\rho(t,v)\mathrm{d}v} \tag{8-7}$$

令$u = \dfrac{v}{\bar{v}(t)}$。

在自相似系统中，相关晶粒体积的定常态分布为$g(u)$，晶粒体积密度$\rho(t,v)$应遵循晶粒体积密度方程式（8-1）。式（8-3）的解为：

$$\rho(t,v) = \frac{N(t)}{\bar{V}(t)}g\left(\frac{v}{\bar{v}(t)}\right) = \frac{|V|}{\bar{V}(t)^2}g\left(\frac{v}{\bar{v}(t)}\right) \tag{8-8}$$

令$q = \dfrac{1}{\bar{v}^{1/3}}\dfrac{\mathrm{d}\bar{v}}{\mathrm{d}t}$ $(\bar{v}\geqslant 0)$，$q>0$，q为常数，则：

$$\left[u - (1-q) - 1\right]\frac{\mathrm{d}g}{\mathrm{d}u} = (2q-1)g \tag{8-9}$$

则平均晶粒体积满足方程：

$$v^{2/3}(t) = v^{2/3}(0) + \frac{2}{3}qt \tag{8-10}$$

讨论：

当$q = 1$时，

$$g(u) = \text{const}e^{-u} \tag{8-11}$$

当$q > 1$时，

$$g(u) = \frac{\text{const}}{\left[1 + (q-1)u\right]^{\frac{2q-1}{q-1}}} \tag{8-12}$$

当$1/2 < q < 1$时，

$$g(u) = \text{const}\left|u - \frac{1}{1-q}\right|^{\frac{2q-1}{1-q}} \tag{8-13}$$

当$q = 1/2$时，

$$g(u) = \text{const} \tag{8-14}$$

当$0 \leqslant q < 1/2$时，

$$g(u) = \frac{\text{const}}{\left|u - \dfrac{1}{1-q}\right|^{\frac{2q-1}{q-1}}} \tag{8-15}$$

令$n = \dfrac{2q-1}{1-q}$。

对于任意结构均满足式（8-16）的组织熵：

$$\begin{aligned}
S^* &= -\int f(t,v)\ln\left[f(t,v)v_0\right]\mathrm{d}v \\
&= \ln\frac{\bar{v}}{v_0} - \int g\ln g\,\mathrm{d}u
\end{aligned} \tag{8-16}$$

利用 matlab 程序对式（8-16）进行求解。

```
load 'test. txt';
v = test（:,1）;
va = test（:,2）;
q = test（:,3）;
n = test（:,4）;
u1 = test（:,5）;
u2 = test（:,6）;
for i = 1:64
        if（0<q（i）&&q（i）<1）
        qn = 1/（1-q（i））;
        fun = @（x）-n（i）. * abs（x-qn）.^（-n（i））. * log（abs（x-qn））;
        s（i）= -integral（fun,u1（i）,u2（i））+log（va（i）/v（i））;
        elseif（q（i）>1）
        fun = @（x）-n（i）. *（1+（q（i）-1）. * x）.^（-n（i））. * log（1+（q（i）-
        1）. * x）;
        s（i）= -integral（fun,u1（i）,u2（i））+log（va（i）/v（i））;
        end
end
```

8.2　组织熵与屈服强度关系的构建

选择 0Nb 钢和 0.05Nb 钢为研究对象，以 800 ℃退火不同时间后得到的双峰组织和屈服强度为代表进行分析和讨论。0Nb 和 0.05Nb 双峰钢的屈服强度见表 8-1。

表 8-1　800 ℃退火不同时间后 0Nb 钢和 0.05Nb 钢的屈服强度　　（MPa）

钢种	时间/s				
	1	10	60	300	1000
0Nb 钢	775	738	717	684	658
0.05Nb 钢	800	778	753	741	701

对 5.3 节和 5.5 节中得到的 0Nb 和 0.05Nb 双峰钢的 EBSD 数据进行分析，得到计算组织熵相关变量的数据分别见表 8-2 和表 8-3。

表 8-2　0Nb 钢相关变量的计算结果

退火工艺		变量					
温度/℃	时间/s	v_0	$\bar{v}$	q	n	u_1	u_2
800	1	0.005	0.526	0.464	0.138	0.124	1.043
800	10	0.004	1.145	0.112	0.874	0.155	0.718
800	60	0.007	2.213	0.035	0.966	0.175	0.523
800	300	0.0012	2.771	0.009	0.993	0.223	0.808
800	1000	0.0013	5.948	0.005	0.997	0.057	0.848

表 8-3　0.05Nb 钢相关变量的计算结果

退火工艺		变量					
温度/℃	时间/s	v_0	$\bar{v}$	q	n	u_1	u_2
800	1	0.014	0.386	0.471	0.113	0.097	0.448
800	10	0.015	0.524	0.066	0.931	0.113	0.419
800	60	0.018	0.934	0.017	0.980	0.094	0.398
800	300	0.019	0.947	0.005	0.997	0.118	0.358
800	1000	0.019	1.138	0.002	0.998	0.147	0.399

根据表 8-2 和表 8-3 得到的数据，采用上述组织熵的计算程序，得到 0Nb 和 0.05Nb 双峰钢的组织熵见表 8-4。可以清楚地看到，随着退火时间的延长，组织熵增加。

表 8-4　0Nb 钢和 0.05Nb 钢的组织熵

钢种	时间/s				
	1	10	60	300	1000
0Nb 钢	4.90	5.33	5.71	6.41	6.73
0.05Nb 钢	3.66	3.90	4.26	4.41	4.77

将 0Nb 和 0.05Nb 双峰钢的屈服强度和组织熵进行拟合，结果如图 8-1 所示。可以清楚地看到，0Nb 和 0.05Nb 双峰钢的屈服强度和组织熵的负二分之一次方呈明显的线性关系，这种线性关系与 Hall-Petch 准则非常相似。也可以说，在考虑非均匀组织的混乱状态时，所得到的屈服强度和组织熵的关系符合 Hall-Petch 准则，只不过均匀组织中所用的平均晶粒尺寸在这里被非均匀组织的组织熵代替。

本节对组织混乱程度与力学性能的关系做了初步性的探索，组织熵的影响因素以及其与屈服强度的关系近似 Hall-Petch 准则的原因都需要将来进一步的深入研究。

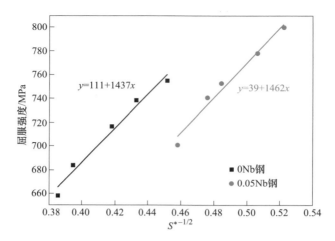

图 8-1　0Nb 钢和 0.05Nb 钢的组织熵与屈服强度的拟合关系

8.3　非均质结构 202 奥氏体不锈钢的生物相容性

本研究背景中提到，不锈钢除了广泛应用于工业领域外，在健康医疗领域也有着极为重要的应用。目前，奥氏体不锈钢已广泛应用于骨科及矫形外科的内植入物和人工假体等植入性医疗器械的制造，同时在各种外科手术器械和工具上的应用也较为广泛。由于人体细胞具有高度的敏感性，所以这些植入物和器械都对不锈钢的生物相容性有着极高的要求。很多学者在研究不锈钢的生物相容性时大多从化学成分的角度入手，并获得了宝贵的研究成果，也成功应用于临床中。基于不锈钢生物相容性的重要性，本节从材料组织结构的角度对不锈钢的生物相容性进行探讨，力求为获得具有良好生物相容性的不锈钢提供实验基础和理论指导。

8.3.1　MTT 检测分析

本节研究对象是 0.2Nb 奥氏体不锈钢中 BM-10，并与 CG 钢为对比进行分析。下面介绍本节所用成骨细胞的培养、表达和检测等实验的详细步骤。

（1）细胞培养。使用小鼠成骨细胞 MC 3T3-E1 细胞系在 T 瓶中进行细胞培养，培养细胞的培养基是混合有 10%胎牛血清和 1%青霉素的 α 最小必需基，每隔 18 h 更换一次培养基，将细胞在加有 5% CO_2 和 95%空气的加湿培养箱中于 37 ℃孵育。使用标准金相方法将各奥氏体不锈钢试样（ϕ10 mm 的圆片）抛光至近镜面光洁度，以获得近乎相同的表面特征，用丙酮、乙醇和蒸馏水依次洗涤，然后在高压釜中灭菌。通过胰蛋白酶消化从 T 瓶培养物中计数的 10000 细胞/孔的细胞密度用于接种到各不锈钢试样表面。具体操作是：使用磷酸盐缓冲盐水洗涤细胞，将0.25%胰蛋白酶/0.53 μm MEDTA加入T瓶中，孵育5~7 min，以使细胞与T瓶分离。将分离的细胞转移至离心管中，并以2000 r/min转速离心5 min。离心后，获得细胞沉淀，随后将其重新悬浮在培养基中。计数10000细胞/孔的细胞密度，并添加到灭菌后的各不锈钢样品中，并在24孔板中孵育。

（2）细胞表达。将成骨细胞接种到各奥氏体不锈钢试样表面，并在37 ℃条件下于混合有5% CO_2 的空气中孵育18 h、36 h和72 h，以检查细胞附着情况和活力。在预定的孵育时间之后，使用MTT（3-(4,5-二甲基噻唑-2)-2,5-二苯基四氮唑溴盐）测定法对此进行研究，该方法可以检测细胞存活和生长。MTT测定法的基本理论是：活细胞线粒体中的琥珀酸脱氢酶可以使外源性MTT还原为水不溶性的蓝紫色结晶甲臜（Formazan）并沉积在细胞中，而死细胞无此功能。在预定的孵育时间后，甲臜的浓度与代谢活性细胞的数量成正比，并使用二甲基亚砜（DMSO）将细胞内的蓝紫色结晶甲臜产物溶解到有色溶液中。具体操作是：将样品与新鲜培养基（90%）和含有10%的MTT（0.5 mg/mL培养基）一起孵育。在黑暗中3 h后，除去含有10% MTT的培养基，并在每个样品上添加DMSO，以获得细胞内带有蓝紫色甲臜的有色溶液，使用酶联免疫检测仪在490 nm波长处测量该溶液的吸光度，可间接反映活细胞数量。

（3）细胞检测。使用扫描电镜（Hitachi S-4800N）观察在不锈钢试样表面孵育18 h后细胞的形态和黏附情况，在奥氏体不锈钢样品上添加2.5%戊二醛30 min，以固定细胞，然后用磷酸盐缓冲盐水冲洗，并用一系列分级乙醇（10%~100%）脱水并干燥，最后镀金约10 nm后进行观察。

使用免疫荧光显微镜（Nikon H600L）观察在各不锈钢试样表面孵育18 h后细胞内各种蛋白的分布和表达。试样上的细胞用4%多聚甲醛固定20 min，将0.1%的Triton X-100加入不锈钢样品的表面5 min，以使细胞通透，然后添加0.1%的牛血清白蛋白（BSA）30 min，以封闭细胞。随后，通过免疫细胞化学染色揭示肌动蛋白、纽蛋白和纤连蛋白的表达水平。

用稀释的一抗（1∶200）在封闭液中对肌动蛋白和纽蛋白进行双染色1 h，之后用稀释的二抗（1∶100）标记45 min，再与稀释的TRITC偶联的鬼笔环肽（1∶400）。为了研究纤连蛋白，用稀释的抗纤连蛋白的小鼠单克隆抗体（1∶800），然后以1∶200的工作稀释度与兔-抗鼠FITC偶联的二抗，对另一套奥氏体不锈钢样品进行免疫染色。最后，在25 ℃下以1∶1000的工作稀释度用DAPI标记细胞核，持续5 min，在25 ℃下进行荧光显微镜观察，激发和发射波长为346 nm、442 nm。

（4）试样表面润湿性检测。使用蒸馏水在不锈钢试样表面的接触角来检测试样表面润湿性，实验重复进行至少3次，以获得各奥氏体不锈钢试样表面亲水性的平均值和标准偏差。

将成骨细胞接种到两种奥氏体不锈钢试样表面后在特定环境下孵育 18 h、36 h 和 72 h,以检查细胞附着情况和活力。在设定的时间孵育结束之后,使用 MTT 检测法对此进行研究,MTT 实验可以有效地检测细胞存活和生长状态,也是研究生物相容性最常用的方法之一。

孵育 18~72 h 后,两种钢试样中细胞的附着情况如图 8-2 所示。可以发现,随着培养时间的增加,细胞附着越好;而且成骨细胞在 BM-10 试样上的附着情况明显好于 CG 试样。孵育 1~7 天后,两种钢试样中细胞活力如图 8-3 所示。很明显地观察到,随着孵育时间的延长,细胞的存活率增加,且 BM-10 试样上细胞的活力要明显好于 CG 试样,这很好地说明 BM-10 钢更有利于细胞的新陈代谢。

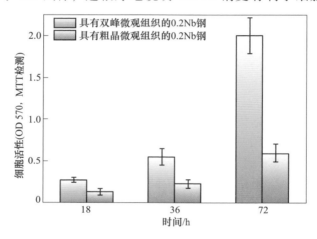

图 8-2　0.2Nb 钢试样中细胞在孵育 18~72 h 后的附着情况

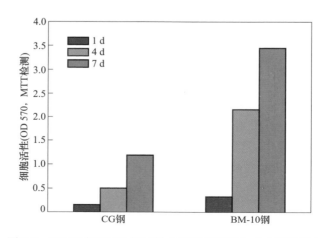

图 8-3　BM-10 钢和 CG 钢试样中细胞在孵育 1~7 d 后的活力

图 8-4 为成骨细胞培养 18 h 后用核酸特异性染料染色的细胞荧光照片，可以很直观地看到，BM-10 试样上的细胞数明显多于 CG 试样。这些现象都说明，晶粒尺寸由微米级粗晶降低到亚微米级或纳米级能够提高细胞的附着，而细胞的良好附着有利于细胞在试样上的增殖以及与试样基体的相互作用[225]。

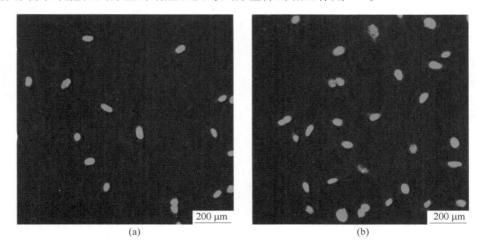

(a)　　　　　　　　　　(b)

图 8-4　成骨细胞培养 18 h 后用核酸特异性染料染色的细胞荧光照片

（a）CG 钢；（b）BM-10 钢

8.3.2　成骨细胞的增殖与表达

成骨细胞在两种试样上培养 2 h 和 18 h 后的 SEM 形貌分别如图 8-5 和图 8-6 所示。可以观察到，培养 2 h 后两种试样上的细胞都呈现多边形形态，但分布有明显的差异，CG 试样中的细胞数量明显少于 BM-10 试样。培养 18 h 后，这种差异更为明显，BM-10 试样中的细胞增殖显著，广泛分布并聚集成片，形成了细胞质桥，这意味着 BM-10 试样上细胞与基体的相互作用更加显著。

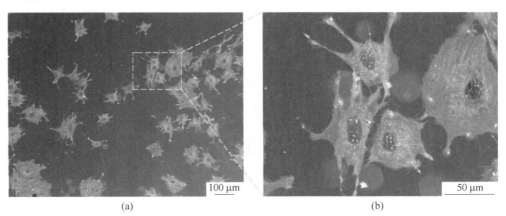

(a)　　　　　　　　　　(b)

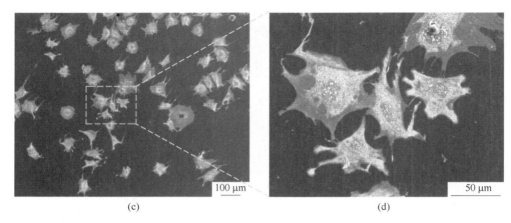

图 8-5　细胞在两种试样上培养 2 h 后的 SEM 形貌

（a）（b）CG 钢；（c）（d）BM-10 钢

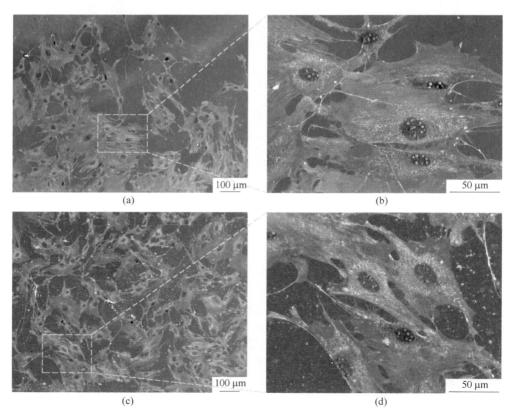

图 8-6　细胞在两种试样上培养 18 h 后 SEM 形貌

（a）（b）CG 钢；（c）（d）BM-10 钢

纤连蛋白、纽蛋白和肌动蛋白这三种蛋白对细胞与试样基体相互作用有着非常重要的影响，其中纤连蛋白充当生长刺激剂[226-227]，是成骨细胞在代谢过程中释放的最早蛋白质之一[228]，且纤连蛋白的矿化有助于骨骼生长。成骨细胞在两种试样上培养 18 h 后表达出的纤连蛋白情况如图 8-7 所示，与 CG 试样相比，细胞在 BM-10 试样上表达出的纤连蛋白更强，纤连蛋白的扩展网络也更加明显。成骨细胞在两种试样上培养 18 h 后表达出的纽蛋白和肌动蛋白情况如图 8-8 所示，可以发现，BM-10 试样上细胞的纽蛋白黏着斑和肌动蛋白应力纤维比 CG 试样具有更高的表达水平。因此，与细胞附着和增殖紧密相关的三种蛋白的表达检测水平清楚地表明，BM-10 钢更加有利于调节细胞反应和细胞的生物学功能。

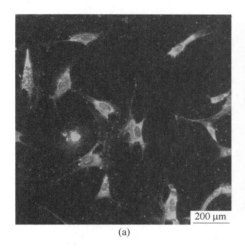
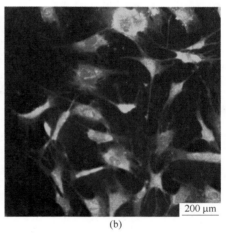

(a)　　　　　　　　　　　　　　　　(b)

图 8-7　成骨细胞在两种试样上培养 18 h 后表达出的纤连蛋白（染色后）

(a) CG 钢；(b) BM-10 钢

不锈钢试样的表面性能被认为对细胞附着、生存力和蛋白质表达具有重要影响，这些表面性能主要包括能量、亲水性、离子键和范德华相互作用[229]。亲水性强的表面不仅能够增强碱性磷酸酶和骨钙素的活性，还促进了纤连蛋白的吸附[230]。BM-10 钢和 CG 钢试样表面的亲水性能是通过接触角测量的，分别为 64.88°±0.85° 和 73.33°±1.53°，可见 BM-10 钢具有更强的亲水性。另一个影响细胞活性的重要因素是试样的表面能，能量高的表面能够显著增强细胞附着、延伸和增殖，并能够促进蛋白质的表达。相比于 CG 钢，BM-10 钢具有超高比例的晶界，因此，BM-10 钢具有更高的表面能，从而可以得到具有高表面能和强亲水性的 BM-10 钢，更加有利于细胞的附着和增殖，且能够使各种蛋白质高水平地表达。

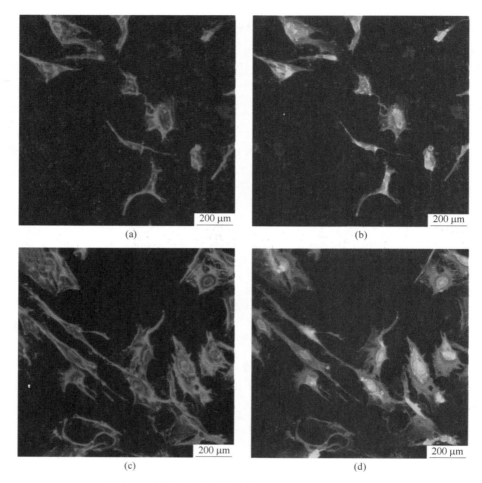

图 8-8　成骨细胞在两种试样上培养 18 h 后表达出的
纽蛋白（a）（c）和肌动蛋白（b）（d）（染色后）
（a）（b）CG 钢；（c）（d）BM-10 钢

8.4　本章小结

（1）利用晶粒自相似演变模型对非均质双峰组织进行了组织熵的计算，并构建了组织熵与屈服强度的关系。800 ℃退火时，随着退火时间的延长，0Nb 和 0.05Nb 双峰钢的组织熵逐渐增加，且两种双峰钢的屈服强度和组织熵的负二分之一次方呈明显的线性关系。

（2）MTT 实验表明，材料本身的组织结构对其生物相容性有着重要的影响。

BM-10 钢由于晶粒尺寸大幅度降低，显著改变了试样与成骨细胞接触面的表面性能，使之具有高表面能和强亲水性；BM-10 钢的这两种特性能够明显提高细胞的附着和增殖能力，并增强细胞中各种蛋白质的表达水平，使细胞具有较高的活力，从而获得了良好的生物相容性。

参 考 文 献

[1] KWIATKOWSKI DA SILVA A, SOUZA FILHO I R, LU W, et al. A sustainable ultra-high strength Fe18Mn3Ti maraging steel through controlled solute segregation and α-Mn nanoprecipitation [J]. Nat. Commun., 2022, 13 (1): 2330.

[2] GARCIA-MATEO C, CABALLERO F G, BHADESHIA H K D H. Acceleration of Low-temperature Bainite [J]. Isij Int., 2003, 43 (11): 1821-1825.

[3] BHADESHIA H K D H. Nanostructured bainite [J]. Proc. R. Soc. A, 2009, 466 (2113): 3-18.

[4] GAO J, JIANG S, ZHANG H, et al. Facile route to bulk ultrafine-grain steels for high strength and ductility [J]. Nature, 2021, 590 (7845): 262-267.

[5] LI Y, YUAN G, LI L, et al. Ductile 2-GPa steels with hierarchical substructure [J]. Science, 2023, 379 (6628): 168-173.

[6] 武晓雷，朱运田. 异构金属材料及其塑性变形与应变硬化 [J]. 金属学报，2022, 58 (11): 11.

[7] 王松涛. 高氮奥氏体不锈钢的力学行为及氮的作用机理 [D]. 北京：中国科学院研究生院（理化技术研究所），2008.

[8] 陈德和. 不锈钢的性能和组织 [M]. 北京：机械工程出版社，1977.

[9] FRANKS R, BINDER W, THOMPSON J. Austenitic chromium-manganese-nickel steels containing nitrogen [J]. Trans. Am. Soc. Met., 1955 (47): 231-266.

[10] STEIN G, HUCKLENBROICH I. Manufacturing and applications of high nitrogen steels [J]. Materials and Manufacturing Processes, 2004, 19 (1): 7-17.

[11] ANDREEV C, RASHEV T. Chromium-manganese stainless steels with nitrogen content up to 2. 10 wt% [J]. Mater. Sci. Forum., 1999 (318): 255-258.

[12] ANGEL T. Formation of martensite in austenitic stainless steels effects of deformation, temperature, and composition [J]. J. Iron and Steel Inst., 1954 (177): 165-174.

[13] KARJALAINEN L, TAULAVUORI T, SELLMAN M, et al. Some strengthening methods for austenitic stainless steels [J]. Steel Res. Int., 2008, 79 (6): 404-412.

[14] 王占学. 塑性加工金属学 [M]. 北京：冶金工业出版社，2003.

[15] 武会宾，武凤娟，杨善武，等. 微米/亚微米双峰尺度奥氏体组织形成机制 [J]. 金属学报，2014, 50 (3): 269-274.

[16] WITTIG J E, POZUELO M, JIMÉNEZ J A, et al. Temperature Dependent Deformation Mechanisms of a High Nitrogen-Manganese Austenitic Stainless Steel [J]. Steel Res. Int., 2009, 80 (1): 66-70.

[17] MISRA R D K, NAYAK S, MALI S A, et al. On the Significance of Nature of Strain-Induced Martensite on Phase-Reversion-Induced Nanograined/Ultrafine-Grained Austenitic Stainless Steel [J]. Metall. Mater. Trans. A, 2010, 41 (1): 3-12.

［18］ MISRA R D K, WAN X L, CHALLA V S A, et al. Relationship of grain size and deformation mechanism to the fracture behavior in high strength-high ductility nanostructured austenitic stainless steel ［J］. Mater. Sci. Eng. A, 2015 （626）: 41-50.

［19］ MAHAJAN S, WILLIAMS D F. Deformation Twinning in Metals and Alloys ［J］. Int. Mater. Rev., 1973, 18 （2）: 43-61.

［20］ CAHN R W. Plastic deformation of alpha-uranium; twinning and slip ［J］. Acta Mater., 1953, 1 （1）: 49-70.

［21］ YOO M H. Slip, twinning, and fracture in hexagonal close-packed metals ［J］. Metall. Trans. A, 1981, 12 （3）: 409-418.

［22］ MÜLLNER P, ROMANOV A E. Internal twinning in deformation twinning ［J］. Acta Mater., 2000, 48 （9）: 2323-2337.

［23］ DE COOMAN B C. Structure-properties relationship in TRIP steels containing carbide-free bainite ［J］. Curr Opin Solid State Mater Sci, 2004, 8 （3）: 285-303.

［24］ HUANG C X, YANG G, GAO Y L, et al. Investigation on the nucleation mechanism of deformation-induced martensite in an austenitic stainless steel under severe plastic deformation ［J］. J. Mater. Res., 2007, 22 （3）: 724-729.

［25］ CHEN M, TERADA D, SHIBATA A, et al. Identical Area Observations of Deformation-Induced Martensitic Transformation in SUS304 Austenitic Stainless Steel ［J］. Mater. Trans., 2013, 54 （3）: 308-313.

［26］ WANG Y, CHEN M, ZHOU F, et al. High tensile ductility in a nanostructured metal ［J］. Nature, 2002, 419 （6910）: 912-915.

［27］ ZHAO Y, TOPPING T, BINGERT J F, et al. High Tensile Ductility and Strength in Bulk Nanostructured Nickel ［J］. Adv. Mater., 2008, 20 （16）: 3028-3033.

［28］ MA E, ZHU T. Towards strength-ductility synergy through the design of heterogeneous nanostructures in metals ［J］. Mater. Today, 2017 （20）: 323-331.

［29］ MA E, WU X. Tailoring heterogeneities in high-entropy alloys to promote strength-ductility synergy ［J］. Nat. Commun., 2019, 10 （1）: 5623.

［30］ SAWANGRAT C, KATO S, ORLOV D, et al. Harmonic-structured copper: Performance and proof of fabrication concept based on severe plastic deformation of powders ［J］. J. Mater. Sci., 2014, 49 （19）: 6579-6585.

［31］ 卢柯. 梯度纳米结构材料 ［J］. 金属学报, 2015, 51 （1）: 1-10.

［32］ WEI Y, LI Y, ZHU L, et al. Evading the strength-ductility trade-off dilemma in steel through gradient hierarchical nanotwins ［J］. Nat. Commun., 2014, 5 （1）: 3580.

［33］ CHENG Z, ZHOU H, LU Q, et al. Extra strengthening and work hardening in gradient nanotwinned metals ［J］. Science, 2018, 362 （6414）: eaau1925.

［34］ TAN X, KOK Y, TAN Y J, et al. Graded microstructure and mechanical properties of additive manufactured Ti-6Al-4V via electron beam melting ［J］. Acta Mater., 2015 （97）: 1-16.

［35］LU K. Making strong nanomaterials ductile with gradients ［J］. Science, 2014, 345（6203）: 1455-1456.

［36］WU X L, YANG M X, YUAN F P, et al. Combining gradient structure and TRIP effect to produce austenite stainless steel with high strength and ductility ［J］. Acta Mater., 2016 （112）: 337-346.

［37］EDALATI K, NOVELLI M, ITANO S, et al. Effect of gradient-structure versus uniform nanostructure on hydrogen storage of Ti-V-Cr alloys: Investigation using ultrasonic SMAT and HPT processes ［J］. J. Alloys Compd., 2018（737）: 337-346.

［38］LIU X, SUN L, ZHU L, et al. High-order hierarchical nanotwins with superior strength and ductility ［J］. Acta Mater., 2018（149）: 397-406.

［39］卢磊, 卢柯. 纳米孪晶金属材料 ［J］. 金属学报, 2010, 46（11）: 1422-1427.

［40］LU L, SHEN Y, CHEN X, et al. Ultrahigh Strength and High Electrical Conductivity in Copper ［J］. Science, 2004, 304（5669）: 422-426.

［41］ZHU Y, WU X. Perspective on hetero-deformation induced（HDI）hardening and back stress ［J］. Mater. Res. Lett, 2019, 7（10）: 393-398.

［42］WU X, ZHU Y, LU K. Ductility and strain hardening in gradient and lamellar structured materials ［J］. Scr. Mater., 2020（186）: 321-325.

［43］WU X, ZHU Y. Gradient and lamellar heterostructures for superior mechanical properties ［J］. Mrs. Bull., 2021, 46（3）: 244-249.

［44］LI J, ZHANG Q, HUANG R, et al. Towards understanding the structure-property relationships of heterogeneous-structured materials ［J］. Scr. Mater., 2020（186）: 304-311.

［45］LI X, LU L, LI J, et al. Mechanical properties and deformation mechanisms of gradient nanostructured metals and alloys ［J］. Nat. Rev. Mater., 2020, 5（9）: 706-723.

［46］ZHU Y, AMEYAMA K, ANDERSON P M, et al. Heterostructured materials: Superior properties from hetero-zone interaction ［J］. Mater. Res. Lett, 2021, 9（1）: 1-31.

［47］LLORCA J, NEEDLEMAN A, SURESH S. The bauschinger effect in whisker-reinforced metal-matrix composites ［J］. Scr. Metall. Mater., 1990, 24（7）: 1203-1208.

［48］WU X, JIANG P, CHEN L, et al. Extraordinary strain hardening by gradient structure ［J］. Proc Natl Acad Sci USA, 2014, 111（20）: 7197-7201.

［49］HUANG C X, WANG Y F, MA X L, et al. Interface affected zone for optimal strength and ductility in heterogeneous laminate ［J］. Mater. Today, 2018, 21（7）: 713-719.

［50］ASHBY M F. The deformation of plastically non-homogeneous materials ［J］. Philos. Mag., 1970, 21（170）: 399-424.

［51］LI J C M, CHAU C C. Internal stresses in plasticity, microplasticity and ductile fracture ［J］. Mater. Sci. Eng. A, 2006, 421（1）: 103-108.

［52］YANG M, PAN Y, YUAN F, et al. Back stress strengthening and strain hardening in gradient structure ［J］. Mater. Res. Lett, 2016, 4（3）: 145-151.

［53］ MUGHRABI H. Dislocation wall and cell structures and long-range internal stresses in deformed metal crystals ［J］. Acta Mater. , 1983, 31（9）: 1367-1379.

［54］ GIBELING J G, NIX W D. A numerical study of long range internal stresses associated with subgrain boundaries ［J］. Acta Mater. , 1980, 28（12）: 1743-1752.

［55］ OROWAN E. Internal Stress and Fatigue in Metals ［M］. London: Elsevier, 1959.

［56］ OSBORNE P W. On the nature of the long-range back stress in copper ［J］. Acta Mater. , 1964, 12（6）: 747-749.

［57］ MUGHRABI H. On the role of strain gradients and long-range internal stresses in the composite model of crystal plasticity ［J］. Mater. Sci. Eng. A, 2001, 317（1）: 171-180.

［58］ WU X L, JIANG P, CHEN L, et al. Synergetic Strengthening by Gradient Structure ［J］. Mater. Res. Lett, 2014, 2（4）: 185-191.

［59］ WU X, YANG M, YUAN F, et al. Heterogeneous lamella structure unites ultrafine-grain strength with coarse-grain ductility ［J］. Proc. Natl. Acad. Sci. USA, 2015, 112（47）: 14501-14505.

［60］ YANG M, YAN D, YUAN F, et al. Dynamically reinforced heterogeneous grain structure prolongs ductility in a medium-entropy alloy with gigapascal yield strength ［J］. Proc. Natl. Acad. Sci. USA, 2018, 115（28）: 7224-7229.

［61］ ZHA M, ZHANG H M, YU Z Y, et al. Bimodal microstructure-A feasible strategy for high-strength and ductile metallic materials ［J］. J. Mater. Sci. Technol. , 2018, 34（2）: 257-264.

［62］ VAJPAI S K, OTA M, ZHANG Z, et al. Three-dimensionally gradient harmonic structure design: An integrated approach for high performance structural materials ［J］. Mater. Res. Lett, 2016, 4（4）: 191-197.

［63］ WU X, YANG M, YUAN F, et al. Heterogeneous lamella structure unites ultrafine-grain strength with coarse-grain ductility ［J］. Proc. Natl. Acad. Sci. USA, 2015, 112（47）: 14501-14505.

［64］ LI J, CAO Y, GAO B, et al. Superior strength and ductility of 316L stainless steel with heterogeneous lamella structure ［J］. J. Mater. Sci. , 2018, 53（14）: 10442-10456.

［65］ RAMTANI S, DIRRAS G, BUI H Q. A bimodal bulk ultra-fine-grained nickel: Experimental and micromechanical investigations ［J］. Mech. Mater. , 2010, 42（5）: 522-536.

［66］ LEE Z, RADMILOVIC V, AHN B, et al. Tensile deformation and fracture mechanism of bulk bimodal ultrafine-grained Al-Mg alloy ［J］. Metall. Mater. Trans. A, 2010（41）: 795-801.

［67］ LUI E W, XU W, WU X, et al. Multiscale two-phase Ti-Al with high strength and plasticity through consolidation of particles by severe plastic deformation ［J］. Scr. Mater. , 2011, 65（8）: 711-714.

［68］ SHIRDEL M, MIRZADEH H, PARSA M H. Nano/ultrafine grained austenitic stainless steel through the formation and reversion of deformation-induced martensite: Mechanisms, microstructures, mechanical properties, and TRIP effect ［J］. Mater. Charact. , 2015（103）:

150-161.

［69］ ZHANG F, LIU Z, ZHOU J. Molecular dynamics simulation of micro-mechanical deformations in polycrystalline copper with bimodal structures ［J］. Mater. Lett. , 2016 （183）: 261-264.

［70］ PARK H K, AMEYAMA K, YOO J, et al. Additional hardening in harmonic structured materials by strain partitioning and back stress ［J］. Mater. Res. Lett, 2018, 6 （5）: 261-267.

［71］ ZHANG Z, VAJPAI S K, ORLOV D, et al. Improvement of mechanical properties in SUS304L steel through the control of bimodal microstructure characteristics ［J］. Mater. Sci. Eng. A, 2014 （598）: 106-113.

［72］ ORLOV D, TODAKA Y, UMEMOTO M, et al. Formation of bimodal grain structures in high purity Al by reversal high pressure torsion ［J］. Scr. Mater. , 2011, 64 （6）: 498-501.

［73］ LEE C H, HONG S H, KIM J T, et al. Chemical heterogeneity-induced plasticity in Ti-Fe-Bi ultrafine eutectic alloys ［J］. Mater. Des. , 2014 （60）: 363-367.

［74］ KIM H S, SEO M H, HONG S I. Plastic deformation analysis of metals during equal channel angular pressing ［J］. J. Mater. Process. Tech, 2001, 113 （1）: 622-626.

［75］ SHIN D H, KIM W J, CHOO W Y. Grain refinement of a commercial 0. 15%C steel by equal-channel angular pressing ［J］. Scr. Mater. , 1999, 41 （3）: 259-262.

［76］ SHIN D H, KIM B C, KIM Y S, et al. Microstructural evolution in a commercial low carbon steel by equal channel angular pressing ［J］. Acta Mater. , 2000, 48 （9）: 2247-2255.

［77］ PARK K T, KIM Y S, LEE J G, et al. Thermal stability and mechanical properties of ultrafine grained low carbon steel ［J］. Mater. Sci. Eng. A, 2000, 293 （1）: 165-172.

［78］ YIN F, HANAMURA T, UMEZAWA O, et al. Phosphorus-induced dislocation structure variation in the warm-rolled ultrafine-grained low-carbon steels ［J］. Mater. Sci. Eng. A, 2003, 354 （1）: 31-39.

［79］ LEE Y, CHOI S, HODGSON P D. Integrated model for thermo-mechanical controlled process in rod （or bar） rolling ［J］. J. Mater. Process. Tech, 2002 （125/126）: 678-688.

［80］ CHOI S, LEE Y, HODGSON P D, et al. Feasibility study of partial recrystallisation in multi-pass hot deformation process and application to calculation of mean flow stress ［J］. J. Mater. Process. Tech, 2002 （125/126）: 63-71.

［81］ SAITO N, HANEDA H, SEKIGUCHI T, et al. Low-Temperature Fabrication of Light-Emitting Zinc Oxide Micropatterns Using Self-Assembled Monolayers ［J］. Adv. Mater. , 2002, 14 （6）: 418-421.

［82］ TSUJI N, SAITO Y, UTSUNOMIYA H, et al. Ultra-fine grained bulk steel produced by accumulative roll-bonding （ARB） process ［J］. Scr. Mater. , 1999, 40 （7）: 795-800.

［83］ 牧正志, 古原忠, 辻伸泰, など. 鋼の加工熱処理の変遷と今後の動向 ［J］. 鉄と鋼, 2014, 100 （9）: 1062-1075.

［84］ 小泉雄一郎, 植山将宜, 辻伸泰, など. 繰り返し重ね接合圧延 （ARB） により結晶粒超微細化されたニッケルの内部摩擦 ［J］. Journal of the Japan Institute of Metals,

2005（69）：997-1003.

［85］SHIN D H, KIM Y S, LAVERNIA E J. Formation of fine cementite precipitates by static annealing of equal-channel angular pressed low-carbon steels ［J］. Acta Mater. , 2001, 49（13）：2387-2393.

［86］EDALATI K, TOH S, IWAOKA H, et al. Ultrahigh strength and high plasticity in TiAl intermetallics with bimodal grain structure and nanotwins ［J］. Scr. Mater. , 2012, 67（10）：814-817.

［87］EDALATI K, MATSUDA J, IWAOKA H, et al. High-pressure torsion of TiFe intermetallics for activation of hydrogen storage at room temperature with heterogeneous nanostructure ［J］. Int. J. Hydrogen Energy, 2013, 38（11）：4622-4627.

［88］CHEN L, YUAN F P, JIANG P, et al. Mechanical properties and nanostructures in a duplex stainless steel subjected to equal channel angular pressing ［J］. Mater. Sci. Eng. A, 2012（551）：154-159.

［89］HOSSEINI S M, ALISHAHI M, NAJAFIZADEH A, et al. The improvement of ductility in nano/ultrafine grained low carbon steels via high temperature short time annealing ［J］. Mater. Lett. , 2012（74）：206-208.

［90］JIANG X, ZHANG L, ZHANG L, et al. Heterogeneous microstructure and enhanced mechanical properties in annealed multilayered IF steel ［J］. Mater. Sci. Eng. A, 2019（759）：262-271.

［91］JIANG X, BAI Y, ZHANG L, et al. Termination of local strain concentration led to better tensile ductility in multilayered 2N/4N Al sheet ［J］. Mater. Sci. Eng. A, 2020（782）：139240.

［92］CHENG S, MA E, WANG Y M, et al. Tensile properties of in situ consolidated nanocrystalline Cu ［J］. Acta Mater. , 2005, 53（5）：1521-1533.

［93］CHALLA V S A, WAN X L, SOMANI M C, et al. Strain hardening behavior of phase reversion-induced nanograined/ultrafine-grained（NG/UFG）austenitic stainless steel and relationship with grain size and deformation mechanism ［J］. Mater. Sci. Eng. A, 2014（613）：60-70.

［94］MISRA R D K, CHALLA V S A, VENKATSURYA P K C, et al. Interplay between grain structure, deformation mechanisms and austenite stability in phase-reversion-induced nanograined/ultrafine-grained austenitic ferrous alloy ［J］. Acta Mater. , 2015（84）：339-348.

［95］XU D M, LI G Q, WAN X L, et al. Deformation behavior of high yield strength-High ductility ultrafine-grained 316LN austenitic stainless steel ［J］. Mater. Sci. Eng. A, 2017（688）：407-415.

［96］LEE C Y, YOO C S, KERMANPUR A, et al. The effects of multi-cyclic thermo-mechanical treatment on the grain refinement and tensile properties of a metastable austenitic steel ［J］. J. Alloys Compd. , 2014（583）：357-360.

［97］ SHAKHOVA I, DUDKO V, BELYAKOV A, et al. Effect of large strain cold rolling and subsequent annealing on microstructure and mechanical properties of an austenitic stainless steel ［J］. Mater. Sci. Eng. A, 2012（545）: 176-186.

［98］ SUN G S, DU L X, HU J, et al. Ultrahigh strength nano/ultrafine-grained 304 stainless steel through three-stage cold rolling and annealing treatment ［J］. Mater. Charact. , 2015（110）: 228-235.

［99］ MISRA R D K, ZHANG Z, VENKATASURYA P K C, et al. The effect of nitrogen on the formation of phase reversion-induced nanograined/ultrafine-grained structure and mechanical behavior of a Cr-Ni-N steel ［J］. Mater. Sci. Eng. A, 2011, 528（3）: 1889-1896.

［100］ 徐祖耀. 马氏体相变 ［J］. 热处理, 1999, 54（2）: 1-13.

［101］ SAMEK L, DE MOOR E, PENNING J, et al. Influence of alloying elements on the kinetics of strain-induced martensitic nucleation in low-alloy, multiphase high-strength steels ［J］. Metall. Mater. Trans. A, 2006, 37（1）: 109-124.

［102］ FAESTER S, HANSEN N, JENSEN JUUL D, et al. Proceedings of the 35th Risø International Symposium on Materials Science ［M］. Denmark: Department of Wind Energy, Technical University of Denmark, 2014.

［103］ HUANG H W, WANG Z B, LU J, et al. Fatigue behaviors of AISI 316L stainless steel with a gradient nanostructured surface layer ［J］. Acta Mater. , 2015（87）: 150-160.

［104］ KOU H, LU J, LI Y. High-Strength and High-Ductility Nanostructured and Amorphous Metallic Materials ［J］. Adv. Mater. , 2014, 26（31）: 5518-5524.

［105］ 陶乃镕, 卢柯. 纳米结构金属材料的塑性变形制备技术 ［J］. 金属学报, 2014, 50（2）: 7.

［106］ HONG C S, TAO N R, HUANG X, et al. Nucleation and thickening of shear bands in nano-scale twin/matrix lamellae of a Cu-Al alloy processed by dynamic plastic deformation ［J］. Acta Mater. , 2010, 58（8）: 3103-3116.

［107］ ARIFVIANTO B, SUYITNO, MAHARDIKA M, et al. Effect of surface mechanical attrition treatment（SMAT）on microhardness, surface roughness and wettability of AISI 316L ［J］. Mater. Chem. Phys. , 2011, 125（3）: 418-426.

［108］ 王磊. 纯铜表面机械研磨辅助合金化的研究 ［D］. 太原: 太原理工大学, 2014.

［109］ LI W L, TAO N R, LU K. Fabrication of a gradient nano-micro-structured surface layer on bulk copper by means of a surface mechanical grinding treatment ［J］. Scr. Mater. , 2008, 59（5）: 546-549.

［110］ CHUI P, SUN K, SUN C, et al. Effect of surface nanocrystallization induced by fast multiple rotation rolling on mechanical properties of a low carbon steel ［J］. Mater. Des. , 2012（35）: 754-759.

［111］ FANG T H, LI W L, TAO N R, et al. Revealing Extraordinary Intrinsic Tensile Plasticity in Gradient Nano-Grained Copper ［J］. Science, 2011, 331（6024）: 1587-1590.

［112］ WU X, JIANG P, CHEN L, et al. Extraordinary strain hardening by gradient structure ［M］. ImprintJenny Stanford Publishing, 2021.

［113］ SUN Y, BAILEY R. Improvement in tribocorrosion behavior of 304 stainless steel by surface mechanical attrition treatment ［J］. Surface and Coatings Technology, 2014 （253）: 284-291.

［114］ MA Z, REN Y, LI R, et al. Cryogenic temperature toughening and strengthening due to gradient phase structure ［J］. Mater. Sci. Eng. A, 2018 （712）: 358-364.

［115］ MA Z, LIU J, WANG G, et al. Strength gradient enhances fatigue resistance of steels ［J］. Sci. Rep. , 2016, 6 （1）: 22156.

［116］ LU K, LU L, SURESH S. Strengthening Materials by Engineering Coherent Internal Boundaries at the Nanoscale ［J］. Science, 2009, 324 （5925）: 349-352.

［117］ 朱林利. 纳米孪晶和梯度纳米结构金属强韧特性研究进展 ［J］. 固体力学学报, 2019, 40 （1）: 20.

［118］ XIAO G H, TAO N R, LU K. Microstructures and mechanical properties of a Cu-Zn alloy subjected to cryogenic dynamic plastic deformation ［J］. Mater. Sci. Eng. A, 2009 （513/ 514）: 13-21.

［119］ WANG H T, TAO N R, LU K. Strengthening an austenitic Fe-Mn steel using nanotwinned austenitic grains ［J］. Acta Mater. , 2012, 60 （9）: 4027-4040.

［120］ ZHU L, KOU H, LU J. On the role of hierarchical twins for achieving maximum yield strength in nanotwinned metals ［J］. Appl. Phys. Lett. , 2012, 101 （8）: 422.

［121］ MÜLLNER P, CHERNENKO V A, KOSTORZ G. A microscopic approach to the magnetic-field-induced deformation of martensite （magnetoplasticity） ［J］. J. Magn. Magn. Mater. , 2003, 267 （3）: 325-334.

［122］ MÜLLNER P, KING A H. Deformation of hierarchically twinned martensite ［J］. Acta Mater. , 2010, 58 （16）: 5242-5261.

［123］ TAO N R, LU K. Nanoscale structural refinement via deformation twinning in face-centered cubic metals ［J］. Scr. Mater. , 2009, 60 （12）: 1039-1043.

［124］ QU S, AN X H, YANG H J, et al. Microstructural evolution and mechanical properties of Cu-Al alloys subjected to equal channel angular pressing ［J］. Acta Mater. , 2009, 57 （5）: 1586-1601.

［125］ PAN Q S, LU L. Strain-controlled cyclic stability and properties of Cu with highly oriented nanoscale twins ［J］. Acta Mater. , 2014 （81）: 248-257.

［126］ PAN Q, ZHOU H, LU Q, et al. History-independent cyclic response of nanotwinned metals ［J］. Nature, 2017, 551 （7679）: 214-217.

［127］ SHEKHAR S, CAI J, WANG J, et al. Multimodal ultrafine grain size distributions from severe plastic deformation at high strain rates ［J］. Mater. Sci. Eng. A, 2009, 527 （1）: 187-191.

[128] WU X, ZHU Y. Heterogeneous materials: A new class of materials with unprecedented mechanical properties [J]. Mater. Res. Lett, 2017, 5 (8): 527-532.

[129] 喇培清，孟倩，姚亮，等. Al 元素对热轧 316L 不锈钢显微组织和力学性能的影响 [J]. 金属学报，2013 (6): 739-744.

[130] MA E, ZHU T. Towards strength-ductility synergy through the design of heterogeneous nanostructures in metals [J]. Mater. Today, 2017, 20 (6): 323-331.

[131] 盛捷. 微米晶/纳米晶双尺度复合结构不锈钢力学行为的原位研究 [D]. 兰州：兰州理工大学，2018.

[132] KATO H, MOAT R, MORI T, et al. Back Stress Work Hardening Confirmed by Bauschinger Effect in a TRIP Steel Using Bending Tests [J]. Isij Int., 2014, 54 (7): 1715-1718.

[133] LI J, WENG G J, CHEN S, et al. On strain hardening mechanism in gradient nanostructures [J]. International Journal of Plasticity, 2017 (88): 89-107.

[134] GAO H, HUANG Y, NIX W D, et al. Mechanism-based strain gradient plasticity— I. Theory [J]. J. Mech. Phys. Solids, 1999, 47 (6): 1239-1263.

[135] WEI Y, LI Y, ZHU L, et al. Evading the strength-ductility trade-off dilemma in steel through gradient hierarchical nanotwins [J]. Nat. Commun., 2014 (5): 2580.

[136] WANG Y, YANG G, WANG W, et al. Optimal stress and deformation partition in gradient materials for better strength and tensile ductility: A numerical investigation [J]. Sci. Rep., 2017, 7 (1): 10954.

[137] BIAN X, YUAN F, WU X, et al. The Evolution of Strain Gradient and Anisotropy in Gradient-Structured Metal [J]. Metall. Mater. Trans. A, 2017, 48 (9): 3951-3960.

[138] LIU X, YUAN F, ZHU Y, et al. Extraordinary Bauschinger effect in gradient structured copper [J]. Scr. Mater., 2018 (150): 57-60.

[139] 卢磊，尤泽升. 纳米孪晶金属塑性变形机制 [J]. 金属学报，2014, 50 (2): 8.

[140] LU L, SCHWAIGER R, SHAN Z W, et al. Nano-sized twins induce high rate sensitivity of flow stress in pure copper [J]. Acta Mater., 2005, 53 (7): 2169-2179.

[141] JIN Z H, GUMBSCH P, ALBE K, et al. Interactions between non-screw lattice dislocations and coherent twin boundaries in face-centered cubic metals [J]. Acta Mater., 2008, 56 (5): 1126-1135.

[142] LU L, CHEN X, HUANG X, et al. Revealing the Maximum Strength in Nanotwinned Copper [J]. Science, 2009, 323 (5914): 607-610.

[143] LI X, WEI Y, LU L, et al. Dislocation nucleation governed softening and maximum strength in nano-twinned metals [J]. Nature, 2010, 464 (7290): 877-880.

[144] DAO M, LU L, SHEN Y F, et al. Strength, strain-rate sensitivity and ductility of copper with nanoscale twins [J]. Acta Mater., 2006, 54 (20): 5421-5432.

[145] YOU Z S, LU L, LU K. Tensile behavior of columnar grained Cu with preferentially oriented nanoscale twins [J]. Acta Mater., 2011, 59 (18): 6927-6937.

［146］ 中国国家标准化管理委员会. GB 4237—2007 不锈钢热轧钢板和钢带 ［S］. 2007.

［147］ JIS G 4304—2005 热轧不锈钢钢板及钢带（JIS 日本工业标准译文）［S］.

［148］ ASTM A240/240M-03c Standard Specification for Chromium and Chromium-Nickel Stainless Steel Plate，Sheet and Strip for Pressure Vessels and for General Applications ［S］.

［149］ COTTERILL P，MOULD P R. Recrystallization and Grain Growth in Metals ［J］. Surrey University Press，1976.

［150］ 周玉，武高辉. 材料 X 射线衍射与电子显微分析：材料分析测试技术 ［M］. 哈尔滨：哈尔滨工业大学出版社，2007.

［151］ 景财年，王作成，韩福涛. 相变诱发塑性的影响因素研究进展 ［J］. 金属热处理，2005，30（2）：6.

［152］ 邹兴政，王宏，张十庆，等. 新型医用高氮无镍不锈钢 ［J］. 材料导报：纳米与新材料专辑，2012，26（1）：4.

［153］ 雍岐龙，吴宝榕，孙珍宝，等. 二元微合金碳氮化物的化学组成及固溶度的理论计算 ［J］. 钢铁研究学报，1989（4）：6.

［154］ LEE W S，LIN C F. The morphologies and characteristics of impact-induced martensite in 304L stainless steel ［J］. Scr. Mater.，2000，43（8）：777-782.

［155］ SABOONI S，KARIMZADEH F，ENAYATI M H，et al. The role of martensitic transformation on bimodal grain structure in ultrafine grained AISI 304L stainless steel ［J］. Mater. Sci. Eng. A，2015（636）：221-230.

［156］ MISRA R D K，NAYAK S，MALI S A，et al. Microstructure and Deformation Behavior of Phase-Reversion-Induced Nanograined/Ultrafine-Grained Austenitic Stainless Steel ［J］. Metall. Mater. Trans. A，2009，40（10）：2498-2509.

［157］ MISRA R D K，SHAH J S，MALI S，et al. Phase reversion induced nanograined austenitic stainless steels：microstructure，reversion and deformation mechanisms ［J］. Mater. Sci. Tech-lond.，2013，29（10）：1185-1192.

［158］ RAJASEKHARA S，KARJALAINEN L P，KYRÖLÄINEN A，et al. Microstructure evolution in nano/submicron grained AISI 301LN stainless steel ［J］. Mater. Sci. Eng. A，2010，527（7）：1986-1996.

［159］ BERDICHEVSKY V L. Thermodynamics of microstructure evolution：Grain growth ［J］. Int. J. Eng. Sci.，2012（57）：50-78.

［160］ DIANI J M，PARKS D M. Effects of strain state on the kinetics of strain-induced martensite in steels ［J］. J. Mech. Phys. Solids，1998，46（9）：1613-1635.

［161］ HUANG G L，MATLOCK D K，KRAUSS G. Martensite formation，strain rate sensitivity，and deformation behavior of type 304 stainless steel sheet ［J］. Metall. Trans. A，1989，20（7）：1239-1246.

［162］ OLSON G B，COHEN M. A mechanism for the strain-induced nucleation of martensitic transformations ［J］. J. Less-Common Met.，1972，28（1）：107-118.

［163］ LI X F, DING W, CAO J, et al. In situ TEM observation on martensitic transformation during tensile deformation of SUS304 metastable austenitic stainless steel ［J］. Acta Metall. Sin. (Engl. Lett.), 2015 (28): 302-306.

［164］ LI X, CHEN J, YE L, et al. Influence of strain rate on tensile characteristics of SUS304 metastable austenitic stainless steel ［J］. Acta Metall. Sin. (Engl. Lett.), 2013 (26): 657-662.

［165］ TAO K, WALL J J, LI H, et al. In situ neutron diffraction study of grain-orientation-dependent phase transformation in 304L stainless steel at a cryogenic temperature ［J］. J. Appl. Phys., 2006, 100 (12): 123515.

［166］ 许德明. 冷轧退火工艺对奥氏体不锈钢组织和力学性能的作用机理研究 ［D］. 武汉: 武汉科技大学, 2019.

［167］ BAGHBADORANI SAMAEI H, KERMANPUR A, NAJAFIZADEH A, et al. An investigation on microstructure and mechanical propertiesof a Nb-microalloyed nano/ultrafine grained 201 austenitic stainless steel ［J］. Mater. Sci. Eng. A, 2015 (636): 593-599.

［168］ TOMIMURA K, TAKAKI S, TOKUNAGA Y. Reversion Mechanism from Deformation Induced Martensite to Austenite in Metastable Austenitic Stainless Steels ［J］. Isij Int., 1991, 31 (12): 1431-1437.

［169］ GLADMAN T. Grain size control ［M］. Pa/USA: OCP science Philadelphia, 2004.

［170］ BURKE J E, TURNBULL D. Recrystallization and grain growth ［J］. Prog. Met. Phys., 1952 (3): 220-292.

［171］ RAJASEKHARA S, FERREIRA P J. Martensite→austenite phase transformation kinetics in an ultrafine-grained metastable austenitic stainless steel ［J］. Acta Mater., 2011, 59 (2): 738-748.

［172］ DEARDO A J, RATZ G, WRAY P. Thermomechanical processing of microalloyed austenite: Proceedings of the international conference on the thermomechanical processing of microalloyed austenite ［M］. Metallurgical Society of AIME, 1982.

［173］ CHAPA M, MEDINA S F, LOPEZ V, et al. Influence of Al and Nb on Optimum Ti/N Ratio in Controlling Austenite Grain Growth at Reheating Temperatures ［J］. Isij Int., 2002, 42 (11): 1288-1296.

［174］ KISKO A, TALONEN J, PORTER D A, et al. Effect of Nb Microalloying on Reversion and Grain Growth in a High-Mn 204Cu Austenitic Stainless Steel ［J］. Isij Int., 2015, 55 (10): 2217-2224.

［175］ HE B B, HU B, YEN H W, et al. High dislocation density-induced large ductility in deformed and partitioned steels ［J］. Science, 2017, 357 (6355): 1029-1032.

［176］ SOMANI M C, JUNTUNEN P, KARJALAINEN L P, et al. Enhanced mechanical properties through reversion in metastable austenitic stainless steels ［J］. Metall. Mater. Trans. A, 2009, 40 (3): 729-744.

[177] TAKAKI S, TOMIMURA K, UEDA S. Effect of Pre-cold-working on Diffusional Reversion of Deformation Induced Martensite in Metastable Austenitic Stainless Steel [J]. Isij Int. , 1994, 34 (6): 522-527.

[178] LEEM D S, LEE Y D, JUN J H, et al. Amount of retained austenite at room temperature after reverse transformation of martensite to austenite in an Fe-13% Cr-7% Ni-3% Si martensitic stainless steel [J]. Scr. Mater. , 2001, 45 (7): 767-772.

[179] DEUTGES M, BARTH H P, CHEN Y, et al. Hydrogen diffusivities as a measure of relative dislocation densities in palladium and increase of the density by plastic deformation in the presence of dissolved hydrogen [J]. Acta Mater. , 2015 (82): 266-274.

[180] DE COOMAN B C, ESTRIN Y, KIM S K. Twinning-induced plasticity (TWIP) steels [J]. Acta Mater. , 2018 (142): 283-362.

[181] WANG Y M, VOISIN T, MCKEOWN J T, et al. Additively manufactured hierarchical stainless steels with high strength and ductility [J]. Nat. Mater. , 2018, 17 (1): 63-71.

[182] LEE C Y, JEONG J, HAN J, et al. Coupled strengthening in a medium manganese lightweight steel with an inhomogeneously grained structure of austenite [J]. Acta Mater. , 2015 (84): 1-8.

[183] HUANG C X, HU W P, WANG Q Y, et al. An Ideal Ultrafine-Grained Structure for High Strength and High Ductility [J]. Mater. Res. Lett, 2015, 3 (2): 88-94.

[184] HAMADA A, KÖMI J. Effect of microstructure on mechanical properties of a novel high-Mn TWIP stainless steel bearing vanadium [J]. Mater. Sci. Eng. A, 2018 (718): 301-304.

[185] BERRENBERG F, HAASE C, BARRALES-MORA L A, et al. Enhancement of the strength-ductility combination of twinning-induced/transformation-induced plasticity steels by reversion annealing [J]. Mater. Sci. Eng. A, 2017 (681): 56-64.

[186] YAN S, LIU X, LIANG T, et al. The effects of the initial microstructure on microstructural evolution, mechanical properties and reversed austenite stability of intercritically annealed Fe-6.1Mn-1.5Si-0.12C steel [J]. Mater. Sci. Eng. A, 2018 (712): 332-340.

[187] ZHENG R, ZHANG Z, NAKATANI M, et al. Enhanced ductility in harmonic structure designed SUS 316L produced by high energy ball milling and hot isostatic sintering [J]. Mater. Sci. Eng. A, 2016 (674): 212-220.

[188] LUO Z C, HUANG M X. Revisit the role of deformation twins on the work-hardening behaviour of twinning-induced plasticity steels [J]. Scr. Mater. , 2018 (142): 28-31.

[189] ZHENG Z J, LIU J W, GAO Y. Achieving high strength and high ductility in 304 stainless steel through bi-modal microstructure prepared by post-ECAP annealing [J]. Mater. Sci. Eng. A, 2017 (680): 426-432.

[190] HUANG C X, YANG G, WANG C, et al. Mechanical Behaviors of Ultrafine-Grained 301 Austenitic Stainless Steel Produced by Equal-Channel Angular Pressing [J]. Metall. Mater. Trans. A, 2011, 42 (7): 2061-2071.

［191］ XU D M, LI G Q, WAN X L, et al. The effect of annealing on the microstructural evolution and mechanical properties in phase reversed 316LN austenitic stainless steel ［J］. Mater. Sci. Eng. A, 2018（720）: 36-48.

［192］ YEN H W, OOI S W, EIZADJOU M, et al. Role of stress-assisted martensite in the design of strong ultrafine-grained duplex steels ［J］. Acta Mater. , 2015（82）: 100-114.

［193］ HAN J, KANG S H, LEE S J, et al. Fabrication of bimodal-grained Al-free medium Mn steel by double intercritical annealing and its tensile properties ［J］. J. Alloys Compd. , 2016（681）: 580-588.

［194］ LIU H, DU L X, HU J, et al. Interplay between reversed austenite and plastic deformation in a directly quenched and intercritically annealed 0. 04C-5Mn low-Al steel ［J］. J. Alloys Compd. , 2017（695）: 2072-2082.

［195］ HU B, LUO H. A strong and ductile 7Mn steel manufactured by warm rolling and exhibiting both transformation and twinning induced plasticity ［J］. J. Alloys Compd. , 2017（725）: 684-693.

［196］ RAJASEKHARA S, FERREIRA P J, KARJALAINEN L P, et al. Hall-Petch Behavior in Ultra-Fine-Grained AISI 301LN Stainless Steel ［J］. Metall. Mater. Trans. A, 2007, 38（6）: 1202-1210.

［197］ GLADMAN T. Precipitation hardening in metals ［J］. Mater. Sci. Tech-lond. , 1999, 15（1）: 30-36.

［198］ BAGHBADORANI H S, KERMANPUR A, NAJAFIZADEH A, et al. Influence of Nb-microalloying on the formation of nano/ultrafine-grained microstructure and mechanical properties during martensite reversion process in a 201-type austenitic stainless steel ［J］. Metall. Mater. Trans. A, 2015（46）: 3406-3413.

［199］ LI X, SONG R, ZHOU N, et al. An ultrahigh strength and enhanced ductility cold-rolled medium-Mn steel treated by intercritical annealing ［J］. Scr. Mater. , 2018（154）: 30-33.

［200］ HE B B, HUANG B M, HE S H, et al. Increasing yield strength of medium Mn steel by engineering multiple strengthening defects ［J］. Mater. Sci. Eng. A, 2018（724）: 11-16.

［201］ HE B B, HUANG M X. Strong and ductile medium Mn steel without transformation-induced plasticity effect ［J］. Mater. Res. Lett, 2018, 6（7）: 365-371.

［202］ KIM J H, SEO E J, KWON M H, et al. Effect of quenching temperature on stretch flangeability of a medium Mn steel processed by quenching and partitioning ［J］. Mater. Sci. Eng. A, 2018（729）: 276-284.

［203］ KISKO A, HAMADA A S, TALONEN J, et al. Effects of reversion and recrystallization on microstructure and mechanical properties of Nb-alloyed low-Ni high-Mn austenitic stainless steels ［J］. Mater. Sci. Eng. A, 2016（657）: 359-370.

［204］ HERRERA C, PONGE D, RAABE D. Design of a novel Mn-based 1GPa duplex stainless TRIP steel with 60% ductility by a reduction of austenite stability ［J］. Acta Mater. , 2011,

59（11）：4653-4664.

[205] ZHU L, RUAN H, CHEN A, et al. Microstructures-based constitutive analysis for mechanical properties of gradient-nanostructured 304 stainless steels [J]. Acta Mater., 2017 (128): 375-390.

[206] 雍岐龙. 钢铁中的第二相 [M]. 北京：冶金工业出版社，2006.

[207] CHI C Y, YU H Y, DONG J X, et al. The precipitation strengthening behavior of Cu-rich phase in Nb contained advanced Fe-Cr-Ni type austenitic heat resistant steel for USC power plant application [J]. Prog. Nat. Sci.: Mater. Int., 2012, 22 (3): 175-185.

[208] COTTRELL A H, BILBY B A. Dislocation theory of yielding and strain ageing of iron [J]. Proc. Phys. Soc. A, 1949, 62 (1): 49.

[209] JACQUES P. Transformation-induced plasticity for high strength formable steels [J]. Curr Opin Solid State Mater Sci, 2004, 8 (3/4): 259-265.

[210] SYN C, FULTZ B, MORRIS J. Mechanical stability of retained austenite in tempered 9Ni steel [J]. Metall. Trans. A, 1978 (9): 1635-1640.

[211] LIU J, CHEN C, FENG Q, et al. Dislocation activities at the martensite phase transformation interface in metastable austenitic stainless steel: An in-situ TEM study [J]. Mater. Sci. Eng. A, 2017 (703): 236-243.

[212] PORTER D A, EASTERLING K E. Phase transformations in metals and alloys (revised reprint) [M]. CRC press, 2009.

[213] HAN C S, GAO H, HUANG Y, et al. Mechanism-based strain gradient crystal plasticity— I. Theory [J]. J. Mech. Phys. Solids, 2005, 53 (5): 1188-1203.

[214] TAYLOR G I. The mechanism of plastic deformation of crystals. Part I. —Theoretical [J]. P. Roy. Soc. Lond. A Con, 1934, 145 (855): 362-387.

[215] HUTCHINSON B, RIDLEY N. On dislocation accumulation and work hardening in Hadfield steel [J]. Scr. Mater., 2006, 55 (4): 299-302.

[216] SHAMSUJJOHA M, AGNEW S R, FITZ-GERALD J M, et al. High strength and ductility of additively manufactured 316L stainless steel explained [J]. Metall. Mater. Trans. A, 2018 (49): 3011-3027.

[217] LATYPOV M I, SHIN S, DE COOMAN B C, et al. Micromechanical finite element analysis of strain partitioning in multiphase medium manganese TWIP+TRIP steel [J]. Acta Mater., 2016 (108): 219-228.

[218] KISKO A, MISRA R, TALONEN J, et al. The influence of grain size on the strain-induced martensite formation in tensile straining of an austenitic 15Cr-9Mn-Ni-Cu stainless steel [J]. Mater. Sci. Eng. A, 2013 (578): 408-416.

[219] MOALLEMI M, KERMANPUR A, NAJAFIZADEH A, et al. Deformation-induced martensitic transformation in a 201 austenitic steel: the synergy of stacking fault energy and chemical driving force [J]. Mater. Sci. Eng. A, 2016 (653): 147-152.

［220］ MARÉCHAL D. Linkage between mechanical properties and phase transformations in a 301LN austenitic stainless steel［D］. University of British Columbia, 2011.

［221］ TALONEN J, HÄNNINEN H. Formation of shear bands and strain-induced martensite during plastic deformation of metastable austenitic stainless steels［J］. Acta Mater., 2007, 55 (18): 6108-6118.

［222］ SAEED-AKBARI A, IMLAU J, PRAHL U, et al. Derivation and Variation in Composition-Dependent Stacking Fault Energy Maps Based on Subregular Solution Model in High-Manganese Steels［J］. Metall. Mater. Trans. A, 2009, 40 (13): 3076-3090.

［223］ DAS A. Contribution of deformation-induced martensite to fracture appearance of austenitic stainless steel［J］. Mater. Sci. Tech-lond., 2016, 32 (13): 1366-1373.

［224］ BERDICHEVSKY V L. Entropy of microstructure［J］. J. Mech. Phys. Solids, 2008, 56 (3): 742-771.

［225］ MISRA R D K, THEIN-HAN W W, PESACRETA T C, et al. Biological significance of nanograined/ultrafine-grained structures: Interaction with fibroblasts［J］. Acta Biomater., 2010, 6 (8): 3339-3348.

［226］ FAGHIHI S, AZARI F, ZHILYAEV A P, et al. Cellular and molecular interactions between MC3T3-E1 pre-osteoblasts and nanostructured titanium produced by high-pressure torsion［J］. Biomaterials., 2007, 28 (27): 3887-3895.

［227］ FAGHIHI S, ZHILYAEV A P, SZPUNAR J A, et al. Nanostructuring of a titanium material by high-pressure torsion improves pre-osteoblast attachment［J］. Adv. Mater., 2007, 19 (8): 1069-1073.

［228］ MACDONALD D, RAPUANO B, DEO N, et al. Thermal and chemical modification of titanium-aluminum-vanadium implant materials: Effects on surface properties, glycoprotein adsorption, and MG63 cell attachment［J］. Biomaterials., 2004, 25 (16): 3135-3146.

［229］ WEBSTER T J, ERGUN C, DOREMUS R H, et al. Specific proteins mediate enhanced osteoblast adhesion on nanophase ceramics［J］. J. Biomed. Mater. Res., 2000, 51 (3): 475-483.

［230］ ZHAO G, SCHWARTZ Z, WIELAND M, et al. High surface energy enhances cell response to titanium substrate microstructure［J］. J. Biomed. Mater. Res., Part A, 2005, 74 (1): 49-58.